化粧品技術者のための
素材開発実験プロトコール集

Experimental Protocols for Developing Cosmetic Ingredients

監修：正木　仁，岩渕徳郎，平尾哲二
Supervisor : Hitoshi Masaki, Tokuro Iwabuchi, Tetsuji Hirao

シーエムシー出版

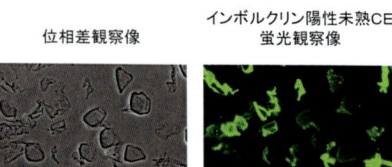

第Ⅰ編第2章6節　図4　未熟CEの典型的な観察像

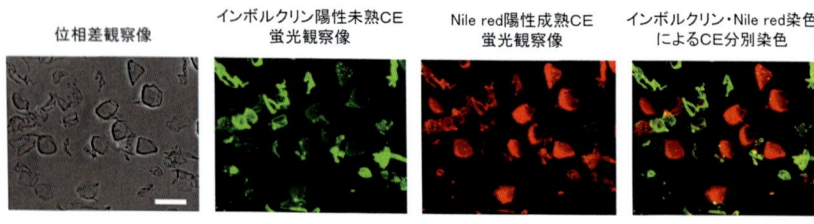

第Ⅰ編第2章7節　図4　未熟CE・成熟CEの典型的な観察像

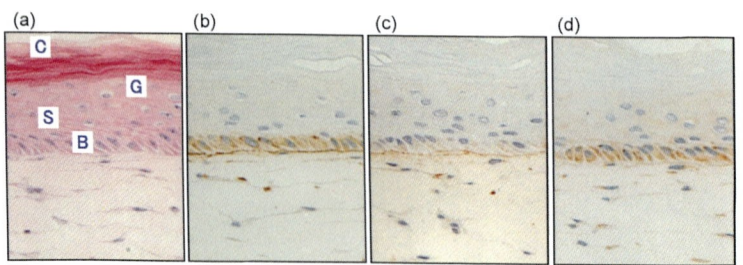

C:角質層　S:有棘層
G:顆粒層　B:基底層

第Ⅲ編第1章5節　図1　三次元培養皮膚モデルの光学顕微鏡組織像
(a)hematoxylin-eosin染色,　(b)ラミニン5免疫染色,
(c)Ⅳ型コラーゲン免疫染色,　(d)Ⅶ型コラーゲン免疫染色

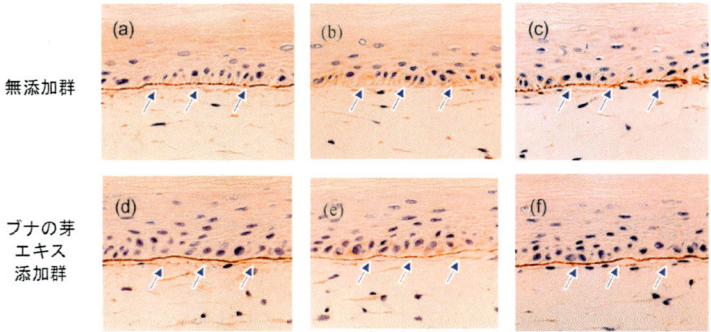

第Ⅲ編第1章5節　図3　ブナの芽エキス添加による基底膜成分沈着の促進
(a, d) Ⅳ型コラーゲン免疫染色，(b, e) Ⅶ型コラーゲン免疫染色，
(c, f) ラミニン5免疫染色

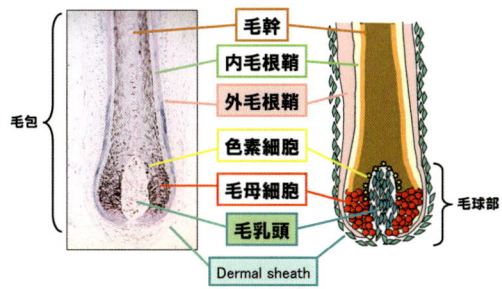

第Ⅵ編第2章1節および2節　図1　毛包の構造

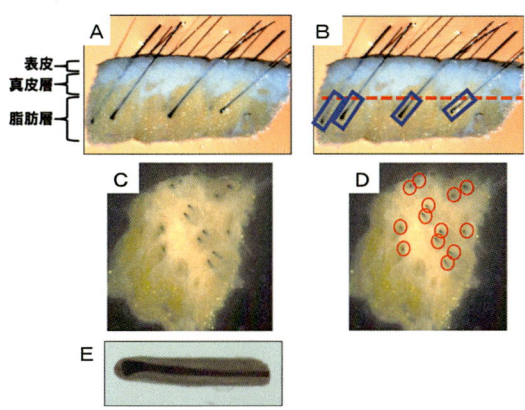

第Ⅵ編第2章1節および2節　図2　頭皮検体からの毛包の単離

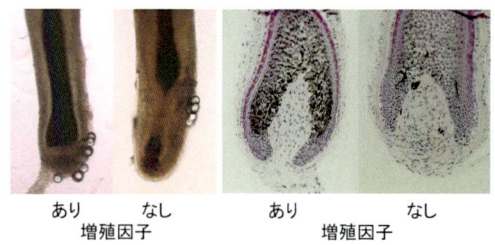

第Ⅵ編第3章1節　図2　器官培養したヒト毛包の毛球部の形態
図左：顕微鏡写真，図右：HE染色

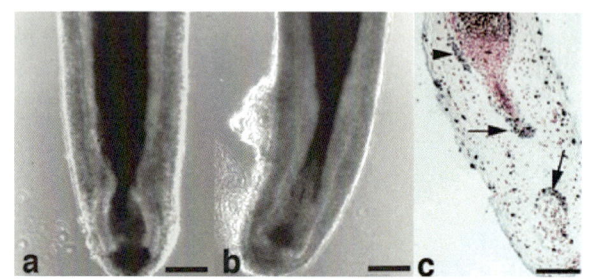

第Ⅵ編第3章2節　図2　TGF-β2によるアポトーシスの誘導

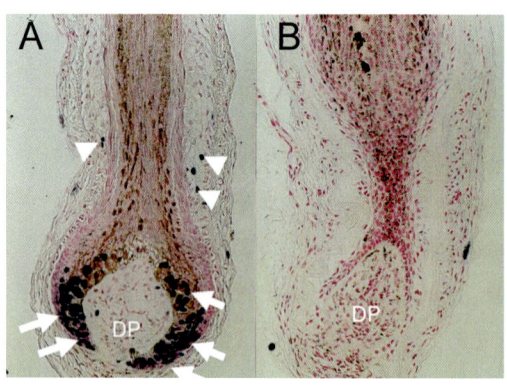

第Ⅵ編第3章3節　図1　毛包器官培養におけるBrdUの取り込み

刊行にあたって

　化粧品，医薬部外品の開発に安全性および有用性評価は避けては通れない開発の過程です。EU では 2009 年 3 月に化粧品指令の 7 次改正が施行され，動物試験による化粧品製剤と配合原料の安全性，有用性評価は全面的に禁止されています。この流れは EU 内にとどまらず将来，アジア諸国へ伝播していくことが考えられます。このような国際的な環境変化は，動物を使用しない安全性評価法と有用性評価法の確立により拍車をかけているのが現状です。安全性評価については再生表皮モデルや再生角膜上皮モデルを用いた評価法が開発され，既に一部の試験法は OECD のガイドラインとして採用されています。また，感作性試験法については，未だに適切な代替試験のガイドライン化には至っておりませんが，国内において開発された h-CLAT 法を国際標準法へ発展させる検討が継続されています。有用性試験においては，動物試験において評価されていた美白試験が，再生皮膚モデルによる評価に切り替えられています。

　本書は 2010 年 6 月に発行された『機能性化粧品素材開発のための実験プロトコール集』の進化版です。皮膚科学の進歩に伴い化粧品の有用性評価もより多様性が増しています。そこで，表皮研究分野で活躍されている千葉科学大学の平尾哲二先生と毛髪研究分野で活躍されている東京工科大学の岩渕徳郎先生を監修にお迎えし，化粧品評価の現状にマッチした評価法を追加し，充実した内容で本書を企画いたしました。

　本書には，近年の皮膚有用性の多様化に対応して角層から真皮まで，さらには毛髪，皮脂腺にいたるまで，有効成分あるいは有効成分を配合した最終製剤の作用を評価するための，さらには安全性評価するための動物試験代替法に関する実験法が収載されています。

　本書が，化粧品開発に携わる研究者の皆様の有用性，安全性評価実験の一助となれば幸いです。

　2015 年 10 月

正木　仁

監修

正木　　仁	東京工科大学　応用生物学部　教授
岩渕　徳郎	東京工科大学　応用生物学部　教授
平尾　哲二	千葉科学大学　薬学部　生命薬科学科　教授

執筆者一覧（執筆順）

京谷　大毅	㈱ニコダームリサーチ　執行役員　ゼネラルマネージャー
横田　真理子	㈱コスモステクニカルセンター　有用性・安全性評価部　副主任研究員
坂本　一民	東京理科大学　理工学部　教授
山下　裕司	千葉科学大学　薬学部　講師
井筒　ゆき子	㈱コスモステクニカルセンター　有用性・安全性評価部　副主任研究員
小幡　誉子	星薬科大学　薬剤学教室　講師
松本　雅之	花王㈱　スキンケア研究所　主任研究員
藤代　美有紀	㈱コスモステクニカルセンター　製品開発部　副主任研究員
多田　明弘	ポーラ化成工業㈱　肌科学研究部　肌分析研究室長
日比野　利彦	㈱資生堂　リサーチセンター　参与
梅田　麻衣	花王㈱　生物科学研究所　第5研究室
菅原　智子	花王㈱　ヘルスビューティ研究所　3室3グループ
丹野　修	花王㈱　スキンケア研究所　主席研究員
矢作　彰一	㈱コスモステクニカルセンター　研究戦略室　室長
行　卓男	花王㈱　安全性科学研究所　第2研究室
波多野　豊	大分大学　医学部　皮膚科学教室　准教授
木田　尚子	ポーラ化成工業㈱　開発研究部　メークアップ開発室　副主任研究員
矢田　幸博	花王㈱　栃木研究所　主席研究員；筑波大学　大学院グローバル教育院　教授
山下　由貴	㈱ニコダームリサーチ　評価部　部長
船坂　陽子	日本医科大学　皮膚科　教授

近藤　雅俊	花王㈱　生物科学研究所　研究員	
久間　將義	東洋ビューティ㈱　中央研究所　機能性研究室　室長	
天野　　聡	㈱資生堂　リサーチセンター　副主幹研究員	
小倉　有紀	㈱資生堂　リサーチセンター　研究員	
佐用　哲也	花王㈱　生物科学研究所　第5研究室	
圷　　信子	㈱資生堂　リサーチセンター　主任研究員	
清水　健司	㈱コスモステクニカルセンター　有用性・安全性評価部　副主任研究員	
笠　　明美	㈱コーセー　研究所　開発研究室　薬剤効能研究グループ　主任研究員	
水谷　多恵子	東京工科大学　応用生物学部	
岡野　由利	㈱CIEL　取締役	
石渡　潮路	㈱ファンケル　総合研究所　ビューティサイエンス研究センター　アンチエイジング研究グループ　課長	
赤松　浩彦	藤田保健衛生大学　医学部　応用細胞再生医学講座　教授	
長谷川　靖司	日本メナード化粧品㈱　総合研究所　副部長	
木曽　昭典	丸善製薬㈱　研究開発本部　基礎研究部　生物活性グループ　グループ長	
飯田　真智子	名古屋大学　大学院医学系研究科　環境労働衛生学　研究員	
遠藤　雄二郎	ライオン㈱　研究開発本部　生命科学研究所　研究員	
相馬　　勤	㈱資生堂　リサーチセンター　研究員	
栗原　浩司	㈱ニコダームリサーチ　営業部　部長	
髙橋　　豊	花王㈱　安全性科学研究所　主任研究員	
齋藤　和智	花王㈱　安全性科学研究所　研究員	
橋本　　悟	㈱コスモステクニカルセンター　取締役副社長	
坂口　　斉	花王㈱　安全性科学研究所　第2研究室　室長	

＊一部の執筆者の所属表記は，2010年当時のものを使用しております．

目　次

第Ⅰ編　表皮関連実験法

第1章　脂質分析実験法

1. 皮脂分析（薄層板クロマトグラフィー（TLC）法） …………………………… 2
2. 三次元培養表皮モデルの細胞間脂質分析法 …………………………………… 4
3. ESRによる角層ラメラ構造膜流動性測定 ……………………………………… 7
4. リポソームからの蛍光物質漏出を指標としたラメラ構造安定性評価 ……… 12
5. X線回折による角層細胞間脂質の構造解析 …………………………………… 14

第2章　角層細胞分析実験法

1. 有核細胞染色 ……………………………………………………………………… 18
2. 重層剥離染色 ……………………………………………………………………… 21
3. カルボニル化タンパク染色 ……………………………………………………… 24
4. 角層細胞の Advanced glycation end products（AGEs）染色法 …………… 26
5. SH染色 …………………………………………………………………………… 30
6. 角層細胞コーニファイドエンベロープのインボルクリン染色 ……………… 32
7. 角層細胞コーニファイドエンベロープの Nile red 染色 ……………………… 37
8. 角層プロテアーゼ活性の測定法 ………………………………………………… 42
9. 角層中のカテプシンD活性測定法 ……………………………………………… 46
10. 遊離アミノ酸定量法 ……………………………………………………………… 48

第3章　角化マーカー関連実験法

1. セリンパルミトイルトランスフェラーゼ（SPT）活性測定法 ……………… 51
2. セリンパルミトイルトランスフェラーゼ mRNA 発現評価 ………………… 55
3. タイトジャンクションの形成・機能の評価法 ………………………………… 59
4. フィラグリンタンパク定量法（ドットブロット法） ………………………… 63
5. プロフィラグリン mRNA 発現評価 …………………………………………… 66

6　再生表皮モデルを用いたTEWLの測定方法／
　　　　再生表皮モデルを用いた皮膚バリア機能破壊モデルの調整法……………… 69
　　7　カルシウムイメージング法を用いたイオンチャネルの機能評価…………… 72

第4章　毛穴関連実験法

　　1　ストレスファイバー染色……………………………………………………… 75
　　2　細胞内カルシウム濃度測定の試験法………………………………………… 77
　　3　毛穴サイズ評価法……………………………………………………………… 79

第Ⅱ編　美白関連実験法

第1章　メラノサイトに関する実験法

　　1　ヒトメラノサイトのtyrosinase活性抑制　………………………………… 84
　　2　ラジオアイソトープを用いないヒトメラノサイトを用いた
　　　　チロシナーゼ活性の抑制……………………………………………………… 87
　　3　B16メラノーマ細胞を用いたメラニン産生抑制評価………………………… 89
　　4　ヒトメラノサイトのメラニン合成能の評価………………………………… 92
　　5　正常メラノサイト由来のチロシナーゼ生合成抑制評価法………………… 94
　　6　メラノサイトのデンドライト形成阻害評価法……………………………… 98

第2章　ケラチノサイトに関する実験法

　　1　UVB照射ヒト培養ケラチノサイト由来のメラノサイト活性化抑制評価
　　　　……………………………………………………………………………………101
　　2　表皮細胞のメラノソーム貪食抑制評価………………………………………104

第3章　再生皮膚モデルに関する実験法

　　1　3次元培養皮膚モデルを用いたメラニン産生抑制剤評価法………………108

第4章　ヒトボランティアを用いた実験法

　　1　紫外線照射による色素沈着形成抑制評価……………………………………114
　　2　ヒト色素沈着改善作用評価……………………………………………………117
　　3　角層細胞中のメラニン顆粒染色法……………………………………………120

第Ⅲ編　抗老化実験法

第1章　細胞外マトリックス合成関連実験法

1 ヒドロキシプロリン（Hydroxyproline）によるコラーゲン定量 ……………… 124
2 Ⅰ型コラーゲン定量（ELISA）……………………………………………… 126
3 Ⅰ型コラーゲン mRNA 発現 RT-PCR ……………………………………… 129
4 ヒト真皮線維芽細胞におけるⅣ型コラーゲン産生促進を指標とした実験法 ……… 133
5 三次元培養皮膚モデルを用いた評価法 …………………………………… 137
6 ヒアルロン酸合成評価法 …………………………………………………… 143
7 コラーゲンゲルの作製とゲル収縮活性測定法 …………………………… 146

第2章　細胞外マトリックス分解関連実験法

1 各刺激による線維芽細胞の誘導 MMP-1（UVA，サイトカイン）：
  FITC-ラベルコラーゲンを用いた MMP-1 活性測定 ……………………… 149
2 各刺激による線維芽細胞の誘導 MMP-1：
  ウエスタンブロット法を用いた MMP-1 の分析 ………………………… 152
3 MMP-1,2,9 の mRNA 発現 ………………………………………………… 154
4 好中球エラスターゼ活性抑制作用の測定方法 …………………………… 157
5 線維芽細胞由来エラスターゼ活性抑制作用の測定方法 ………………… 159

第3章　DNA 傷害関連実験法

1 コメットアッセイによる DNA 損傷評価実験法 ………………………… 161
2 UVB による DNA 傷害評価法（8-OHdG）……………………………… 164

第4章　ヒトボランティアを用いた実験法

1 シワ改善評価法：日本香粧品学会ガイドライン準拠 …………………… 167

第Ⅳ編　活性酸素関連実験法

第1章　化学的実験法

1　ESR を用いたスーパーオキシドアニオン検出法／消去活性評価法 …………… 172
2　スーパーオキサイド消去剤評価法1（チトクロム c 法）……………………… 174
3　スーパーオキサイド消去剤評価法2（NBT 法）………………………………… 177
4　スーパーオキサイド消去剤評価法3（NBT 法を用いた活性染色）…………… 180
5　吸光度変化の測定によるカタラーゼ活性の測定………………………………… 182
6　ESR を用いたヒドロキシラジカル検出法／消去活性評価法 ………………… 184
7　ESR を用いたペルオキシラジカル検出法／消去活性評価法 ………………… 186
8　ESR を用いた一重項酸素検出法／消去活性評価法 …………………………… 188
9　一重項酸素消去剤評価法1（近赤外領域の発光の検出）……………………… 190
10　一重項酸素消去剤評価法2（一重項酸素との反応性生物を測定する方法）……… 192
11　DPPH ラジカルを用いたラジカル除去能測定法 ……………………………… 195
12　糖化反応生成物生成阻害作用の評価法…………………………………………… 198
13　カルボニルタンパク質生成阻害作用の評価法…………………………………… 200

第2章　生物学的実験法

1　過酸化水素による細胞傷害評価法………………………………………………… 203
2　脂質過酸化物（t-Butyl hydroperoxide）による細胞傷害評価法 …………… 206
3　一重項酸素による細胞傷害評価法………………………………………………… 208
4　UVB による細胞傷害評価法 ……………………………………………………… 211
5　細胞内活性酸素レベルの低下評価法……………………………………………… 214
6　細胞内活性酸素測定―UVB 照射時の細胞内過酸化水素の検出 ……………… 217
7　過酸化水素暴露細胞の過酸化水素消去評価法…………………………………… 220

第3章　ヒト角層細胞を用いた実験法

1　角層細胞のカタラーゼ活性測定法………………………………………………… 223
2　角層細胞の Galectin-7 の測定 …………………………………………………… 225

第V編　ニキビ関連実験法

第1章　*P. acnes* に対する実験法

1　*Propionibacterium acnes*（*P. acnes*）抗菌作用評価，阻止円法 ………………… 230
2　*Propionibacterium acnes*（*P. acnes*）最小発育阻止濃度（MIC）……………… 233
3　*Propionibacterium acnes*（*P. acnes*）増殖抑制効果，濁度法 …………………… 236
4　*Propionibacterium acnes*（*P. acnes*）リパーゼ活性 ………………………………… 238

第2章　培養細胞を用いた実験法

1　ハムスターおよびヒト皮脂腺の組織片培養法……………………………………… 241
2　ハムスター皮脂腺由来培養脂腺細胞，脂質合成量の評価法…………………… 247

第VI編　育毛剤実験法

第1章　生化学実験法

1　皮脂腺に関連した 5alpha-reductase 阻害作用評価法 ……………………………… 254
2　毛包毛乳頭のアルカリフォスファターゼ活性評価法……………………………… 259
3　培養毛乳頭細胞のアルカリフォスファターゼ活性評価法………………………… 265

第2章　培養細胞を用いた実験法

1　ヒト毛包上皮系細胞の単離・培養と増殖を指標にした育毛剤評価実験法 …… 269
2　ヒト毛乳頭細胞の単離・培養と育毛剤評価実験法………………………………… 277
3　ヒト毛乳頭細胞および外毛根鞘細胞における遺伝子発現を指標とした実験法……… 285
4　ヒト毛乳頭細胞を用いた網羅的遺伝子発現解析…………………………………… 289
5　マウス SC-3 細胞株を用いた抗 Androgen 作用の評価法 ………………………… 293

第3章　培養器官を用いた実験法

1　毛包器官培養を用いた育毛剤評価実験法1（ヘマトキシリン－エオジン染色）…… 297
2　毛包器官培養を用いた育毛剤評価実験法2（TUNEL 染色法）………………… 300

3　毛包器官培養を用いた育毛剤評価実験法 3
　　　（BrdU 取り込みによる DNA 合成部位の測定） ……………………………… 303
　4　毛包器官培養を用いた育毛剤評価実験法 4（毛幹伸長の測定） ………………… 306

第 4 章　ヒトでの有効性試験法

　1　フォトトリコグラム試験法 …………………………………………………………… 310

第Ⅶ編　動物代替法安全性実験法

第 1 章　皮膚腐食性試験法

　1　再生表皮モデルを用いた皮膚腐食性試験法 ………………………………………… 316

第 2 章　皮膚一次刺激性試験法

　1　再生表皮モデルを用いた皮膚一次刺激性試験法 …………………………………… 320

第 3 章　眼刺激性実験法

　1　SIRC-NRU 試験法 ……………………………………………………………………… 324
　2　再生眼上皮モデルを用いた眼刺激性試験法 ………………………………………… 326
　3　Short Time Exposure（STE）試験 …………………………………………………… 329

第 4 章　光毒性試験実験法

　1　3T3　NRU の光毒性試験法 …………………………………………………………… 334

第 5 章　皮膚アレルギー性実験法

　1　タンパク結合性評価 …………………………………………………………………… 337
　2　ペプチド結合性評価（Direct Peptide Reactivity Assay：DPRA 法） ……………… 340
　3　THP-1 細胞を用いた in vitro 皮膚アレルギー性試験法，
　　　human Cell Line Activation Test（h-CLAT） ……………………………………… 343

第Ⅰ編 表皮関連実験法

第1章 脂質分析実験法
第2章 角層細胞分析実験法
第3章 角化マーカー関連実験法
第4章 毛穴関連実験法

第1章 脂質分析実験法

1 皮脂分析（薄層板クロマトグラフィー(TLC)法）

京谷大毅

1.1 試験の原理

　皮脂を吸着法[1]，湿式清拭法[1]，カップ法[1]，浸漬法[1]などの採取法により採取する。採取した皮脂について薄層クロマトグラフィー（TLC）法を用いて，スクワレン，トリグリセライド，遊離脂肪酸，コレステロールなどの皮脂成分を検出する。これら皮脂成分はそれぞれ極性が異なるため，スクワレン，トリグリセライドなどを検出する場合，および遊離脂肪酸，コレステロールなどを検出する場合の2つの条件で行う。また，さらに定量化を行う場合は，得られたTLCの画像処理を行い標準品とのスポットの濃淡を比較することにより行う。

　以下，カップ法により被験者から採取した皮脂の分析を例に説明する。皮脂成分標準試料のTLC展開像を図1に示した。

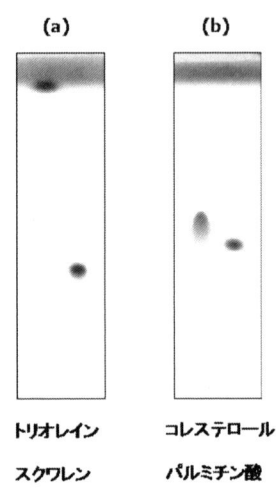

図1　皮脂成分標準試料のTLC展開像
(a)展開溶媒：石油エーテル／ジエチルエーテル（vol/vol＝90：10）
(b)展開溶媒：石油エーテル／ジエチルエーテル（vol/vol＝50：50）

1.2　試薬調製

① スクワレン，トリグリセライドなどを検出する場合
　展開溶媒：石油エーテル／ジエチルエーテル（vol/vol＝90：10）
② 遊離脂肪酸，コレステロールなどを検出する場合
　展開溶媒：石油エーテル／ジエチルエーテル（vol/vol＝50：50）
③ 共通
　発色試薬：10％（wt/vol）硫酸銅含有8％（wt/vol）燐酸水溶液を調製する。

1.3　試験操作

① 底なしガラスカップ（例，底面積 12.56 cm^2）を被験者の測定部位とする皮膚に密着させ，5 mL のアセトンをカップに加え，5分間放置後，抽出液を得る。
② ①の操作を3回行い，得られた抽出液についてフィルター（PTFE 4 mm 0.45 μM，SUN SRI）ろ過により残渣を除去し，粗皮脂抽出液を得る。
③ 粗皮脂抽出液からアセトンを窒素ガス吹きつけにより除去し，0.25 mL のクロロホルム／メタノール（vol/vol＝2：1）を添加し，皮脂抽出液とする。
④ TLC プレート（HPTLC Silicagel 60，メルク）を2枚用意する。
⑤ 標準試料液，および皮脂抽出液の任意の一定量をそれぞれの TLC プレートにスポットする。
⑥ 上述の展開溶媒を用いて TLC プレートをそれぞれ上端まで展開する。乾燥後，同様の操作を再度行う。
⑦ 乾燥後，発色試薬を噴霧し，30分間，180℃でプレートを焼成し，発色させる。
⑧ 定量化する場合，TLC プレートの画像をスキャナーで取り込み，画像処理の可能なアプリケーションソフトを用いてスポットの数値化を行う。標準試料のスポットから検量線を作成し，皮脂抽出液中の各々の成分を定量化する。

文　献
1) 安部　隆，香粧会誌，**7**，154（1983）

第1章 脂質分析実験法

2 三次元培養表皮モデルの細胞間脂質分析法

横田真理子

2.1 試験の原理

三次元培養表皮モデルから有機溶媒を用いて超音波処理により脂質を抽出し,前項で述べたTLC法を用いて細胞間脂質を分析する[1]。細胞間脂質のTLC展開像を図1に示した。

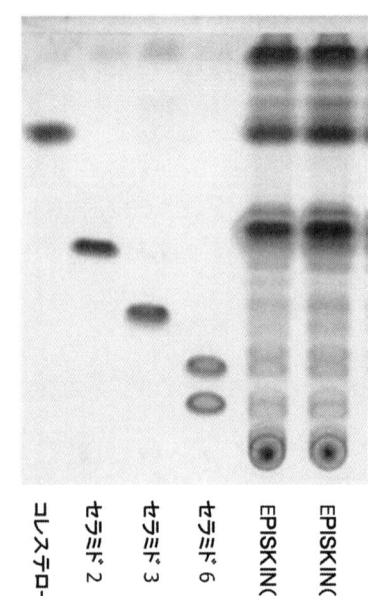

図1 細胞間脂質のTLC展開像

2.2 試薬調製

① 展開溶媒:クロロホルム/メタノール/酢酸 (190:9:1)[1]
② 標準試料:セラミド2,セラミド3,およびセラミド6 (Cosmoferm®,オランダ) を標準品とし,クロロホルム/メタノール (2:1) にて1 mg/mLに調製する。
③ 発色試薬:10%硫酸銅含有8%リン酸水溶液を調製する。

2.3 細胞培養

細胞種：三次元培養表皮モデル EPISKIN_LM（EPISKIN large model）（EPISKIN, リヨン, フランス）

細胞培養条件：37℃, 5%CO_2 インキュベーター

2.4 試験操作

〈細胞培養〉

① EPISKIN_LM は，専用の維持培地を用いて 12 well plate で馴化する。
② 24 時間馴化後，試験試料をモデルの角層側から 150 μL あるいは 150 mg 適用する。
③ 維持培地は，72 時間毎に新しいものに交換しながら，6 日間培養する。

〈アッセイ〉

〈細胞生存率〉

④ AB 試薬（Alamar Blue）（Thermo Fisher Scientific. K.K., マサチューセッツ, アメリカ）はアッセイ培地で 10 倍に希釈し，2 mL/well にて 12 well plate に分注する。
⑤ 培養後の EPISKIN_LM は，PBS(−) にて十分洗浄した後，水分を払拭し，AB 試薬含有培地を分注したプレートに移し，2 時間培養する。
⑥ EPISKIN_LM は，PBS(−) を分注した 12 well plate に移し，十分に洗浄する。
⑦ AB 試薬を含有する培養上清は，十分に攪拌した後，100 μL を 96 well アッセイプレートに移し，マイクロプレートリーダーにて蛍光強度（Ex, 540 nm：Em, 590 nm）を測定する。
⑧ 同時に，モデルが無い状態で同条件下培養した AB 試薬含有培地の蛍光強度を測定し，ブランクとして各蛍光強度から差し引く。
⑨ 細胞生存率は，コントロール（試料未含有）モデルを 100 とした百分率（%）で表す。

〈細胞間脂質の抽出〉

⑩ 所定時間培養，洗浄した EPISKIN_LM は，トランスウェルから表皮組織を剥離し，PBS(−) にて十分洗浄した後，水分を払拭する。
⑪ 表皮組織は 10 mL ガラス試験管に移し，凍結，減圧乾燥を行う。
⑫ 凍結乾燥をした表皮組織にクロロホルム／メタノール（2：1）を 2 mL 添加する。
⑬ 5 分間超音波処理を行い，フィルター（PTFE 4 mm 0.45 μM, SUN SRI）ろ過により残渣を除去し，細胞間脂質粗抽出液を得る。
⑭ 細胞間脂質粗抽出液から有機溶媒を窒素ガス吹き付けにより除去し，0.25 mL のクロロホルム／メタノール（2：1）を添加し，細胞間脂質抽出液とする。

〈HPTLC〉

⑮ TLC プレート（HPTLC Silicagel 60，メルク）を展開溶媒で展開し，プレ洗浄をする。

⑯ 乾燥後，標準試料液および細胞間脂質抽出液 10 μL を TLC プレートにスポットする。

⑰ 展開溶媒を用いて TLC プレートを上端まで展開する．乾燥後，同様の操作を再度行う。

⑱ 乾燥後，発色試薬を噴霧し，30 分間，180℃でプレートを焼成し，発色させる。

⑲ 定量化する場合，TLC プレートの画像をスキャナーで取り込み，画像処理の可能なアプリケーションソフトを用いてスポットの数値化を行う。

⑳ 標準試料のスポットから検量線を作成し，細胞間脂質抽出液中の各々の成分を定量化する。

文　献

1) Imokawa G, *et al.*, *J. Invest. Dermatol.*, **96**, 523 (1991)

第1章 脂質分析実験法

3 ESRによる角層ラメラ構造膜流動性測定

坂本一民, 山下裕司

3.1 試験の原理

電子スピン共鳴 (Electron Paramagnetic Resonance：EPR, または Electron Spin Resonance：ESR) は不対電子を検出する分光法の一種でフリーラジカルの検出により抗酸化剤の評価などに用いられるが, 膜の流動性を測定する方法としても活用されている[1,2]。本稿の角層の脂質分析の原理は角層細胞間脂質に配向させたステアリン酸の誘導体である脂溶性スピンプローブ (5-doxyl stearic acid：5-DSA, Aldrich社製) から得られるESR信号によって, スピンプローブの周りの環境状態の情報が得られ, その結果角層細胞間脂質の秩序度・運動性・流動性を解析することができる。スピンプローブのESRスペクトルは図1のように周囲の環境（角層脂質の

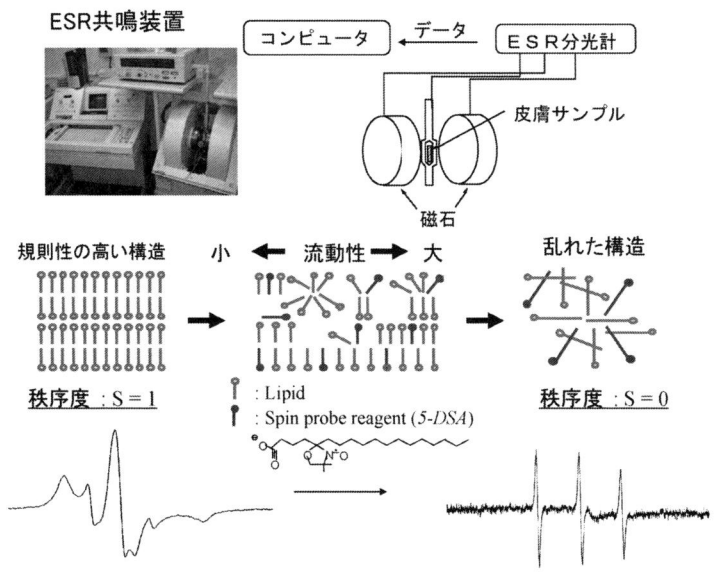

図1 スピンプローブ法ESRによる角層脂質状態測定の原理[1,2]

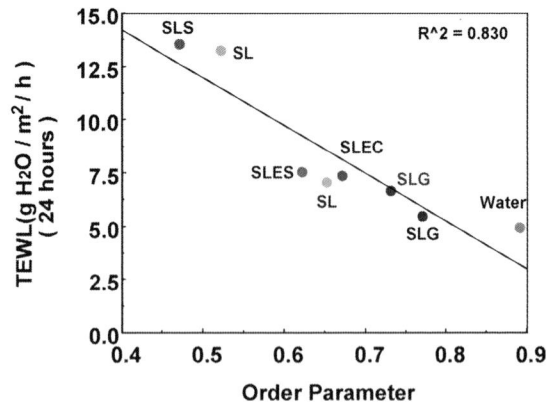

図2　界面活性剤処理による角層脂質のESR秩序度(S)とTEWLの相関性[3,4]
界面活性剤：SLS（ラウリル硫酸エステルNa；0.1％），SL（ラウリン酸Na；1％），SLES（ラウリルエーテル硫酸Na；1％），SLEC（ラウリルエーテルカルボン酸Na；1％），SLG（ラウロイルグルタミン酸Na；1％）

配向状態）に応じ変化する。角層ラメラ構造膜の流動性は幾何学法あるいはシミュレーション法により秩序度（S）として定量的に測定され，その界面活性剤による変化は図2のようにバリア性の指標であるTEWLとよく相関する[3〜7]。

3.2　試薬調製[8]

標準プローブ溶液（0.001％ 5-DSA；0.1％エタノール水溶液）：スピンプローブは5-doxyl stearic acid（5-DSA Aldrich社製）を使用する。1％ 5-DSAエタノール溶液を調製した後に，これを蒸留水で希釈し，必要量のエタノールを追加して所定濃度の5-DSA 0.1％エタノール水溶液とした。

角層採取にはシアノアクリレート（アロンアルファA「三共」）を用いる。

3.3　試験操作

電子スピン共鳴（ESR）による ex vivo での角層脂質構造性評価は以下の手順で実施する。被験者の前腕内側部皮膚にシアノアクリレート（アロンアルファA「三共」）を滴下したスライドグラス等のガラス板（8×70 mm）を圧着し約3分押さえた後に，皮膚角層を剥離し試料を採取する。シアノアクリレートの重合を完結させ5-DSAとの相互作用を除去するため，角層を剥離してから10日間室温で静置後にプローブ溶液（0.001％ 5-DSA；0.1％エタノール水溶液）と37℃1時間反応させ，さらに水洗浄によって余分な5-DSAを除去してESR測定を実施する[8]（図3）。角層のESR測定には扁平セルか扁平板が用いられるが，図4に示すESR試料ホルダ[9]に取り付けると簡便に測定できる。測定はXバンドESR装置（日本電子製，JES-RE1X）で行う。ESRの標準的測定条件と

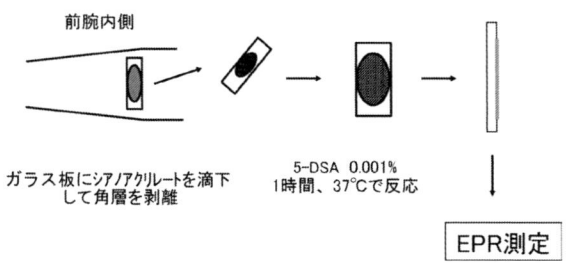

図3 *ex vivo* 角層の剥離法[7, 8]

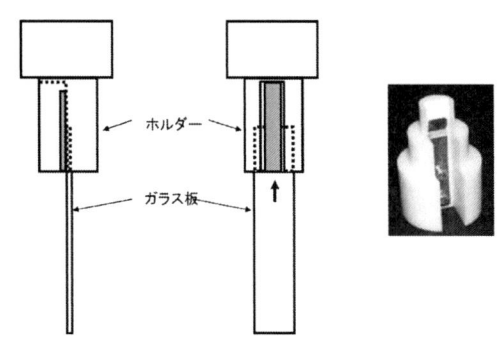

図4 測定用試料ホルダ[9]
ESR 装置への試料挿入が簡便で測定のスピードアップ，再現性良いデータ取得が可能。

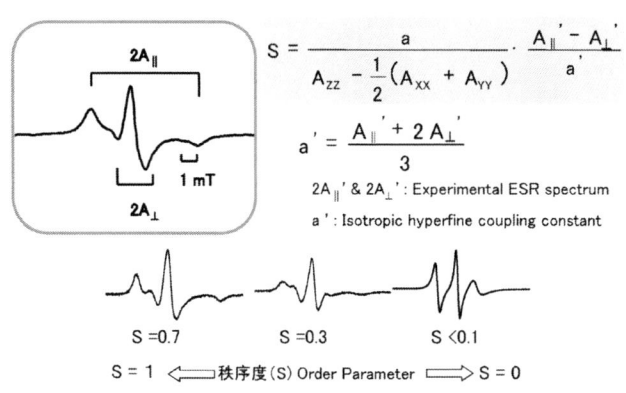

図5 幾何学法による秩序度（S）の算出

しては室温でマイクロ波出力は 10 mW，磁場変調幅は 0.2 mT，時定数は1秒，掃引速度は8分とした。

　角層試料の ESR スペクトルは，図5に示すように超微細結合定数による炭化水素鎖の構造性を求める幾何学的方法で秩序度（S）を算出する[3~7]。本法は界面活性剤の作用など皮膚に相応の影響を及ぼす処理をした際の角層脂質の状態変化などの評価には十分な感度を有するが，正常な

第1章　脂質分析実験法

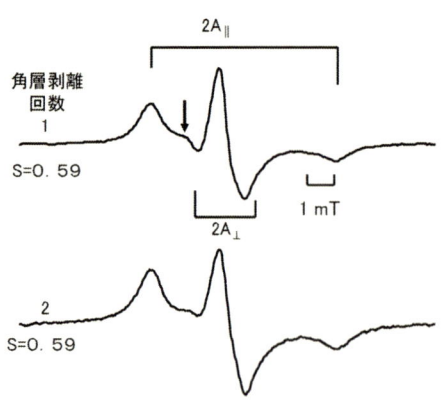

図6　幾何学法による前腕内側部剥離角層の評価

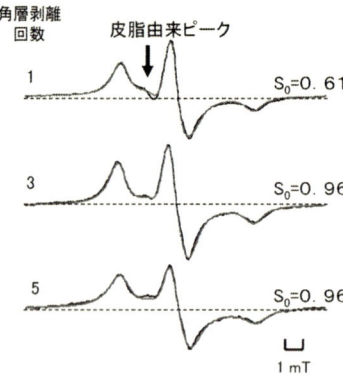

図7　シミュレーション法による前腕内側部剥離角層の評価[10]

皮膚の深さ方向での脂質の状態変化のようにスペクトル変化が微弱な場合はシミュレーション法の適用で解析精度の向上が可能である[8,10]（図6，7）。

本法はヒトあるいは豚皮由来のあらかじめ剥離した角層を用いる in vitro 法としても適用可能であり，簡便な化粧品原料の有効性および安全性評価法として活用できる。この場合は角層をあらかじめプローブ溶液で処理した後，評価すべき試料で一定時間処理後，ex vivo 試料と同様にして ESR スペクトルを測定できる。

文　献

1) Hubbell, W. L., McConnell, H. M., Molecular motion in spin-labeled phospholipids and membranes, *J. Am. Chem. Soc.*, **93**, 314-326（1971）

2) Onishi, S., Ito, T., Clustering of lecithin molecules in phosphatidylserine membranes induced by calcium ion binding to phosphatidylserine. *Biochim. Biophys. Res. Communs.*, **51**, 132-138（1973）

3) 川崎由明，全丹穀，坂本一民，Maibach, H. I., 電子スピン共鳴（ESR）によるアニオン界面活性剤の角質層に及ぼす影響の解析，*J. Soc. Cosmet. Chem. Jpn.*, **29**, 260-265（1995）

4) Mizushima, J., Kawasaki, Y., Tabohashi, T., Kitano, T., Sakamoto, K., Kawashima, M., Cooke, R., Maibach, H. I., Electron paramagnetic resonance study, *Int. J. Pharm.*, **197**, 193-202（2000）

5) Mizushima, J., Kawasaki, Y., Sakamoto, K., Kawashima, M., Cooke, R., Maibach H.I., Electron paramagnetic resonance: a new technique in skin research, *Skin. Res. Technol.*, **6**, 100-107（2000）

6) 水嶋淳一，Kawasaki, Y., 伊能正浩，坂本一民，川島　眞，Maibach, H. I., 電子常磁性共鳴法を用いた界面活性剤の角層に及ぼす影響の評価—水分量の観点から—，香粧会誌，**25**, 130-135（2001）

7) Mizushima, J., Kawasaki, Y., Kitano, T., Sakamoto, K., Kawashima, M., Cooke, R., Maibach, H. I., Electron paramagnetic resonance study utilizing stripping method on normal human stratum corneum, *Skin Res. Technol.*, **6**, 108-111（2000）

8) Yagi, E., Sakamoto, K., Nakagawa, K., Depth dependence of stratum corneum lipid ordering: a slow-tumbling simulation for electron paramagnetic resonance, *J. Invest. Dermatol.*, **127**, 895-899（2007）；

八木栄一郎, 中川公一, 坂本一民, 電子スピン共鳴 (ESR) による角層脂質の *ex vivo* 状態解析法の確立, *J. Soc. Cosmet Chem. Jpn.*, **42**, 231-236 (2008)

9) 八木栄一郎, 坂本一民, 中川公一, 電子スピン共鳴 (ESR) 測定用試料ホルダ, 実用新案登録第 3118044 号, 2005 年 12 月 14 日登録

10) Nakagawa, J. Mizushima, Y. Takino, K. Sakamoto, and H. I. Maibach, Chain ordering of stratum corneum lipids investigated by EPR slow-tumbling simulation, *Spectrochimica. Acta. Part A.*, **63**, 816-820 (2006)

第 1 章 脂質分析実験法

4 リポソームからの蛍光物質漏出を指標とした ラメラ構造安定性評価

井筒ゆき子

4.1 試験の原理

セラミド，コレステロール，脂肪酸，コレステロールサルフェートから構成される細胞間脂質ラメラ液晶構造[1]は，角層のバリア機能を発揮し，皮膚の水分保持に重要な役割を果たしていることはよく知られている。そのため，細胞間脂質からなるラメラ構造の安定化は，バリア機能の改善による皮膚保湿作用を示すことが期待される。本稿では，細胞間脂質成分で作成したリポソーム膜に蛍光物質であるカルセインを内包させ，その漏出率によりラメラ構造の安定性を定量的に評価する方法について述べる。一般的に蛍光性物質は，高濃度の状態では自己消光して蛍光を発せず，漏出後に希釈されることによって蛍光性を示すことを利用した方法である。

4.2 試薬調製

① 63 mM カルセイン（CL）溶液：392 mg のカルセイン（CL）を 5 mL の精製水に分散させ，10 M の NaOH を滴下し pH 7.5 に調整する。これに精製水を加え，総量 10 mL にする。
② 細胞間脂質構成脂質混合物薄膜：22.2 mg のノンヒドロキシセラミド，38.9 mg のパルミチン酸，38.9 mg のコレステロールを秤量し（全 100 mg），5 mL のクロロホルム：メタノール混液（2：1 (v/v)）に溶解する。これを 1 mL 採取し，試験管に移す。溶媒を減圧下にて流去し薄膜を調製する。さらに真空ポンプにて減圧下 1 時間放置し，溶媒を完全に流去する。
③ トリス塩酸緩衝液：10 mM NaCl 含有 10 mM トリス塩酸緩衝液（pH 7.5）を調製する。
④ カルセイン〔アルカリ土類金属用〕：ナカライテスク㈱（京都，日本）
⑤ Non-hydroxy fatty acid ceramide from bovine brain：シグマ（セントルイス，アメリカ）
⑥ パルミチン酸：シグマ（セントルイス，アメリカ）
⑦ コレステロール：シグマ（セントルイス，アメリカ）

⑧　クロロホルム：国産科学㈱（東京，日本）
⑨　メタノール：国産科学㈱（東京，日本）
⑩　Triton X-100, reduced：シグマ（セントルイス，アメリカ）
⑪　Sephadex G-50 Fine：GE ヘルスケア（バッキンガムシャー，イギリス）

4.3　試験操作

(1)　**CL 内包リポソーム液の調製と精製**
①　脂質混合物薄膜を作製した試験管に，2 mL の CL 水溶液（pH 7.5）を添加する。
②　80℃に加熱しながら，ボルテックスミキサーにて薄膜を試験管表面から剥離させる。
③　80℃の加熱条件下にて，プローブタイプの超音波処理器を用い，超音波を 20 分間処理する。
④　暗所で，室温まで冷却する。
⑤　トリス塩酸緩衝液（pH 7.5）にて馴化させた Sephadex G-50 Fine ゲルカラム（1 cm 径）でろ過し，CL 内包リポソーム画分を精製する。

(2)　**Triton X-100 による細胞間脂質リポソームからの CL 漏出評価**
①　蛍光マイクロプレートリーダー用の 96 穴プレートに下記を混合する。
　　CL 内包リポソーム液　　　150 μL
　　試験試料　　　　　　　　 20 μL
②　室温にて 5 分間静置する。
③　トリス塩酸緩衝液（pH 7.5）にて 10^{-4}〜10^{-1} % の Triton X-100 溶液を調製し，20 μL ずつ添加する。
④　蛍光プレートリーダーにて，蛍光強度 Fs（Ex/Em：494/520 nm）を測定する。
⑤　10 % の Triton X-100 を 10 μL ずつ添加し，完全に CL を漏出させる。
⑥　蛍光プレートリーダーにて，蛍光強度 Ff（Ex/Em：494/520 nm）を測定する。
⑦　CL 漏出率を，次の式から求める。
　　CL 漏出率（%）＝Fs/Ff×100

文　献
1)　Werts P. W., Downing D. T., "Physiology, Biochemistry, and Molecular Biology of the Skin, 2nd ed.", ed. by L. A., Goldsmith, Oxford University Press, pp.205-235（1991）

第1章　脂質分析実験法

5 ｜ X線回折による角層細胞間脂質の構造解析

小幡誉子

5.1　細胞間脂質のX線構造解析

　角層のX線回折実験は近年開発が進む新しい実験の分野であり，広く利用される実験手法として定着する途上にある[1〜3]。X線回折自体は物理学の一分野として長い歴史をもつが，科学の進歩に伴ってX線発生装置や検出器の高度化が進み，従来行われてきた固体物質の測定に留まらず，生体試料や高分子などの測定も盛んになり，また様々な技術との組み合わせによりデータの可視化も可能となった。本項では，現在行われている実験の方法とその周辺の状況を紹介したい。

　皮膚の表面には角層とよばれる，わずか15μm程度の薄い膜が存在し，生体を異物侵入や脱水から保護する役割を果たしている。角層はレンガ-モルタル構造として模式化され，なかでもモルタルに相当する細胞間脂質は，物理的な意味で，角層のバリア機能の中心である。細胞間脂質は，角化不溶性膜を足場としてラメラ構造を形成しており，主要成分であるセラミド，コレステロール，脂肪酸といった疎水性物質の多様性によって種々の外的刺激から生体を守る砦として機能する。これらの一連の化合物のうち，存在量が最も多いセラミドは生体の各所にあり，ヒト角層細胞間脂質からすでに12種類のサブクラスが同定されている。さらに炭化水素の変動を合せれば，その数は350種類以上ともいわれるが，まだ新しい同族体の発見も期待される段階であり，生体内で最大の臓器である「皮膚」には未だ解明されていない謎も残されている。そこで，新しい技術が積極的に研究に活用され，製剤適用時の皮膚表面の状態の解明や皮膚疾患の治療法の確立に向けて，角層細胞間脂質のX線構造解析は不可欠な手法となりつつある。

　通常，物質の構造解析にはX線回折測定装置が繁用されるが，角層は，実験に使用できる試料量が非常に少ない。さらに細胞間脂質は，角層の全質量のうち約10％程度といわれている。しかも角層細胞を構成するケラチンや天然保湿因子など細胞間脂質の測定にとって夾雑物となる化合物が多量に共存する複雑な系である。そのため，実験室レベルのX線回折測定装置による実験では，細胞間脂質の回折を得るために長時間のX線照射が必要になる。また，得られた細胞間脂

質の回折は，例えば，製剤の適用効果の定量的評価が可能な精度に達しないこともある。そこで，本項では，角層細胞間脂質の構造解析に放射光X線回折を利用する方法に焦点を絞り紹介する。

放射光X線回折を利用した角層細胞間脂質の構造解析は，必要とする試料量は数mg程度であることに加えて，X線照射時間は数秒から数分である。また，得られるデータの精度は非常に高く，短時間で多くの実験ができることや一つの測定データを多角的に解析することで多くの情報が得られる。国内で放射光X線回折実験ができる施設は，高輝度光科学研究センター（SPring-8）や高エネルギー加速器研究機構のフォトンファクトリー（PF）などいくつもあるが，使用するエネルギーや試料周りの調整など専門的事項も多く，これらが細胞間脂質のX線回折実験に近寄りにくい印象を与える要因となっているかもしれない。いずれの施設においても小角散乱の実験ができる場所を選択することが望ましい。とくに放射光X線は透過力が大きいため，通常は透過法による測定が中心となる。また，試料損傷には細心の注意が必要であり実験条件の吟味も不可欠である。さらに，実験室で使用する装置には通常得られた信号を容易に解析する方法が備えられているが，放射光実験の場合は使用する装置によって出力されるデータの形式が異なるなど心得ておくべきこともある。また，可能な実験については，利用する実験場所に備えられている検出器や装置開発状況に依存する側面も大きい。これらは，あらたな物理学的な発見を含めて，科学の進歩とともに発展するため，現在の測定法も実験の回を重ねるごとに進化している状況であり，発展の可能性は無限大ともいえる。

また，放射線管理区域内での実験であるため，実験を行う前に放射線作業従事者としての登録が必要である。施設の体制に依るところも大きいが，決められた期間に実験内容に関して申請作業を行い，採択後に実験が可能になる場合もある。さらに，24時間体制でのX線供給も行われており，ラボでの通常の実験とは異なる点も多い。加えて大型施設は文科省等が主体となって運用が行われ，実験実施に際して費用の負担は大きくない一方で実験終了後の成果公開が義務付けられている場合もある。そのため，事前に綿密な実験計画を立て周到な準備により実験を効率化することも考えなくてはならない。

5.2 試料調製

(1) 角層の準備

トリプシン溶液（0.1％，リン酸緩衝生理食塩液（pH 7.4））に動物やヒトの皮膚を所定時間浸漬する。数時間から半日程度がおおまかな目安である。トリプシンによる角層剥離は酵素反応であるため，37℃前後の環境で反応が進みやすい。角層が剥がれたら，丁寧に下部組織と分離して，水で洗浄及び乾燥する。通常，角層は25％程度の水分を含んでいるといわれることに基づいて，乾燥角層の質量を目安に水和させる方法もある。また，3次元培養皮膚から剥がされた角層も試料として利用されている。これとは別に，セラミド，コレステロール，脂肪酸などを組み合わせ

て細胞間脂質のモデルを調製して試料とする方法もある。

(2) 測定用試料の準備

これまでに様々な方法で測定が行われているが，代表的な例は，内径 1 mm 程度のガラスキャピラリーに角層を封入する方法やポリイミドフィルム（カプトン膜）に角層を挟み固定する方法がある。封入に際しては，等方性あるいは異方性のいずれを重視するかによって，角層を細断して詰めるか重ねて詰めるかの方法が選択できる。これらの場合，キャピラリーやカプトン膜さらに空気の散乱をバックグラウンドとして測定しておき，解析に際してこれら由来の散乱を試料のデータから差し引いて，細胞間脂質自体の回折を算出する必要がある。

5.3 測定操作

(1) X線照射

試料台に角層を固定して，所定の時間X線を照射する。X線が照射される部分は，おおまかに見積もって約 100 μm 四方以下に絞られていることが多く，X線の透過する位置に正確に試料を固定することが重要である。とくに時系列の測定に関しては測定位置の変化は結果に直接影響するため，装置周りの振動を含めて注意が必要である。

(2) 試料と検出器間の距離の測定

試料から検出器までの距離，すなわちカメラ長決定の標準品には，格子間距離が明らかにされているベヘン酸銀やステアリン酸鉛およびコレステロールなどが使用される。通常，大型施設は共同利用であり，同じ実験場所で角層のみならず様々な試料の測定が行われるため，試料の持つ回折の位置に合わせて，試料台や検出器の位置の調節が行われる。そのため実験ごとに標準品の回折を測定して試料と検出器間の距離を求める必要がある。ラメラ周期は小角領域の測定であるが，充填構造は相対的に格子間距離が小さく広角領域の測定と位置付けられ，同じ検出器で同時測定ができる場合や，検出器を分ける場合あるいはそれぞれを別々に光学系のセッティングを組み直して測定を行う場合など実験場所によって様々である。

(3) データ解析

代表的な検出器として，イメージングプレートやX線光子計数型2次元検出器がある。それらの検出器により出力されるデータの形式は様々であるが，画像データであれば1次元化して解析を行うのが一般的である。この作業には，ヨーロッパ放射光施設（ESRF）の研究者によって開発された Fit2D が世界的に繁用されているが，独自の解析手法を備えている実験場所もある。細胞間脂質の場合，図1に示すような約 13 nm の長周期ラメラ，6 nm の短周期ラメラおよび斜方晶，六方晶といった充填構造の解析が中心となり，ラメラ周期や充填性の変動を解析して，角層のバリア機能の議論や適用製剤の効果の理解につなげていくことが当面の目標となる。

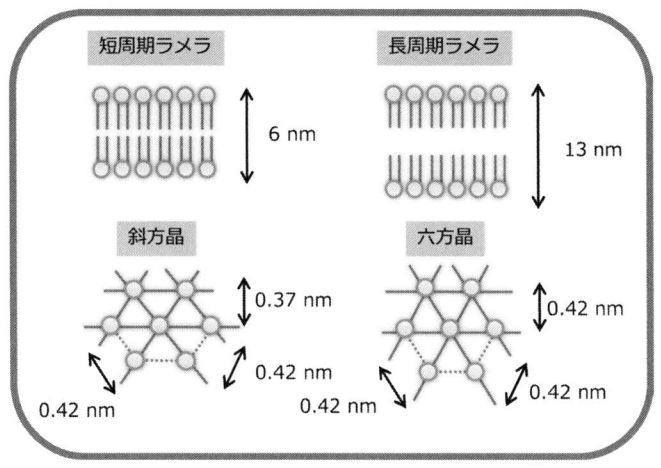

図1 角層細胞間脂質の微細構造

文 献

1) Y. Obata *et al.*, *J.Contr.Rel.*, **115**, 275-279 (2006)
2) H. Watanabe *et al.*, *Int.J.Pharm.*, **402**, 146-152 (2010)
3) S. Duangjit *et al.*, *Biol.Pharm.Bull.*, **37**, 239-247 (2014)

参考 URL

SPring-8 : http://www.spring8.or.jp/ja/
PF : http://www.kek.jp/ja/
ESRF : http://www.esrf.eu/
Fit2D : http://www.esrf.eu/computing/scientific/FIT2D/

第2章 角層細胞分析実験法

1 有核細胞染色

松本雅之

1.1 試験の原理

肌荒れを起こしている皮膚では一般に表皮基底細胞の増殖が速くなっていることから，角層ターンオーバー速度も速まっている。そのため，未成熟な状態の角層細胞が皮膚表面に押し上げられることになり，角層が本来持つ保湿機能やバリア機能を十分に発揮することができない。このように角化が十分になされていない現象は不全角化と呼ばれ，この状態では本来角化の過程で消化されて消失していく核が角層最外層においても角層細胞中に残存が認められる。これら核の残存した細胞は有核細胞と呼ばれる（図1）。

そこで，皮膚表面から角層細胞のテープストリッピングを行った後，染色を行い，核とその他細胞質等を染め分けることにより有核細胞を特定し，その出現率を調べることで不全角化の程度を評価することが可能である。

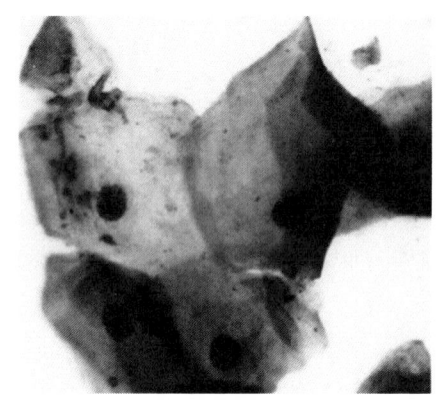

図1　有核細胞

1.2 試薬調製等

〈染色液（以下の染色液が汎用されている）〉[1,2]
① ゲンチアナバイオレット―ブリリアントグリーン染色
　　ゲンチアナバイオレット（Gentian Violet）を 1.0 wt/v%，ブリリアントグリーン（Brilliant green）を 0.5 wt/v% となるように蒸留水にて調整。ブリリアントグリーンにて核が，ゲンチ

アナバイオレットにて細胞質等が染色される。
② ローダミンB—メチレンブルー染色
　ローダミンB（Rhodamine B）とメチレンブルー（methylene blue）の飽和水溶液を等量で混合して調整。メチレンブルーにて核が，ローダミンBにて細胞質等が染色される。
③ ヘマトキシリン—エオジン染色
　マイヤーヘマトキシリン液：ヘマトキシリン 1.0 g，ヨウ素酸ナトリウム 0.2 g，カリウムミョウバン 50 g，抱水クロラール 50 g，クエン酸 1.0 g を 1,000 ml の蒸留水にて調整。
　エオシン液：エオシン Y　1.0 g，酢酸 0.1 ml を 100 ml の蒸留水にて調整。ヘマトキシリンにて核が，エオジンにて細胞質等が染色される。

〈角層採取（テープストリッピング）用粘着テープ〉
テープストリッピング専用の粘着テープは以下に示すようなものが市販されている。
① D-Squame® (CuDerm 社 Dallas, TX)[3]
② 角質チェッカーAST-01（アサヒバイオメッド社）
③ 角質チェッカー（プロモツール社）
　その他，市販のセロハンテープを用いたり，透明な両面接着テープを貼付したスライドグラスを作成したりすることでテープストリッピングを行うことができる。

1.3　試験操作

(1) 角層採取部位の洗浄
　テープストリッピングによる角層採取は，粘着面と角層との接着を阻害する要因（皮脂，メイク料，汚れなど）によって影響を受けるため，事前に採取部位の洗浄を行う。特に顔面部ではクレンジングと洗顔によりメイク製品をきちんと洗い落とす必要がある。
　洗浄後は残った水分の影響を避けるため15～20分程度時間をおいて角層採取を行う。

(2) 粘着テープに付着した角層細胞を染色する場合[4]
① 粘着テープを角層採取部位にのせ，一定圧になるように，プッシュプルゲージなどの器具を用い，粘着面全体を均等に数秒間圧しつけた後にはがし，角層を採取する。
② 角層が多量に採取された場合には，別のテープにてカウンターストリッピング（角層採取面に再度テープを貼付し剥離する）を行うことにより観察が容易になる。
③ 調整した染色液に浸漬して10分程度染色を行う（染色状況によって時間は調整）。なお，粘着テープの角層細胞付着面に直接染色液をピペット等で滴下して染色することも可能である。
④ 流水にて10分程度水洗する。この場合，粘着テープより角層細胞が脱落しないように注意深く洗浄する。

⑤　風乾させる。
⑥　光学顕微鏡にて観察を行う（接眼レンズ 10 倍，対物レンズ 20 倍程度）。
⑦　任意の範囲（例えば 2×2 mm（4 mm^2））内の有核細胞数を計測。複数視野観察して単位面積当たりの有核細胞個数（個/mm^2）を算出する。

(3) 角層細胞を分散して染色する場合[1]

①　皮膚上に筒状のガラスカップをのせ，0.1％Triton X-100（リン酸バッファー pH 7.2）2 ml を入れ，ガラスやテフロンの棒にて 1 分間皮膚表面をこすり，角層細胞を採取する（角層を採取した粘着テープを 0.1％Triton X-100 中に入れ，超音波をかけて分散させて採取することも可能）。
②　この溶液 0.2 ml にメチレンブルー：ローダミン B＝1：1（飽和溶液）を加えて細胞を染色。
③　染色された角層細胞が懸濁した液をスライドグラスへ滴下し，封入する。
④　光学顕微鏡を用いて観察を行う（接眼レンズ 10 倍，対物レンズ 20 倍程度）。
⑤　任意の角層細胞 100〜200 個程度を観察し，有核細胞の出現率（％）を算出する。

　これら一連の作業は連続して行うことが望ましい。特に染色後の退色・変色等の影響を避けるため速やかに観察を行い，データ化すべきである。

文　献

1) 高橋元次ほか, J. Soc. Cosmet. Chem. Jpn., **20**, 194-200（1986）
2) 橿淵暢夫, J. Soc. Cosmet. Chem. Jpn., **23**, 143-154（1989）
3) Serup J et. al., Clin. Exp. Dermatol., **14**, 277-282（1989）
4) 長瀬憲一ほか, J. Soc. Cosmet. Chem. Jpn., **25**, 21-26（1991）

第2章　角層細胞分析実験法

2 重層剥離染色

松本雅之

2.1 試験の原理

　健常な皮膚では表皮細胞の増殖と分化のバランスが取れているため，角化は正常に行われ，ターンオーバーの結果，角層細胞は角層最外層より規則正しくスムーズに剥離をしていく。そのため，健常な皮膚表面から粘着テープを用いてテープストリッピングを行うと角層は薄く均一に剥離してくる。一方，肌荒れなどのトラブルを生じている皮膚では，角層の形成が不十分となっており，細胞間接着にも異常が見られるため，同様に角層を採取すると角層が塊になって剥離するいわゆる重層剥離が多く観察され（図1），その程度はバリア機能と密接に関係する。このようにテープストリッピングによる角層の剥離パターンは角化の過程を反映し，肌荒れの状態を示す良い指標である[1]。

　そこで皮膚表面から角層細胞のテープストリッピングを行い，剥離された状態を維持したまま染色を行う。重層剥離をしている部分はその程度に応じて濃く染まるため，その程度を調べることで肌荒れを評価することが可能である。

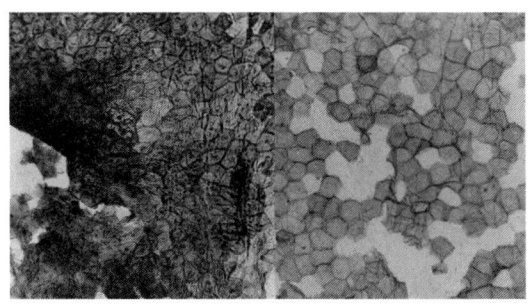

図1　重層剥離例
左：多い，右：少ない

2.2 試薬調製等

〈染色液（以下の染色液が汎用されている）〉[2,3]

① ゲンチアナバイオレット―ブリリアントグリーン染色

　　ゲンチアナバイオレット（Gentian Violet）を 1.0 wt/v%，ブリリアントグリーン（Brilliant green）を 0.5 wt/v% となるように蒸留水にて調整。

② ローダミン B―メチレンブルー染色

　　ローダミン B（Rhodamine B）とメチレンブルー（methylene blue）飽和水溶液を等量で混合して調整。

〈角層採取（テープストリッピング）用粘着テープ〉

市販の角層採取専用の粘着テープは以下に示すようなものがある。

① D-Squame®．（CuDerm 社 Dallas, TX）[4]
② 角質チェッカーAST-01（アサヒバイオメッド社）
③ 角質チェッカー（プロモツール社）

その他，市販のセロハンテープを用いて角層採取した後，スライドグラスに転写する方法[3,5,6]や，透明な両面接着テープを貼付したスライドグラスを作成してテープストリッピングを行うことが可能である。

2.3 試験操作

(1) 角層採取部位の洗浄

テープストリッピングによる角層採取は，粘着面と角層との接着を阻害する要因（皮脂，メイク料，汚れなど）によって影響を受けるため，事前に採取部位の洗浄を行う。特に顔面部ではクレンジングと洗顔によりメイク製品をきちんと洗い落とす必要がある。

洗浄後は残った水分の影響を避けるため 15～20 分程度時間をおいて角層採取を行う。

(2) 角層採取

〈市販の角層採取用の粘着テープなどを用いる場合〉

① 粘着テープを角層採取部位にのせ，一定圧になるように，プッシュプルゲージなどの器具を用い，粘着面全体を均等に数秒間圧しつけた後にはがし，角層を採取する。

〈セロハンテープなどを用いる場合〉[3,5,6]

① セロハンテープなどを使用してテープストリッピングを行った場合は，採取した角層をスライドグラスに転写することで染色・観察が容易となる。
② セロハンテープをスライドグラスの大きさに合わせて任意の大きさにカットする。角層を採

取した後に，軟質塩化ビニル用樹脂（コニシ㈱）をあらかじめ薄く塗布したスライドグラスに，角層を採取したセロハンテープを貼付する。
③　エタノール中に10分間浸漬し，さらにキシレン中に2時間浸漬することで，セロハンテープを分離する。
④　再度キシレン中に1時間浸漬し，残っている粘着剤を完全に除去する。
⑤　風乾させる。

(3) 染色
①　調整した染色液に浸漬して10分程度染色を行う（染色状況によって時間は調整）。なお，粘着テープの角層細胞付着面に直接染色液をピペット等で滴下して染色することも可能である。
②　流水にて10分程度水洗する。この場合，粘着テープより角層細胞が脱落しないように注意深く洗浄する。
③　風乾させる。

(4) 評価法
①　光学顕微鏡にて観察を行う（接眼レンズ10倍，対物レンズ10倍程度）。
②　目視にて重層剥離度のスコア付けを行う（例えば，1（少ない）〜5（多い）の5段階）[7]。
　一連の作業は連続して行うことが望ましい。特に染色後の退色・変色等の影響を避けるため速やかに観察を行い，データ化すべきである。

文　献
1) 松本雅之ほか，*J. Soc. Cosmet. Chem. Jpn.*, **32**, 33-42（1998）
2) 高橋元次ほか，*J. Soc.Cosmet. Chem. Jpn.*, **20**, 194-200（1986）
3) 橿淵暢夫，*J. Soc. Cosmet. Chem. Jpn.*, **23**, 143-154（1989）
4) Serup J *et. al.*, *Clin. Exp. Dermatol.*, **14**, 277-282（1989）
5) 大畑　智ほか，日皮会誌，**101**, 1131-1138（1991）
6) Hikima R, *et. al.*, *IFSCC Magazine*, **7**, 3-10（2004）
7) 谷沢茂治ほか，*J. Soc. Cosmet. Chem. Jpn.*, **24**, 13-19（1990）

第 2 章　角層細胞分析実験法

3　カルボニル化タンパク染色

藤代美有紀

3.1　試験の原理

　細胞や組織で発生する活性酸素種（ROS）によりタンパクは非特異的に酸化を受ける。タンパクの酸化修飾体の一つにカルボニル化タンパクが存在する。カルボニル化タンパクはタンパク中のプロリン，アルギニン，リシン，スレオニンなどのアミノ酸がROSにより酸化修飾を受け，カルボニル基を有するタンパクの総称である。カルボニル基は化学的に安定なため，酸化ストレスのマーカーとして頻繁に用いられている。カルボニル化によるタンパク変性は，近年，皮膚内部のみならず角層においても観察されること，また，紫外線照射により角層タンパクのカルボニル化が亢進されることが報告されており[1]，角層の酸化状態を示す指標として応用できる。

　試験の原理は，テープストリッピングにより剥離した角層を，カルボニル基の標識試薬であるFluorescein-5-thiosemicarbazide（FTSC）を用いて染色することにより，角層中に存在するカルボニル基の量を蛍光強度として可視化する[1]，というものである。染色結果の蛍光強度が高いほど，角層タンパクのカルボニル化が亢進していることを示す。

　カルボニル化タンパクレベルの比較は，染色画像における角層部分の蛍光強度の平均輝度をPhotoshopを用いて算出し，数値化して比較を行う。

　非露光部位として上腕内側，露光部位として手の甲の角層を用い，染色を行った結果を図1に示した。

3.2　試薬調製

① MES-Na Buffer：0.1M 2-Morpholinoethane sulfonic acid（同仁化学研究所）を調整後，NaOHにてpHを5.5に調整する。

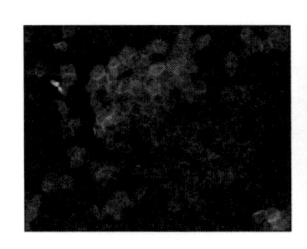

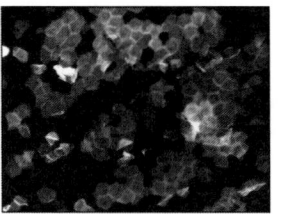

非露光部位　　　　　露光部位

図1　カルボニル化タンパク染色画像

② FTSC Stock solution：Fluorescein-5-thiosemicarbazide（Ana Spec）を20 mMとなるようにジメチルホルムアミド（和光純薬）に溶解した溶液をStock solutionとする。

3.3　試験操作

① 被験部位にセロハンテープ（ニチバン）を貼り，皮膚表面の角層を剥離する。
② テープに塩化ビニル樹脂系接着剤を薄くのばし，スライドガラスに貼付し，その後十分に乾燥させる。
③ 接着剤乾燥後，スライドガラスをエタノール（和光純薬）に10分間浸漬し，角層の脱水を行う。その後室温にて10分以上乾燥させる。
④ エタノール乾燥後，キシレン（和光純薬）に一晩浸漬し，スライドガラスからテープを剥離する。
⑤ テープ剥離後，スライドガラスに角層が転写されていることを確認し，乾燥させる。
⑥ 乾燥後，MES-Na Bufferに室温にて3分間浸漬する。
⑦ 50 μM FTSCを含有するMES-Na Bufferに浸漬する（室温の遮光状態にて1時間浸漬）。
⑧ PBS(−)にて洗浄する（室温にて3分×3回）。
⑨ グリセリンにて封入後，蛍光顕微鏡にて蛍光検出（Ex：492 nm，Em：516 nm），および画像取り込みを行う。
⑩ 画像における角層部分の平均輝度をPhotoshop（Adobe）を用いて算出し，得られた輝度値をカルボニル化タンパクレベルとして定量的な比較を行う。

文　献
1) Fujita H. *et al.*, *Skin Res. Technol.*, **13**, 84（2007）

第2章 角層細胞分析実験法

4 角層細胞のAdvanced glycation end products (AGEs) 染色法

多田明弘

4.1 試験の原理

　Advanced glycation end products (AGEs) は，蛋白糖化反応により生成する最終産物であり，生体では加齢に伴って蓄積することが知られている[1〜4]。また，ヒト皮膚においても加齢とともに増加すること[5,6]，および日光を浴びた部位と浴びていない部位では，浴びた部位の方が多いことが報告されている[7,8]。

　真皮に存在するAGEsが皮膚の弾力性低下，柔軟性低下および黄色化の原因であることを報告している[9]。真皮のAGEsに関する研究は数多く報告されているが，表皮（角層）のAGEsに関する研究報告はほとんどない。筆者らは，ヒトの角層にAGEsが存在することを見出し，ヒト角層AGEsを評価する方法を確立した（図1）。また，ヒト角層を用いてAGEsを除去する素材を評価することもできる（図2）。ヒト角層AGEsを除去する素材として見いだしたレンゲソウエキスの効果[10]についても紹介する（図3，図4）。

4.2 試薬調製

① 一次抗体：anti AGE monoclonal antibody (mouse) (TransGenic)
② 二次抗体：Biotin-Rabbit Anti-Mouse IgG conjugate (ZYMED)
③ ABC試薬：ABC REAGENT (VECTOR)
④ AEC基質：AEC発色基質 (Dako)
⑤ 一次抗体ネガティブコントロール：Negative control mouse IGg1 (Dako)
⑥ 水性封入剤：アクアテックス（顕微鏡用水性封入剤）(MERCK)
⑦ スライドグラス：MICRO SLIDE GLASS　APSコート付　スーパーフロストホワイト
　Thickness 0.9-1.2 mm　Pre-cleaned 76×26 mm (MATSUNAMI)

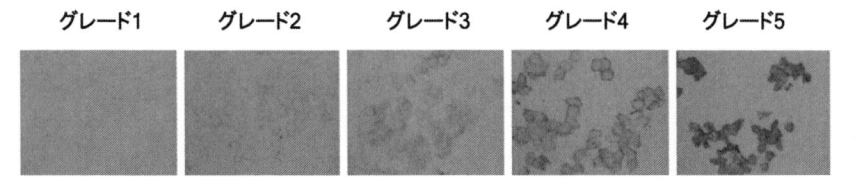

図1 ヒト頬部角層を用いた AGEs 染色像とヒト角層 AGEs 評価グレード

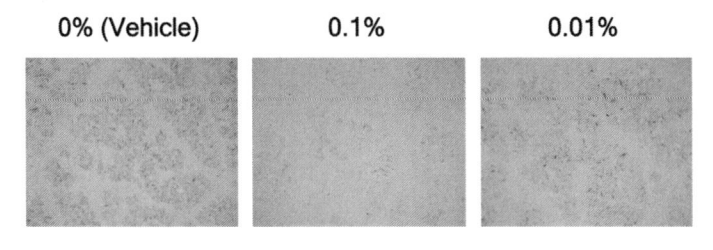

図2 ヒト角層を用いた AGEs 除去評価法。レンゲソウエキスを用いた結果
0％, 0.1％, 0.01％はレンゲソウエキスの濃度を示す。

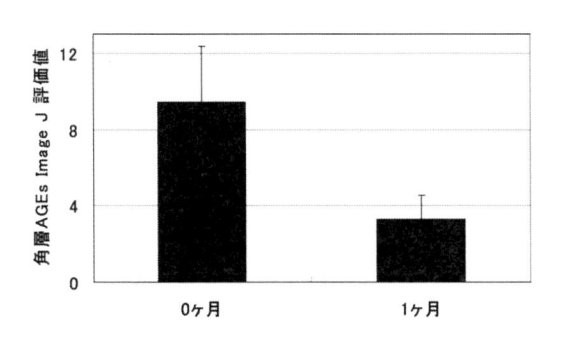

図3 レンゲソウエキス配合化粧料使用による角層 AGEs の変化
n = 21

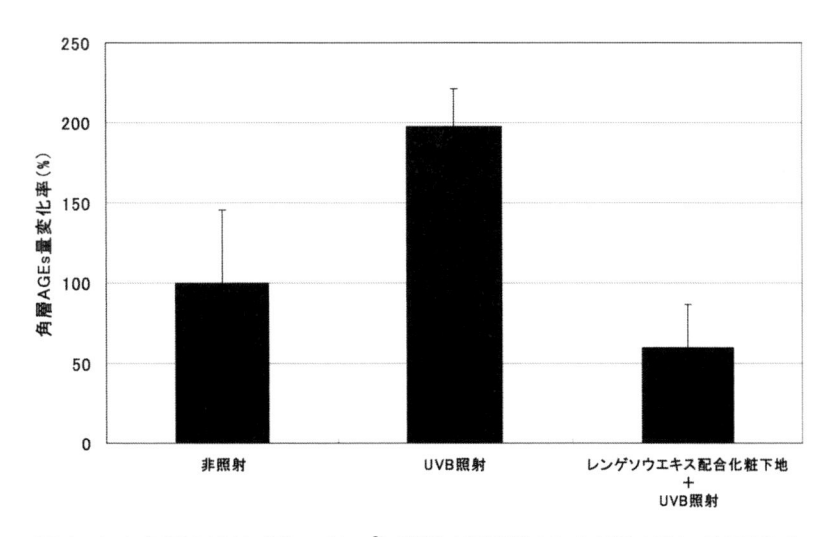

図4 ヒト皮膚に UVB（50 mJ/cm^2）照射 4 時間後のヒト角層 AGEs 量の変化と
レンゲソウエキス配合化粧下地（SPF20, PA ＋＋＋）の効果（n = 3）

⑧　PBS(−)：ダルベッコ PBS(−) 粉末「ニッスイ」（日水製薬㈱）
⑨　ブロッキング液：ブロックエース粉末（雪印乳業㈱）

4.3　試験操作

(1) **ヒト角層 AGEs の免疫組織染色**
①　皮膚よりセロハンテープで採取した角層をスライドグラスに転写し，キシレンに一晩浸漬して，スライドグラスからセロハンテープをはがす。
②　風乾後，PBS(−) で洗浄する（室温，5分，3回）。
③　3%H_2O_2 in water に浸漬する（室温，15分）。
④　PBS(−) で洗浄する（室温，5分，3回）。
⑤　ブロッキングする（ブロックエース原液で室温，30分）。
⑥　一次抗体（anti AGE monoclonal antibody（mouse），TransGenic，2μg/ml），4℃で一晩放置する。
⑦　0.05 % Tween 20 in PBS(−) で洗い流した後，0.05 % Tween 20 in PBS(−) で洗浄する（室温，5分以上，3回）。
⑧　ビオチン化二次抗体（Biotin-Rabbit Anti Mouse IgG conjugate，ZYMED，300倍希釈），室温で30分放置する。
⑨　0.05 % Tween 20 in PBS(−) で洗浄する（室温，5分以上，3回）。
⑩　ABC 試薬，室温で15分反応させる。
⑪　0.05 % Tween 20 in PBS(−) で洗浄する（室温，5分以上，3回）。
⑫　AEC 基質で発色する（室温）。

(2) **ヒト角層を用いた AGEs 除去評価法**
　上記操作法②の後に，各スライドグラスを 80 % エタノール溶液，終濃度 0.01 % レンゲソウエキスに調製した 80 % エタノール溶液，終濃度 0.1 % レンゲソウエキスに調製した 80 % エタノール溶液に浸漬させて，室温で一晩放置する。そして，PBS(−) で洗浄後（室温，5分，3回），上記操作法③以降の操作を実施する。

(3) **レンゲソウエキス配合化粧品を用いたヒトでの評価**
　文書による同意を得た21名の女性被験者を対象にレンゲソウエキスを配合した化粧料を1ヶ月間使用した際の，使用前後での角層 AGEs 量を評価した。ImageJ を用いた画像解析により，免疫染色の強度を解析した[11]。

(4) UVB 照射による角層 AGEs 生成とレンゲソウエキス配合化粧下地の評価

　文書による同意を得た男性被験者 3 名の上腕内側に 3 部位設定した（①非照射部位，② UVB（50 mJ/cm^2）照射部位，③レンゲソウエキス配合化粧下地（SPF20，PA +++）を塗布後の UVB（50 mJ/cm^2）照射部位）。UVB 照射 4 時間後にセロハンテープで各部位の角層を採取して角層 AGEs 量を評価した。ImageJ を用いた画像解析により，免疫染色の強度を解析した[11]。

文　献

1) Maillard LC, *CR Acad. Sci.*, **154**, 66-68（1942）
2) Bucala R, Cerami A, *Adv. Pharmacol.*, **23**, 1-4（1992）
3) Monnier VM, Cerami A, *ACS Symp. Ser.*, **215**, 431-449（1983）
4) Reiser KM, *Proc. Soc. Exp. Biol. Med.*, **218**, 23-27（1998）
5) Dyer DG, Dunn JA, Thorpe SR, *et al.*, *J. Clin. Invest.*, **91**, 2463-2469（1993）
6) Verzijl N, DeGroot J, *et al.*, *J. Bio. Chemistry*, **275**, 39027-39031（2000）
7) Jeanmaire C, Danoux L, Pauly G, *British J. Dermatol.*, **145**, 10-18（2001）
8) Mizutari K, Ono T, *et al.*, *J. Invest. Dermatol.*, **108**, 797-802（1997）
9) Tada A, *et al.*, 25th IFSCC congress, Poster #4（2008）
10) 多田明弘，FRAGRANCE JOURNAL，7 月号，11-16（2012）
11) Image J-Image Processing and Analysis in Java. http://rsb.info.nih.gov/ij/

第 2 章 角層細胞分析実験法

5 SH染色

藤代美有紀

5.1 試験の原理

Sulfhydryl oxidase はタンパク分子中の -SH 基を架橋しジスルフィド結合を形成する。様々な要因により，角化の進行に異常をきたすと，sulfhydryl oxidase によるタンパク架橋が進行されず，細胞内に -SH 基が残存することになるため，細胞内 -SH 基の検出は角化異常の指標として応用できる。

試験の原理は，テープストリッピングにより剥離した角層を，N-(7-Dimethylamino-4-methylcoumarinyl)maleimide（DACM）を用いて染色することにより，角層中に存在する -SH 基の量を蛍光強度として可視化する，というものである。DACM は，それ自身では非蛍光性であるが，-SH 基と反応すると蛍光を生じる試薬であり[1]，染色結果の蛍光強度が高いほど，角層中の -SH 基が多く存在し角化が異常をきたしていることを示す。角化異常度の比較は，染色画像における角層部分の蛍光強度の平均輝度を Photoshop を用いて算出し，数値化して比較を行う。

健常な皮膚と -SH 基の多い皮膚の染色結果を図1に示した。

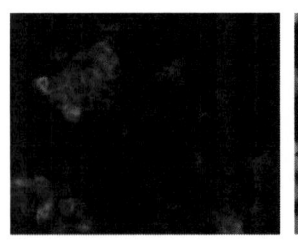

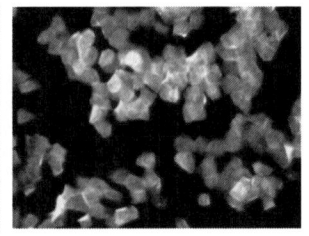

健常な皮膚　　　-SHの多い皮膚

図1　SH 染色画像

5.2 試薬調製

① TAS Buffer：0.85％ NaCl-10mM Tris/acetate（pH 6.8）を調整する。
② DACM Stock solution：N-(7-Dimethylamino-4-methylcoumarinyl)maleimide（和光純薬）を4 mMとなるようにアセトン（和光純薬）に溶解した溶液をStock solutionとし，−20℃にて保存する。

5.3 試験操作

① 被験部位にセロハンテープ（ニチバン）を貼り，皮膚表面の角層を剥離する。
② テープに塩化ビニル樹脂系接着剤を薄くのばし，スライドガラスに貼付し，その後十分に乾燥させる。
③ 接着剤乾燥後，スライドガラスをエタノール（和光純薬）に10分間浸漬し，角層の脱水を行う。その後室温にて10分以上乾燥させる。
④ エタノール乾燥後，キシレン（和光純薬）に一晩浸漬し，スライドガラスからテープを剥離する。
⑤ テープ剥離後，スライドガラスに角層が転写されていることを確認し，乾燥させる。
⑥ 乾燥後，TAS Bufferに室温にて3分間浸漬する。
⑦ 0.01 mM DACMを含有するTAS Bufferに浸漬する（室温にて3分間浸漬）。
⑧ TAS Bufferにて3分間洗浄する。
⑨ グリセリンにて封入後，蛍光顕微鏡にて蛍光検出（Ex：400 nm, Em：485 nm），および画像取り込みを行う。
⑩ 画像における角層部分の平均輝度をPhotoshop（Adobe）を用いて算出し，得られた輝度値を -SH基レベルとして定量的な比較を行う。

文 献
1) Hideoki O. *et al.*, *J. Histochem. Cytochem.*, **27**, 942（1979）

第2章 角層細胞分析実験法

6 角層細胞コーニファイドエンベロープのインボルクリン染色

平尾哲二

6.1 試験の原理

　角層の構造は，しばしばブロックとモルタルに例えられるように，ブロックに相当する扁平な角層細胞と，その間を埋めるモルタルに相当する細胞間脂質から構成される。角層細胞にはケラチン線維が充満しており，また，保湿機能に重要な役割を演じているアミノ酸を主体とするいわゆる天然保湿因子NMFも含まれている。一方，細胞間脂質は，セラミド，コレステロール，遊離脂肪酸などから構成され，ラメラ構造を組織している。これらの脂質の量的，あるいは質的な変化や配向の乱れなどによって，バリア機能が大きく変動することから，細胞間脂質が角層のバリア機能に重要な役割を演じていると考えられている。

　角層細胞の辺縁構造であるコーニファイドエンベロープ（cornified envelope：CE）はインボルクリンやロリクリンなどのタンパク質同士が架橋して不溶化して形成されるもので，角層細胞を包む膜状の構造で細胞間脂質との界面に位置している（図1）。

　CEを構成する前駆体タンパク質には，インボルクリン，ロリクリン，Small proline rich protein（SPR, cornifin），シスタチンA，エラフィン，フィラグリン，ケラチン，エンボプラキン，デスモソーム構成タンパク，スキエリン，アネキシンⅠ，PAI-2などが挙げられる。それらは，表皮ケラチノサイトの分化に従って有棘層上層から顆粒層にかけて発現する。そして，角層に至る過程で，それらのタンパク質のリジン残基とグルタミン残基との間にイソペプチド結合が形成されることにより，架橋・不溶化し，CEができ上がる（図2）。また，グルタミン残基同士がポリアミンの介在によって形成されるシュードイソペプチド結合の存在も知られている。これらの結合の形成は，表皮ケラチノサイトの分化に伴って産生される酵素トランスグルタミナーゼ（TGase）により触媒される。

　CEは単にタンパク質同士が不溶化して形成される膜ではなく，その外側の分子（インボルクリンなど）にはωヒドロキシセラミドやωヒドロキシ脂肪酸がエステル結合している。この結合

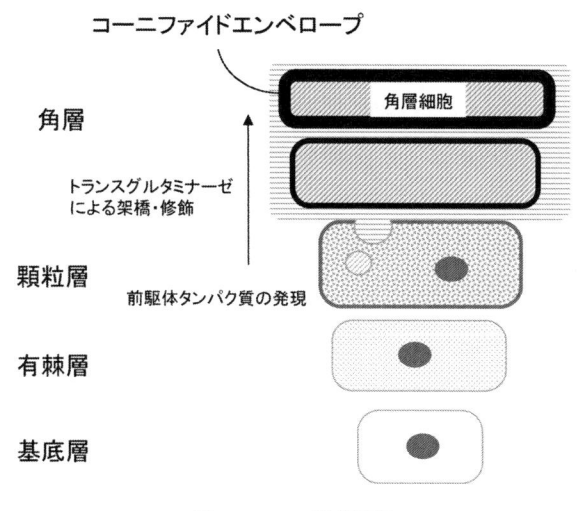

図1　CEの形成過程

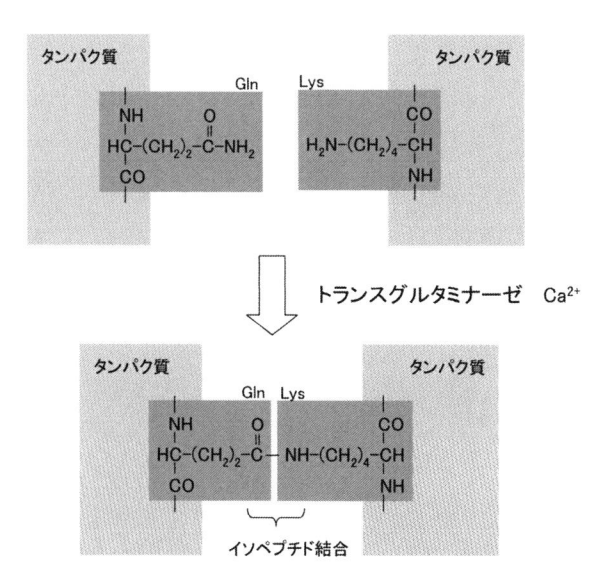

図2　トランスグルタミナーゼにより触媒される架橋反応

は，細胞間脂質を抽出する条件では切断されず，電顕的にもCEがあたかも脂質によりコーティングされたかのような形態が観察されCLE（cornified cell lipid envelope）と呼ばれる。このように完成したCEは，タンパク質同士の架橋により堅牢な構造をとるとともに，疎水性に富むという特徴を有する。

化粧品素材開発において，その効果を非侵襲的に評価する方法の重要性はいうまでもない。我々はCEの成熟過程に着目し，その成熟度を評価する染色法を確立し，非侵襲的に得られる角層試料に応用した[1]。その染色は，架橋と修飾に伴うインボルクリン抗原性の消失，および，脂

質あるいはタンパク質の結合による疎水性の獲得という，CE 成熟に伴う性状変化に基づくもので，未熟 CE と成熟 CE を識別できる方法である．この CE 成熟度の評価法を用いて，健常人を対象として調べたところ，①四肢や体幹では角層最外層では成熟 CE がほとんどだが，角層深部では未熟 CE が検出される，②顔面では角層最外層でも未熟 CE が多く検出される，③実験的炎症で未熟 CE が出現する，という結果を得た[1]．また，乾癬，アトピー性皮膚炎などの炎症性皮膚疾患の皮疹部[2]や肥厚性瘢痕部[3]でも未熟 CE が検出された．以上の結果は，遺伝的欠損症ではなくても，CE 成熟が不完全な場合があり，バリア機能低下の要因となっている可能性を強く示唆している．さらには，ある種の保湿剤により CE 成熟が促進されることが，角層を用いた $ex\ vivo$ での実験[4]，ヒトでの連用による $in\ vivo$ 試験[5]などで実証されている．

インボルクリンは分子量約 6.8 万のタンパク質で，染色体 1q21 のいわゆる epidermal differentiation complex にコードされている．表皮ケラチノサイトの分化とともに，発現誘導され，分化マーカーとしても知られている．発現時には可溶性タンパクで細胞質に存在するが，顆粒層において CE 形成が開始されると細胞膜直下に移行し，CE の最も外側に位置することになる．以下の実験に用いた抗インボルクリンモノクローナル抗体 (clone SY5)[6]は，インボルクリン分子の種を超えてよく保存された繰り返し配列領域に対するものである．未熟 CE ではこの抗体との反応性が高く，すなわち抗原性が高い．一方で成熟 CE ではこの抗体との反応性は低い．これは，インボルクリンタンパク質が消失しているのではなく，インボルクリン自体は存在しているが架橋や脂質付加などの修飾によって抗原性が低下しているものと解釈できる．以下に，具体的な実験法を紹介する．

6.2 試薬調製

① dissociation buffer（2 %SDS-20 mM dithiothreitol-5 mM EDTA-0.1 M Tris-HCl（pH 8.5））
② 抗インボルクリン抗体（NOVOCASTRA SY5, 1：100 in 3 %BSA-PBS）
③ FITC 標識 抗マウス Ig（Amersham（GE ヘルスケア）N1031, 1：100 in 3 %BSA-PBS）

6.3 試験操作

以下にインボルクリン染色による CE 成熟度の評価法について詳述する（図 3）．

(1) 角層の採取

対象部位からテープストリッピングにより角層を採取する．セロテープ（ニチバン）を用いる場合には，24 mm 幅で約 50 mm を 1 枚採取する（他の粘着テープにて代用も可能）．すぐに評価しない場合には，冷凍保存（−20 ℃または −80 ℃）も可能である．

(2) CE の調製

角層が接着したテープを細切し，dissociation buffer（2％SDS-20 mM dithiothreitol-5 mM EDTA-0.1M Tris-HCl（pH 8.5））1 ml に浸し 100℃ 10 分間，加熱する。テープ基材を残して分散液のみを別の tube に移して，遠心分離（4,000 g, 10 分間）し上清を捨てる。沈さ（不溶物）に新しい dissociation buffer 1 ml を加えて，前述の加熱と遠心を合計 4 回繰り返し，可溶性物質を徹底的に除去する。得られた沈さを CE とする。

(3) CE の染色と評価

CE に適当量の dissociation buffer を加えて分散させ，スライドグラスに滴下し，風乾した後，冷アセトン（−20℃，10 分間）にて固定する。PBS にて水和した後に，抗インボルクリン抗体（NOVOCASTRA SY5, 1：100 in 3％BSA-PBS），FITC 標識 抗マウス Ig（Amersham N1031, 1：100 in 3％BSA-PBS）にて順次染色する。未熟 CE は，インボルクリン陽性で黄緑色蛍光を発する。典型的な観察像を図 4 に示す。インボルクリン陽性の未熟 CE は形態的にも不定形を示す場合が多く，物性的にも脆弱であることが推察される。なお，成熟 CE を検出するために Nile red による染色（本書第 I 編第 2 章 7 節を参照）を施すと，未熟 CE と成熟 CE を分別しやすくなる。

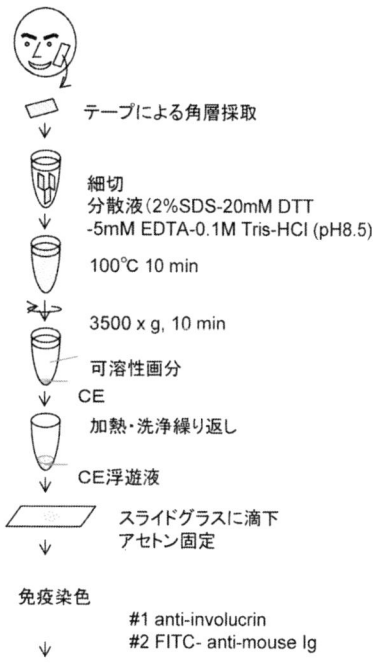

図3 CE インボルクリン染色手順

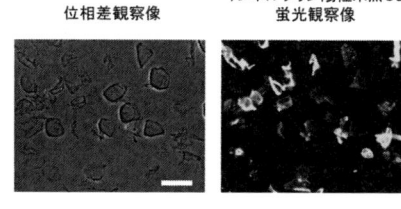

図4 未熟 CE の典型的な観察像（口絵参照）

文 献

1) Hirao T, Denda M, Takahashi M, "Identification of immature cornified envelopes in the barrier-impaired epidermis by characterization of their hydrophobicity and antigenicities of the components.", *Exp, Dermatol.*, **10**, 35-44 (2001)

2) Hirao T, Terui T, Takeuchi I, Kobayashi H, Okada M, Takahashi M, Tagami H, "The ratio of immature cornified envelopes does not correlate with parakeratosis in inflammatory skin disorders.", *Exp. Dermatol.*, **12**, 591-601 (2003)

3) Kunii T, Hirao T, Kikuchi K, Tagami H, "Stratum corneum lipid profile and maturation pattern of corneocytes in the outermost layer of fresh scars: the presence of immature corneocytes plays a much more important role in the barrier dysfunction than do changes in intercellular lipids.", *Br. J. Dermatol.*, **149**, 749-756 (2003)
4) Hirao T, "Involvement of transglutaminase in ex vivo maturation of cornified envelopes in the stratum corneum.", *Intl. J. Cosmet. Sci.* **25**, 245-257 (2003)
5) Kikuchi K, Kobayashi H, Hirao T, Ito A, Takahashi H, Tagami H, "Improvement of mild inflammatory changes of the facial skin induced by winter environment with daily applications of a moisturizing cream. A half-side test of biophysical skin parameters, cytokine expression pattern and the formation of cornified envelope.", *Dermatology*, **207**, 269-275 (2003)
6) Hudson DL, Weiland KL, Dooley TP, Simon M, Watt FM, "Characterization of eight monoclonal antibodies to involucrin.", *Hybridoma*, **11**, 367-379 (1992)

第 2 章　角層細胞分析実験法

7 角層細胞コーニファイドエンベロープの Nile red 染色

平尾哲二

第Ⅰ編　表皮関連実験法

7.1　試験の原理

　角層の構造は，しばしばブロックとモルタルに例えられるように，ブロックに相当する扁平な角層細胞と，その間を埋めるモルタルに相当する細胞間脂質から構成される。角層細胞にはケラチン線維が充満しており，また，保湿機能に重要な役割を演じているアミノ酸を主体とするいわゆる天然保湿因子 NMF も含まれている。一方，細胞間脂質は，セラミド，コレステロール，遊離脂肪酸などから構成され，ラメラ構造を組織している。これらの脂質の量的，あるいは質的な変化や配向の乱れなどによって，バリア機能が大きく変動することから，細胞間脂質が角層のバリア機能に重要な役割を演じていると考えられている。

　角層細胞の辺縁構造であるコーニファイドエンベロープ（cornified envelope：CE）はインボルクリンやロリクリンなどのタンパク質同士が架橋して不溶化して形成されるもので，角層細胞を包む膜状の構造で細胞間脂質との界面に位置している（図1）。

　CE を構成する前駆体タンパク質には，インボルクリン，ロリクリン，Small proline rich protein（SPR, cornifin），シスタチンA，エラフィン，フィラグリン，ケラチン，エンボプラキン，デスモソーム構成タンパク，スキエリン，アネキシン I，PAI-2 などが挙げられる。それらは，表皮ケラチノサイトの分化に従って有棘層上層から顆粒層にかけて発現する。そして，角層に至る過程で，それらのタンパク質のリジン残基とグルタミン残基との間にイソペプチド結合が形成されることにより，架橋・不溶化し，CE ができ上がる。また，グルタミン残基同士がポリアミンの介在によって形成されるシュードイソペプチド結合の存在も知られている。これらの結合の形成は，表皮ケラチノサイトの分化に伴って産生される酵素トランスグルタミナーゼ（TGase）により触媒される。

　CE は単にタンパク質同士が不溶化して形成される膜ではなく，その外側の分子（インボルクリンなど）のグルタミン残基には ω ヒドロキシセラミドや ω ヒドロキシ脂肪酸がエステル結合し

第 2 章　角層細胞分析実験法

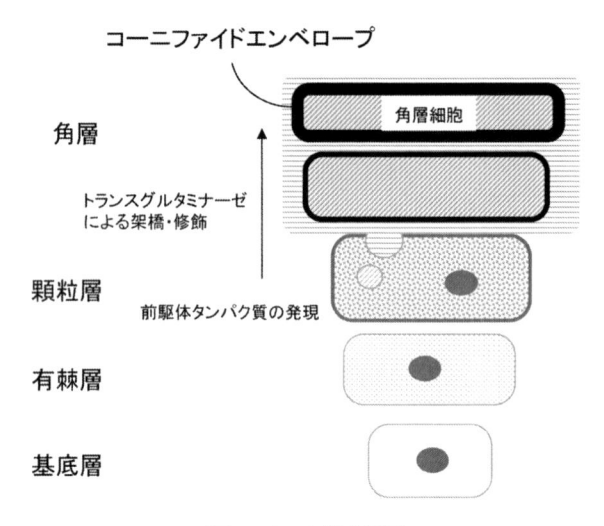

図 1　CE の形成過程

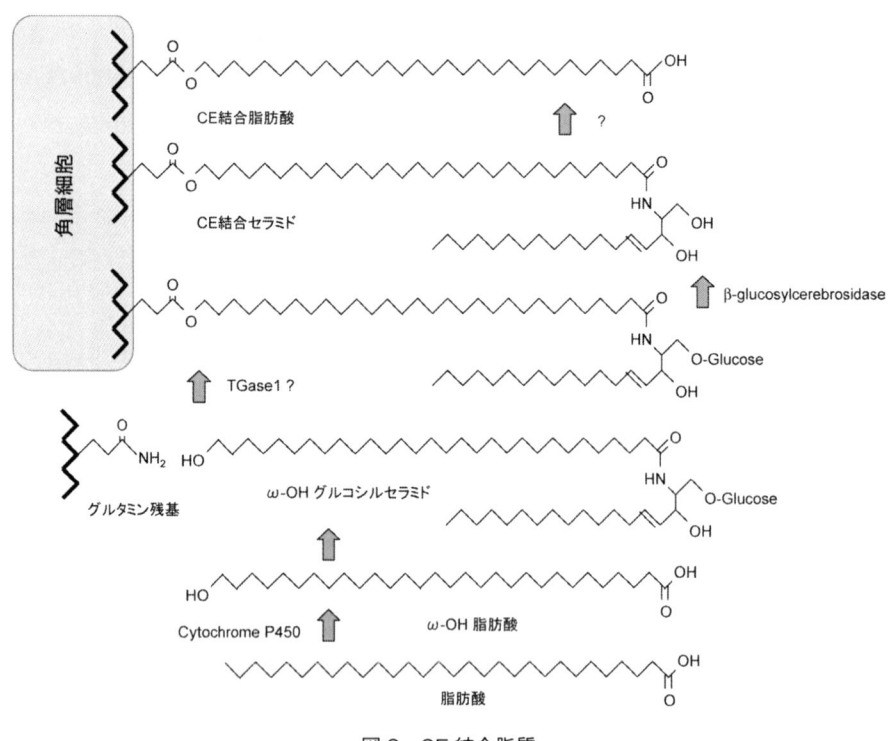

図 2　CE 結合脂質

ている（図 2）。この結合は，細胞間脂質を抽出する条件では切断されず，電顕的にも CE があたかも脂質によりコーティングされたかのような形態が観察され CLE（cornified cell lipid envelope）と呼ばれる。このように完成した CE は，タンパク質同士の架橋により堅牢な構造を

とるとともに，疎水性に富むという特徴を有する。

化粧品素材開発において，その効果を非侵襲的に評価する方法の重要性はいうまでもない。我々はCEの成熟過程に着目し，その成熟度を評価する染色法を確立し，非侵襲的に得られる角層試料に応用した[1]。その染色は，架橋と修飾に伴うインボルクリン抗原性の消失，および，脂質あるいはタンパク質の結合による疎水性の獲得という，CE成熟に伴う性状変化に基づくもので，未熟CEと成熟CEを識別できる方法である。このCE成熟度の評価法を用いて，健常人を対象として調べたところ，①四肢や体幹では角層最外層では成熟CEがほとんどだが，角層深部では未熟CEが検出される，②顔面では角層最外層でも未熟CEが多く検出される，③実験的炎症で未熟CEが出現する，という結果を得た[1]。また，乾癬，アトピー性皮膚炎などの炎症性皮膚疾患の皮疹部[2]や肥厚性瘢痕部[3]でも未熟CEが検出された。以上の結果は，遺伝の欠損症ではなくても，CE成熟が不完全な場合があり，バリア機能低下の要因となっている可能性を強く示唆している。さらには，ある種の保湿剤によりCE成熟が促進されることが，角層を用いた *ex vivo* での実験[4]，ヒトでの連用による *in vivo* 試験[5]などで実証されている。

Nile redは疎水的な環境下において蛍光を発するいわゆるenvironment sensitive dyeの一種である[6]。上述のように成熟CEには構成タンパク質にエステル結合を介してωヒドロキシセラミドなどの脂質が結合し，高度な疎水性を獲得している。したがって，成熟CEは未熟CEに比較して，Nile red染色を施すことにより，強い赤い蛍光を発する。この原理を利用して，疎水性を指標として成熟CEを検出することが可能である。なお，Nile redは角層細胞間脂質を検出する場合にも有用な蛍光色素であり，顆粒層から角層に至る細胞間脂質の分泌挙動研究にも汎用される。したがって，Nile redを用いてCE成熟度の評価を行う場合には，CEを単離することが必須であり，角層そのままの状態でNile red染色をしても，細胞間脂質による蛍光と区別できないことに留意すべきである。以下に，具体的な実験法を紹介する。

7.2 試薬調製

① dissociation buffer（2%SDS-20 mM dithiothreitol-5 mM EDTA-0.1 M Tris-HCl（pH 8.5））
② 抗インボルクリン抗体（NOVOCASTRA SY5, 1：100 in 3%BSA-PBS）
③ FITC標識 抗マウスIg（Amersham（GEヘルスケア）N1031, 1：100 in 3%BSA-PBS）
④ Nile red染色液（3 μg/ml in 75%glycerol） Nile red（SIGMA-Aldrich, N3013）を300 μg/mlになるようにアセトンに溶解し，これを希釈して3 μg/ml in 75%glycerolを用時調製する。

7.3 試験操作

以下にインボルクリン染色（本書別項）と組み合わせた場合のNile red染色によるCE成熟度の評価法について詳述する（図3）。

(1) 角層の採取

対象部位からテープストリッピングにより角層を採取する。セロテープ（ニチバン）を用いる場合には，24 mm 幅で約 50 mm を 1 枚採取する（他の粘着テープにて代用も可能）。すぐに評価しない場合には，冷凍保存（−20℃または−80℃）も可能である。

(2) CE の調製

角層が接着したテープを細切し，dissociation buffer（2％SDS-20 mM dithiothreitol-5 mM EDTA-0.1 M Tris-HCl（pH 8.5））1 ml に浸し 100℃ 10 分間，加熱する。テープ基材を残して分散液のみを別の tube に移して，遠心分離（4,000 g, 10 分間）し上清を捨てる。沈さ（不溶物）に新しい dissociation buffer 1 ml を加えて，前述の加熱と遠心を合計 4 回繰り返し，可溶性物質を徹底的に除去する。得られた沈さを CE とする。

(3) CE の染色と評価

CE に適当量の dissociation buffer を加えて分散させ，スライドグラスに滴下し，風乾した後，冷アセトン（−20℃，10 分間）にて固定する。PBS にて水和した後に，インボルクリン染色を施す場合には，抗インボルクリン抗体（NOVOCASTRA SY5, 1：100 in 3％BSA-PBS），FITC 標識 抗マウス Ig（Amersham N1031, 1：100 in 3％BSA-PBS）にて順次染色する。次いで，Nile red 染色液（3 μg/ml in 75％glycerol）を数滴滴下して封入し，蛍光顕微鏡にて観察する。未熟 CE は，インボルクリン陽性で黄緑色蛍光を，成熟 CE は Nile red 陽性で赤色蛍光を発する。典型的な観察像を図 4 に示す。インボルクリン陽性の未熟 CE は形態的にも不定形を示す場合が多く，物性的にも脆弱であることが推察される。一方で，Nile red 陽性の成熟 CE は形態的に円形を示す場合が多く，強固な物性であることが示唆される。

図 3　CE Nile red 染色手順

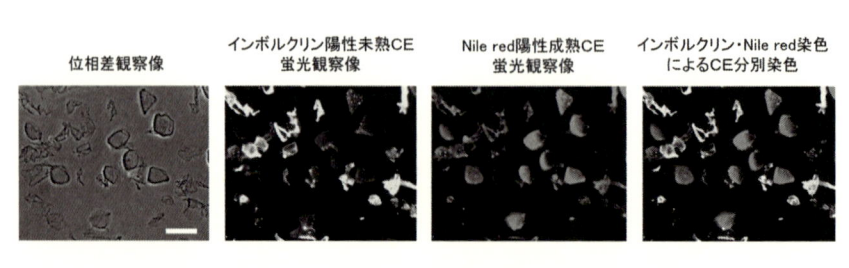

図 4　未熟 CE・成熟 CE の典型的な観察像（口絵参照）

このように，インボルクリン染色と Nile red 染色を組み合わせることにより，未熟 CE と成熟 CE を分別しやすくなり実用性は高い。画像解析により未熟 CE の割合と成熟 CE の割合から CE 成熟度を算出することも可能である。

文　献

1) Hirao T, Denda M, Takahashi M., "Identification of immature cornified envelopes in the barrier-impaired epidermis by characterization of their hydrophobicity and antigenicities of the components"., *Exp. Dermatol.*, **10**, 35-44 (2001)
2) Hirao T, Terui T, Takeuchi I, Kobayashi H, Okada M, Takahashi M, Tagami H., "The ratio of immature cornified envelopes does not correlate with parakeratosis in inflammatory skin disorders.", *Exp. Dermatol.*, **12**, 591-601 (2003)
3) Kunii T., Hirao T, Kikuchi K, Tagami H., "Stratum corneum lipid profile and maturation pattern of corneocytes in the outermost layer of fresh scars: the presence of immature corneocytes plays a much more important role in the barrier dysfunction than do changes in intercellular lipids.", *Br. J Dermatol.*, **149**, 749-756 (2003)
4) Hirao T., "Involvement of transglutaminase in ex vivo maturation of cornified envelopes in the stratum corneum.", *Intl. J. Cosmet. Sci.*, **25**, 245-257 (2003)
5) Kikuchi K, Kobayashi H, Hirao T, Ito A, Takahashi H, Tagami H., "Improvement of mild inflammatory changes of the facial skin induced by winter environment with daily applications of a moisturizing cream. A half-side test of biophysical skin parameters, cytokine expression pattern and the formation of cornified envelope.", *Dermatology*, **207**, 269-275 (2003)
6) Greenspan P, Mayer E P, Fowler S D., "Nile red: A selective fluorescent stain for intracellular lipid droplets.", *J. Cell Biol.*, **100**, 965-973 (1985)

第 2 章 角層細胞分析実験法

8 角層プロテアーゼ活性の測定法

日比野利彦

8.1 試験の原理

　角層は死んだ細胞であり，生理的活性に乏しいと考えられているが，数多くのプロテアーゼやその制御因子（プロテアーゼインヒビター）を含んでいる．本稿では，それらの代表的プロテアーゼ活性の測定法について解説する．
　プロテアーゼは以下に述べる 4 群に分けられる．
　① セリンプロテアーゼ
　② システインプロテアーゼ
　③ アスパーティックプロテアーゼ
　④ メタロプロテアーゼ

これらの分類は，触媒作用における活性中心との関係によるものであるが，①～③は活性中心のアミノ酸を，④は，活性に二価の金属イオンを必要とする酵素群を示している．したがって，プロテアーゼ活性の測定には，これらの 4 つの性質の異なった群に対してそれぞれに最適な環境を整えることが必用となる．基本的には，セリン・プロテアーゼに対しては，中性から弱アルカリの緩衝液，システイン・プロテアーゼに対しては，還元剤を，アスパーティック・プロテアーゼは酸性の緩衝液，メタロ・プロテアーゼに対しては，二価の金属イオンを含む緩衝液が必須となる．基質は，様々な合成基質，自然基質を利用できる．
　また，角層には，プロテアーゼばかりではなくそれらの特異的インヒビターを含んでいるので，結果の解釈には注意が必要である．角層中には，セリンプロテアーゼ・インヒビターとしては，LEKTI（トリプシン様酵素，キモトリプシン様酵素阻害物質），PAI-2（plasminogen activator inhibitor-2），SCCA2（squamous cell carcinoma antigen-2）などが，システインプロテアーゼ・インヒビターとしては，シスタチンや SCCA-1 が存在する．これらのインヒビターは酵素に比べて大量に含まれるため，粗抽出液そのままでは，プロテアーゼ活性を測定しても必ずしも正確

な値とはならない．必要な場合は，低温下で抽出した粗抽出液をイオン交換クロマトグラフィーなどにより分画することにより，酵素分画とインヒビター分画を分けて測定する．

8.2 試薬調製

① 角層蛋白抽出液：0.1 M Tris・HCl（pH 8.0）+ 0.14 M NaCl + 0.1 % Tween 20（100 Ml 調整）
1.21 g の Tris(hydroxymethyl)aminomethane および 818 mg の NaCl を約 80 ml の蒸留水に溶解し，1 N 塩酸で pH 8.0 に調整した後，Tween 20 を 0.1 % になるよう加え，全量を 100 ml にする．Tween 20 は粘性が高いので，あらかじめ重量を測り，10 % のストック溶液を作っておくとよい．

② アッセイ　バッファー
  1) セリンプロテアーゼ用アッセイバッファー：100 mM Tris・HCl（pH 7.5-8.0）+ 0.1 % Tween 20
  2) システインプロテアーゼ用アッセイバッファー：
    ・カテプシン（B, L）アッセイ：100 mM 酢酸バッファー（pH 5.5）+ 5 mM EDTA + 2 mM DTT
    ・カルパイン　アッセイ：5 mM 程度の $CaCl_2$ を添加する．
    ・カスパーゼ　アッセイ：50 mM HEPES（pH 7.5）+ 60 mM NaCl + 0.01 % CHAPS + 5 mM EDTA + 2 mM DTT．カスパーゼ-14 アッセイには，さらに 1.5 M の Na citrate を加える．
  3) アスパーティックプロテアーゼ用アッセイバッファー：100 mM Acetate（pH 4.0）+ 100 mM NaCl
  4) メタロプロテアーゼ用アッセイバッファー：角層中にはほとんど含まれていないので，他の成書を参考にされたい．

③ 基質液
合成基質については，pNA（p-nitoroaniline）を付加したもの，MCA（4-methyl-coumaryl-7-amide）などの蛍光物質を付加したものがある．

角層抽出液に含まれることがわかっているプロテアーゼについて有用な基質を以下に記す．目的に合わせて有効と考えられる基質を用いること．合成基質は測定が簡便であるが，必ずしも酵素を同定するものではないので（例えば Val-Leu-Lys-pNA はプラスミンのみならずカルパインの測定にも用いられる），阻害剤や分子量等の他の情報を総合して判断することが必要である．

  1) セリンプロテアーゼ：トリプシン様酵素［Glu-Gly-Arg-pNA］(ウロキナーゼに比較的特異性が高い），Ile-Pro-Arg-pNA（トリプシン様酵素全般），キモトリプシン様酵素（Arg-Pro-Tyr-pNA），プラスミン様酵素（Val-Leu-Lys-pNA）．いずれも精製水に溶解し，

2-4 mM のストック溶液として 4℃ で保存する。終濃度 0.2 mM となるようアッセイ系に加える。

2) システインプロテアーゼ：Val-Val-Arg-MCA, Z-Phe-Arg-MCA（カテプシン L など），Suc-Leu-Leu-Val-Tyr-MCA（カルパイン），Tyr-Val-Ala-Asp-MCA（カスパーゼ-1），Trp-Glu-His-Asp-MCA（カスパーゼ-1，カスパーゼ-14），Asp-Glu-Val-Asp-MCA（カスパーゼ-3）。DMSO に 1 mM になるよう溶解し，−20℃ で保存する。

3) アスパーティックプロテアーゼ：

3.1) 合成基質：(7-methoxycoumarin-4-yl)acetyl[MOCAc]-Gly-Lys-Pro-Ile-Leu-Phe-Phe-Arg-Leu-Lys(Dnp)-D-Arg-NH$_2$（カテプシン D など）。1 mg を DMSO 570 mL に溶かし，1 mM の基質保存溶液とする。

3.2) 自然基質：1% カゼイン溶液（H$_2$O）

4) メタロプロテアーゼ：コラゲナーゼ（MMP）など。角層中にはほとんど含まれていないので，この項では扱わない。

④ 反応停止液

1) pNA 基質用：30% 酢酸

2) MCA 基質用：0.1 M モノクロロ酢酸ナトリウム溶液

3) 自然基質用：5% トリクロロ酢酸（TCA）

8.3 試験操作

(1) 角層抽出液の調整

テープストリッピングにより得られた角層を OHP シートの上で細切する。これを 1.5 ml のエッペンドルフチューブに入れ，抽出バッファーを 1 ml 加える。これを氷中で超音波処理（20 秒 3 回）を行う。15,000 rpm で 20 分遠心後，得られた上清を角層抽出液として用いる。

(2) 酵素活性の測定

アッセイ系は測定装置（分光光度計，蛍光光度計，プレートリーダー等）により，適宜増減する。以下に代表的な例について述べる。

〈セリンプロテアーゼ　アッセイ系（pNA 基質を用いた場合）〉

アッセイ　バッファー：130 μl
抽出液　　　　　　　：30 μl → 37℃ でインキュベーション → 30% 酢酸　20 μl
基質液　　　　　　　：20 μl

→ 405 nm で吸光度を測定

pNA の遊離に伴い，黄色の発色が強くなってくるので，適当なところで停止液を加えて反応

を止め，分光光度計で測定する。活性は，pNA の分子吸光係数，E_{405} = 10,500（1 M の溶液が 405 nm で示す値）として，吸光度から pNA の量を計算する。1 nmol の pNA が 1 分間に遊離する量を 1 ml 当たりに換算し，1 mU として表す。

$$1\ mU = 1\ nmol\ pNA/min/ml$$

〈システインプロテアーゼ　アッセイ系（MCA 基質を用いた場合）〉

　基質溶液は，ストック溶液を 1/10 したものを用いる。アッセイ系の容量については基本的に上記セリンプロテアーゼ系と同じでよい。37 ℃でインキュベーション後，0.1 M モノクロロ酢酸ナトリウム溶液（pH 4.3）で反応を停止させ，遊離した AMC（アミノメチルクマリン）の蛍光強度（励起波長 370 nm，蛍光波長 460 nm）を蛍光光度計を用いて測定する。

〈アスパーティックプロテアーゼ〉

① 蛍光基質を用いた場合：アッセイバッファー 980 μl に上記基質保存溶液 10 μl を加えた後，酵素溶液 10 μl を加え，酵素活性を蛍光強度の増加（Ex = 328 nm，Em = 393 nm）により測定する。定量は標準物質 MOCAc-Pro-Leu-Gly の 10-7 M 溶液の蛍光強度と比較して行う。

② カゼインを基質として用いた場合：

アッセイミックスチャー（100 μl アッセイバッファー + 50 μl H_2O + 100 μl サンプル）を

アッセイ　バッファー：150 μl ⎫
抽出液　　　　　　　：100 μl ⎬ → 37 ℃でインキュベーション → 5％TCA　750 μl
1 ％カゼイン　　　　：250 μl ⎭

　　　　　　　　　　→ 15,000 rpm で 10 分間遠心
　　　　　　　　　　→ 上清の吸光度を 280 nm で測定

　また，上清をさらに蛋白定量用の試薬で発色されることにより，10～100 倍程度感度を上げることも可能である。

文　献

1) T. Hibino, S. Izaki, M. Izaki, "Detection of serine protease inhibitors in human cornified cells.", *Biochem. Biophys. Res. Commun.*, **101**, 948-955（1981）
2) T. Takahashi, M. Ogo, T. Hibino, "Partial purification and characterization of two distinct types of caspases from human epidermis"., *J. Invest. Dermatol.*, **111**（3）, 367-72（1998）
3) R. Lottenberg, U. Christensen, C.M. Jacson, P.l. Coleman, "Proteolytic enzymes Part C", *Methods in Enzymology*, **80**,（L. Lorand, ed.）Academic Press, New York, pp.341-361（1981）

第 2 章　角層細胞分析実験法

9　角層中のカテプシンD活性測定法

梅田麻衣

9.1　試験の原理

　アスパラギン酸プロテアーゼの一種であるカテプシンDは，すべての組織で発現するリソソームプロテアーゼである。表皮では顆粒層から角層にかけて局在が確認されている[1]。カテプシンDは至適pHが3.0付近であり[1]，最外層へ行くに従い弱酸性の勾配を持つ角層においては，特に最外層で最も活性が高く，角質細胞同士の接着蛋白質であるデスモソームを分解することで角層の剝離に関与していると考えられている[2,3]。

　本方法では，酵素の種類を特定するために一般的によく用いられるインスリンB鎖を基質として測定を行う（図1）。インスリンB鎖と角層サンプルを反応させ，高速液体クロマトグラフィーで分析すると，カテプシンDによって分解されたインスリンB鎖の分解物が2本のメインピークとして検出される（図2，図3）。そのピーク面積から得られる値をタンパク質量で割り返し，カテプシンD活性値とする[3]。

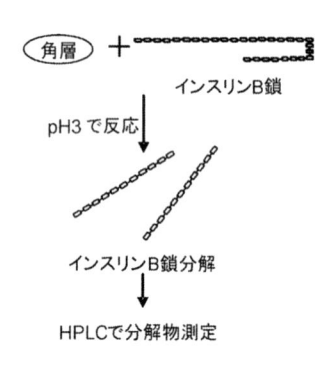

図1　測定の流れ

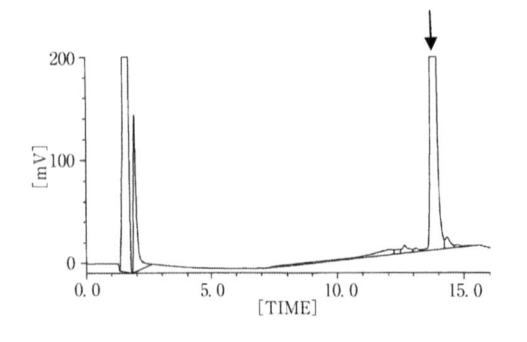

図2　インスリンB鎖のピーク

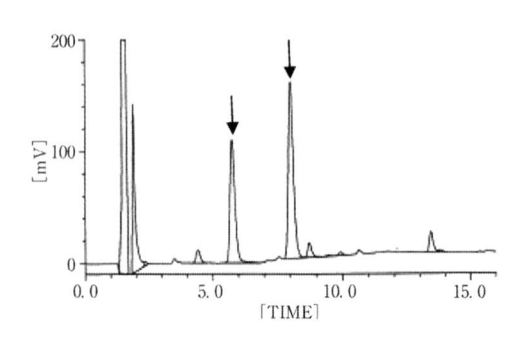

図3　インスリンB鎖の分解物ピーク

9.2 試薬調製

① 基質：インスリンB鎖（Sigma）を 1 mg/ml となるように 0.1 M sodium citrate, 0.01 % Triton X-100, pH 3.0 溶液に溶解する。
② 反応停止液：ペプスタチン（Roche）をエタノール溶液で溶解した後，ミリポア水で 10 μg/ml となるように調製する。
③ カテプシンD標準酵素（Sigma）：PBSで希釈溶液を調製し検量線の作成に用いる。
④ 高速液体クロマトグラフィー溶媒：0.1 % トリフルオロ酢酸／25 % アセトニトリル溶液および 0.1 % トリフルオロ酢酸／35 % アセトニトリル溶液を調製する。

9.3 試験操作

① セロテープ（ニチバン）2.4 cm×3 cm を用いて角層を2枚連続で剥離し，2枚目を測定に用いる。
② 剥離したテープから φ8 mm の面積を用い，50 μl の基質を入れたマイクロチューブ中で，角層面が基質に充分に接するようにして1時間，37℃で反応させる。
③ 基質と等量の反応停止液を混合し，反応を停止する。
④ 反応液を回収して高速液体クロマトグラフィーで分析する。分析は，カラム YMC-PACK ODS-A（6.0 mm×150 mm）を用い，0.1 % トリフルオロ酢酸中アセトニトリル 25-35 % のグラジエント溶出（20分）とし，溶離液は 220 nm の紫外吸収によりモニターする。
⑤ 検量線用として，基質 45 μl とカテプシンD標準酵素 5 μl を1時間反応させ，等量の反応停止液を混合した後，試験操作④の条件で分析する。
⑥ インスリンB鎖がカテプシンDによって分解され，2本の分解物ピークが検出されるので，そのピーク面積を用いて，試験操作⑤で作成した検量線から活性値を求める。
⑦ 得られた活性値を，測定に用いた部分の近傍から別途，抽出・測定したタンパク質量で割り返し，カテプシンD活性値とする。

文 献

1) Horikoshi T *et al., Biochimie.,* **80**（7），605-612（1998）
2) Horikoshi T *et al., British J of Dermatology.,* **141**, 453-459（1999）
3) Igarashi S *et al., Japanese Cosmetic Science Society.,* **24**（2），103-110（2000）

第2章　角層細胞分析実験法

10　遊離アミノ酸定量法

菅原智子

10.1　試験の原理

　角層中の遊離アミノ酸は天然保湿因子（NMF）の成分として知られており，角層の乾燥を示す指標の一つとして量的な変化および組成変化が報告されている[1,2]。従来は角層から抽出した遊離アミノ酸をアミノ酸分析装置に供して定量および定性的な分析が行われてきたが，この方法では分析時間が長く多数の試料を解析する際には簡便ではない。

　オルトフタルアルデヒド（OPA）は2-メルカプトエタノールの存在下においてアミノ基と反応して蛍光を発する（図1）。この反応はアミノ酸分析装置での検出にも用いられている。本方法では，角層から抽出した遊離アミノ酸を，あらかじめOPAと2-メルカプトエタノールが混合されている蛍光試薬と混合し，この蛍光強度をプレートリーダーにて測定することにより短時間で簡便に遊離アミノ酸量を定量することが可能である。ただし，テープストリッピングでは個体や部位による剥離角層量の差が生じるため，定量値について補正する必要がある。そこで，角層を加水分解しアミノ酸として定量し，剥離角層量の指標とする。この値を分母として単位加水分解アミノ酸（剥離角層量）当たりの遊離アミノ酸量を算出する。

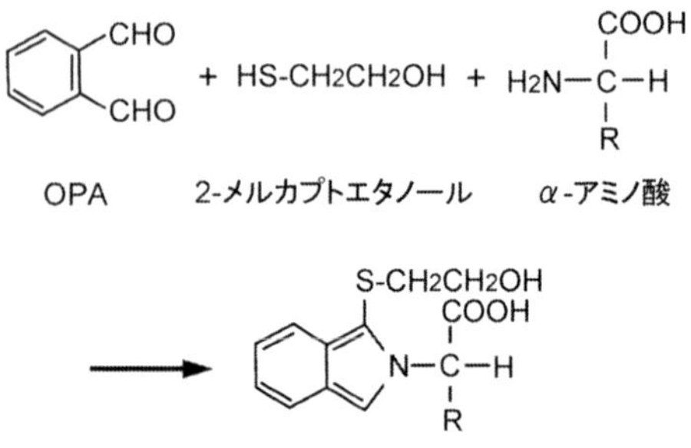

　なお，アミノ酸ごとにOPAとの反応により得られる蛍光強度に差があるため，本方法とアミノ酸分析装置を用いた定量法では若干の差が生じる。しかし，本方法とアミノ酸分析装置を用いた場合の測定値が充分に相関することは確認されており[3]，多数の試料を簡便に測定する方法として有用である。

図1　OPAを用いた蛍光測定法の原理

10.2 試薬調製

〈角層剥離〉

① 粘着テープ：幅 15～24 mm のセロテープ® No.405（ニチバン）

〈蛍光測定〉

② Fluoraldehyde™ Reagent Solution（Thermo Scientific）

③ Amino acid standard H（Thermo Scientific）

10.3 試験操作

① 角層を粘着テープにて剥離する。

② 剥離したテープから φ8 mm の面積を用い，マイクロチューブに 10 mM HCl を 100 μl 入れ，角層面が抽出溶媒に充分に接するようにして，室温にて 24 時間抽出する。

③ 抽出液を回収し，遊離アミノ酸定量用の試料とする。

④ 96 well のブラックプレートに 10 mM HCl にて適宜希釈したアミノ酸スタンダードおよび試料を 15 μl/well 注入する。

⑤ Fluoraldehyde™ Reagent Solution を 150 μl/well 添加し，マイクロプレートミキサー等を用いて 1 分間混合する。

⑥ 蛍光マイクロプレートリーダーを用い，励起波長 330-390 nm，発光波長 436-475 nm における蛍光強度を測定し，検量線を作成してアミノ酸量を算出する。

なお，微量ではあるがテープ由来の蛍光が検出されるため，角層を剥離しないテープも準備して同様の操作を行い，この値をバックグラウンドとして差し引いて角層中のアミノ酸量を求めることが望ましい。

⑦ 剥離角層量を求めるため，角層を剥離したテープから φ8 mm の面積をネジ口試験管に入れ，6 M KOH を 1 ml 添加し，窒素ガスを充填した後，95 ℃で 24 時間加水分解する。

⑧ 加水分解した試料より一部を採取し，等量の 6 M HCl を添加して中和する。

⑨ 15,000 rpm，4 ℃で 5 分間遠心し，上清を加水分解アミノ酸定量用の試料とする。step ④～⑥と同様の方法でアミノ酸量を算出する。

⑩ step ⑥と step ⑨の定量値を単位面積当たりの値に換算し，遊離アミノ酸量を加水分解アミノ酸で割り返して剥離角層量による影響を補正する。

⑪ アミノ酸組成を解析したい場合には，step ③で回収した試料をカラム保護のために PVDF メンブレンフィルターにて濾過した後，アミノ酸分析装置に供する。

文　献

1) Horii I. *et al.*, "Stratum corneum hydration and amino acid content in xerotic skin", *Br. J. Dermatol.*, **121**, 587-592 (1989)
2) Jacobson T. M. *et al.*, "Effect of aging and xerosis on the amino acid composition of human skin", *J. Invest. Dermatol.*, **95**, 296-300 (1990)
3) Nakagawa N. *et al.*, "Relationship between NMF (lactate and potassium) content and the physical properties of the stratum corneum in healthy subjects", *J. Invest. Dermatol.*, **122**, 755-763 (2004)

第 3 章　角化マーカー関連実験法

1 セリンパルミトイルトランスフェラーゼ (SPT) 活性測定法

丹野　修

1.1　試験の原理

スフィンゴ脂質はスフィンゴイド塩基をその構造骨格として持つ一群の脂質であり，動物，植物，一部の微生物に存在し膜脂質の主要なグループとなっている。表皮細胞（ケラチノサイト）は基底層で分裂し，皮膚表面方向に移動し有棘細胞，顆粒細胞へと分化（角化）するが，最終角化段階において，核を消失し角質細胞となる。角層の細胞間にはコレステロール，脂肪酸およびスフィンゴ脂質の 1 つであるセラミドを主成分とする脂質が，多重な層板構造をとるいわゆるラメラ構造を形成し，このラメラ構造体が表皮バリア機能において重要な役割を果たしていることが知られている。さらにセラミドはその分解代謝産物であるスフィンゴシン，スフィンゴシン 1 リン酸とともに細胞内の情報伝達に関与していることでも注目されている。

スフィンゴ脂質の代謝経路を図 1 に示す。セリンパルミトイルトランスフェラーゼ (SPT) は，図 1 に示すようにこのスフィンゴ脂質生合成の最初の反応を触媒する律速酵素であり，パルミトイル CoA と L-セリンの縮合反応により 3-ケトジヒドロスフィンゴシンを生成する。SPT の活性は放射性同位体を用い，^{3}H ラベルされた L-セリンから生成される 3-ケトジヒドロスフィンゴシンの ^{3}H ラベル量を測定することでその活性を計算する。SPT の比活性は 1 分間に生成されるタンパク量（mg）当たりの 3-ケトジヒドロスフィンゴシン量（pmol）で表される[1,2]。

さらに SPT の活性測定法としては別の方法としてポリエステル布上で *in situ* に測定する方法もある[3]。

1.2　試薬調製

① 培地：MCDB153（0.1 mmol/l Ca^{2+} 和光純薬）にサプリメントとして insulin（5 mg/l），hydrocortisone（180 mg/l），2-aminoethanol（6.1 mg/l），*O*-phosphorylethanolamine（14.1 mg/l），

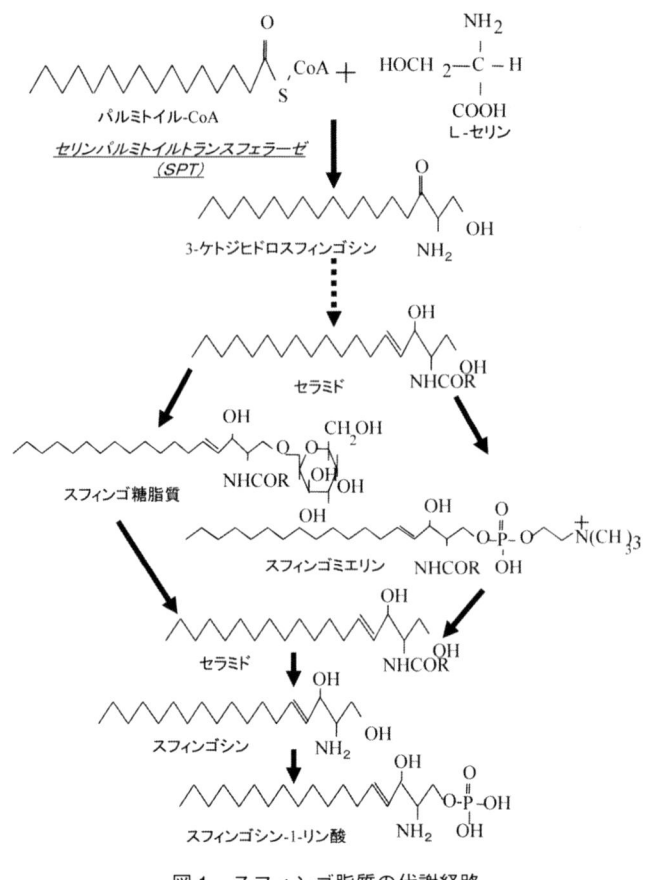

図1　スフィンゴ脂質の代謝経路

epidermal growth factor（100 ng/l），bovine pituitary extract（BPE：0.4％ v/v）を加える。
② HEPES buffer：2-[4-(2-hydroxyethyl)-1-piperazyl] ethanesulphonic acid（HEPES）（50 mmol/l），glucose（10 mmol/l），KCl（3 mmol/l），NaCl（100 mmol/l），$Na_2HPO_4 \cdot 2H_2O$（0.75 mmol/l）pH 7.4
③ 反応混合液：pyridoxal-phosphate（50 μmol/l），palmitoyl-coenzyme A（0.2 mmol/l），serine（0.5 mmol/l），[^{3}H]-L-serine（20 μCi/ml；1.3×10^{-3} mmol/l：GE Healthcare UK Limited）を dithiothreitol（DTT：5 mmol/l, ethylenediamine tetraacetic acid（EDTA：3 mmol/l）を含む HEPES-buffer（50 mmol/l, pH 8.3）と混合する。

1.3　細胞培養

① 細胞種：正常ヒトケラチノサイト
② 細胞培養条件：コラーゲンコートした直径 90 mm のプラスチックシャーレに 4×10^5 個の細

胞を播種する。10 ml の培地（1.2-①）を加え5％CO_2, 37℃環境下でサブコンフレント状態まで培養を行う。

1.4 試験操作

① SPT活性への影響を調べるため，試験物質を溶解した培地に交換して5％CO_2, 37℃環境下でさらに培養をする。

② 細胞を回収する前に4℃のphosphate-buffer saline（PBS(-)）で2回洗い，プラスチックのセルスクレーパーで細胞をはがす。エッペンドルフチューブに細胞を入れEDTA（10 mmol/l），DTT（5 mmol/l），sucrose（0.25 mol/l）を含むHEPES buffer（50 mmol/l, pH 7.4）（1.2-②）に細胞を懸濁させる。

③ ハンディソニケーターを用いて氷冷下で細胞を破砕する［UR-20P（Tomy Seiko社製）では80％出力で5秒程度］。3回の遠心分離［800×g, 15分, 6,000×g, 15分, 100,000×g, 60分］でミクロソーム分画を分離する。ミクロソーム分画の沈殿を保存緩衝液［DTT（5 mmol/l），glycerol（20％ v/v）を含むHEPES-buffer（50 mmol/l, pH 7.4）］（1.2-②）に懸濁する。タンパク量はPierce™ BCA Protein assey kit（Thermo Fisher Scientific）で定量する。SPT活性の測定までは-80℃で保存する。

④ エッペンドルフチューブに0.2 mlの反応混合液（1.2-③）を入れて37℃で10分間プレインキュベーションし，100 μgのミクロソームタンパクを加えてSPTの反応を開始する。37℃で10分間反応を行った後，0.2 mlの0.5 N NH_4OHを加え即座に氷冷して反応を停止する。

⑤ 反応生成物である3-ケトジヒドロスフィンゴシン（3KDS）は下記のようにして分離する。試験管に1.5 mlのクロロホルムとメタノールの混合液（1：2）を加え，キャリアーとして25 μgのジヒドロスフィンゴシン，さらに2 mlの0.5N NH_4OHを加えVortexで激しく撹拌する。遠心分離（6,000×g, 10分程度）で水層とクロロホルム層を分離し水層を捨てる。2.0 mlの蒸留水を加え再びVortexで激しく撹拌後，遠心分離で水層とクロロホルム層を分離する。クロロホルム層から0.8 mlのサンプルを計測用のバイアルに移し，窒素ガスで風乾する。

⑥ シンチレーションカクテルを加え，液体シンチレーションカウンターで放射活性を測定する。

文 献

1) Tanno O, Ota Y, Kitamura N, *et al.*, Nicotinamide increases biosynthesis of ceramides as well as other stratum corneum lipids to improve the epidermal permeability barrier, *Br. J. Dermatol.*, **143**, 524-531（2000）
2) Holleran WM, Williams ML, Gao WN *et al.*, Serine-palmitoyl transferase activity in cultured human keratinocytes, *J. Lipid. Res.*, **31**, 1655-1661（1990）

3) Hanada K, Nishijima M, and Akamatsu Y, A temperature-sensitive mammalian cell mutant with thermolabile serine palmitoyltransferase for the sphingolipid biosynthesis, *J. Biol. Chem.*, **265**, 22137-22142 (1990)

第3章　角化マーカー関連実験法

2　セリンパルミトイルトランスフェラーゼ mRNA 発現評価

矢作彰一

2.1　試験の原理

　セリンパルミトイルトランスフェラーゼ（Serine palmitoyltransferase：SPT）は，スフィンゴ脂質の生合成における律速酵素である[1]。SPT は3種類のサブユニット（SPTLC1，SPTLC2 および SPTLC3）から構成される複合体酵素であり[2]，L-セリンとパルミトイル-CoA から，3-オキソスフィンガニンを合成する反応を仲介する[1]。RT-PCR 法による SPT の発現量評価では，上記いずれかの構成サブユニットに対する特異的なプライマーを用いて mRNA を増幅させ，その反応物の量的比較により試験試料の効果を判断する。評価は，① RNA 抽出，② RNA から cDNA への逆転写反応，③ PCR 反応および④ PCR 産物の電気泳動と画像解析，の4つの工程から構成される。電気泳動により PCR 反応物を可視化し，CCD カメラで撮影した画像より，一般的な画像解析ソフトを用いて輝度解析を実施する（図1）。

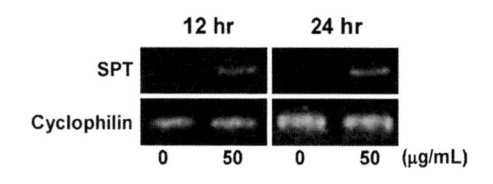

図1　試料の SPT 発現に対する作用

2.2　試薬調製

① TAE 緩衝液：40 mM Tris/Tris-acetate および 1 mM EDTA 水溶液。
② 2% アガロースゲル：アガロースを TAE 緩衝液に添加する。電子レンジで加温溶解させる。適宜，電気泳動槽に付属のトレイに分注し，コームを挿入した後，固化させる。
③ TRIzol® reagent：Invitrogen Corporation（カリフォルニア，アメリカ）
④ クロロホルム：和光純薬工業㈱（大阪，日本）
⑤ 2-プロパノール：和光純薬工業㈱
⑥ エタノール：和光純薬工業㈱

⑦　DEPC 水：和光純薬工業㈱
⑧　Super Script First-Strand Synthesis systems for RT-PCR：Invitrogen Corporation
⑨　SYBR Gold：Invitrogen Corporation
⑩　Taq DNA polymerase：Roche（マンハイム，ドイツ）
⑪　Agarose：フナコシ㈱（東京，日本）
⑫　Nucleic Acid Sample Loading Buffer, 5×：Bio-Rad Laboratories, Inc.（カリフォルニア，アメリカ）

2.3　細胞培養

① 細胞種：正常ヒト表皮細胞（倉敷紡績㈱，大阪，日本）
② 細胞培養条件：正常ヒト表皮細胞を，HuMedia-KG2（倉敷紡績㈱）を用いて6穴マイクロプレートに 5.0×10^5 cells/well の細胞密度にて播種する。播種24時間後に所定の濃度の試料を含有した HuMedia-KB2（倉敷紡績㈱）と交換し，さらに所定の時間培養する。

2.4　RT-PCR 条件

遺伝子名		Primers (5') → (3')	Size (b.p.)	Tm(℃)	Cycles
SPTLC1	sense	GTGACCACAACCCGAATG	756	55	30
	anti-sense	GATTACAGGCATCCCGTAG			
Cyclophilin	sense	GCCCAAAGTCACCGTCAA	553	60	20
	anti-sense	AAGATGTCCCTGTGCCCTACTC			

2.5　試験操作

① 細胞を過剰量の PBS(-) にて洗浄する。
② 細胞を 500 μL の TRIzol® reagent にて，ピペッティングしながら，細胞を完全に溶解する。
③ 1.5 mL エッペンチューブに細胞溶解液を移し替える。
④ 200 μL のクロロホルムを添加する。
⑤ 十分に転倒混合する。
⑥ 12,000 rpm にて5分間遠心分離する。
⑦ 200 μL の上清を別のエッペンチューブに採取する。

⑧ 400 μL のイソプロパノールを添加する。
⑨ 十分に転倒混合する。
⑩ 15,000 rpm にて 10 分間遠心分離する。
⑪ 沈殿を回収し，75％エタノールを添加する。
⑫ ボルテックスにて十分攪拌する。
⑬ 15,000 rpm にて 5 分間遠心分離する。
⑭ 沈殿を回収し，30 μL の DEPC 水に溶解させる。
⑮ 1 μg の RNA より，Super Script First-Strand Synthesis systems for RT-PCR を用い，添付の手順書に準じて cDNA を調製する。
⑯ 10 ng の cDNA を鋳型とし，Taq DNA polymerase を用い，添付のプロトコールに準じて PCR 反応を行う。
⑰ 2％アガロースゲルを作成する。
⑱ Nucleic Acid Sample Loading Buffer を混合し，うち 5 μL を電気泳動する。
⑲ 電気泳動後，アガロースゲルを SYBR Gold 染色液に浸漬する。
⑳ 振とうさせながら，室温で 15 分間染色する。
㉑ 染色したアガロースゲルにトランスイルミネーターで紫外線を曝露し，泳動像を CCD カメラにて撮影する。
㉒ 適宜，画像解析ソフトにてバンド輝度を測定する。
㉓ SPT mRNA 由来のバンド輝度を cyclophilin mRNA 由来のバンド輝度で除することにより補正し，試料未処理細胞における SPT mRNA 発現量に対する試料処理細胞における発現比率にて評価する。

備　考

　遺伝子発現の定量方法として，ここに示した RT-PCR の他に，Realtime RT-PCR 法がある。これは，ポリメラーゼ連鎖反応による DNA の増幅量をリアルタイムでモニターし，増幅産物量と PCR サイクル数を解析し，DNA 初期濃度を算出することを原理としている。
　専用の装置導入が必要であるが，RT-PCR と比べ定量性と迅速性に優れているため汎用されている。遺伝子コピー数の判明しているサンプルから検量線を作成して定量する「絶対定量法」[3] の他に，1 サイクルで 2 倍に増幅する PCR の基礎原理を利用し，基準とするサンプルとのサイクル数の比較で相対的な濃度差を算出する「相対定量法」[3] などの手法があり，目的に応じて解析手法を選択できる。
　リアルタイム PCR のプロトコールは，各メーカーごとに最適化されているため，詳細はメーカー推奨のプロトコールを参照されたい。

文　献

1) Hanada K, "Serine palmitoyltransferase, a key enzyme of sphingolipid metabolism", *Biochim. Biophys. Acta,* **1632** (1-3), 16-30 (June 2003)
2) Hornemann T, Richard S, Rütti MF, Wei Y, von Eckardstein A, "Cloning and initial characterization of a new subunit for mammalian serine-palmitoyltransferase", *J. Biol. Chem.,* **281** (49), 37275-81 (December 2006)
3) 北条浩彦, 原理からよくわかるリアルタイム PCR 実験ガイド, 羊土社 (2013)

第3章　角化マーカー関連実験法

3 タイトジャンクションの形成・機能の評価法

行　卓男

3.1　試験の原理

　タイトジャンクション（TJ）は上皮組織の細胞間隙を連続して接着し，上皮シートを介した物質の漏れを防ぐ。皮膚では，角層直下の顆粒層に存在し，角層に続く第二のバリアと考えられている[1]。TJ では，膜貫通タンパク質が細胞膜上でひも状に重合し，隣り合う細胞膜のそれと会合した構造をとると考えられている（図1）。

　表皮細胞の培養系で TJ を評価するには，その形成を可視的に評価すること，そしてその機能を定量的に評価することの2つに大別される[2]。TJ の形成は，特異的に存在するタンパク質に対する特異抗体を用いた免疫細胞染色により評価可能である。TJ の機能は，表皮細胞を増殖させ層（シート）を形成させ，その上下の電気抵抗測定，あるいは，細胞膜非透過性物質の拡散量測定により評価可能である（図2）。電気抵抗値が高くなるほど，また細胞膜非透過性物質の拡散量が少なくなるほど，TJ 機能が高いということを示す。

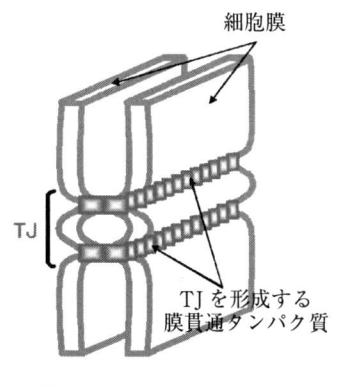

図1　タイトジャンクション（TJ）の構造

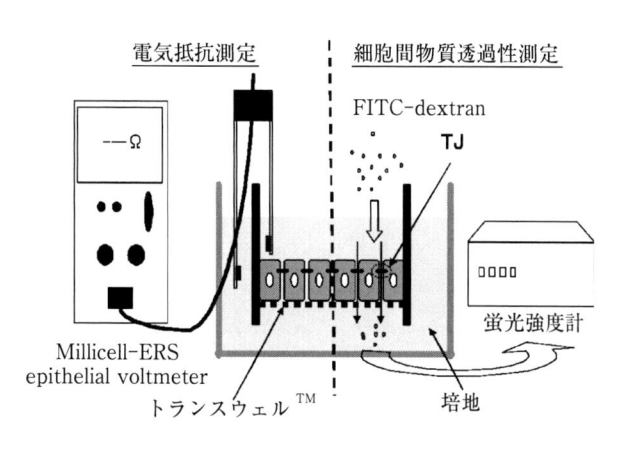

図2　TJ の機能評価

第3章 角化マーカー関連実験法

　実際に表皮細胞の分化誘導により TJ が形成されていく過程を細胞染色により評価すると，細胞膜に連続してオクルディン（Occludin）が出現していく様子がわかる（図3）。

　この時，培地中のカルシウムを低下させることにより，オクルディンが消失し（図4），それと共に，細胞間隙のバリアが低下（図5）する。

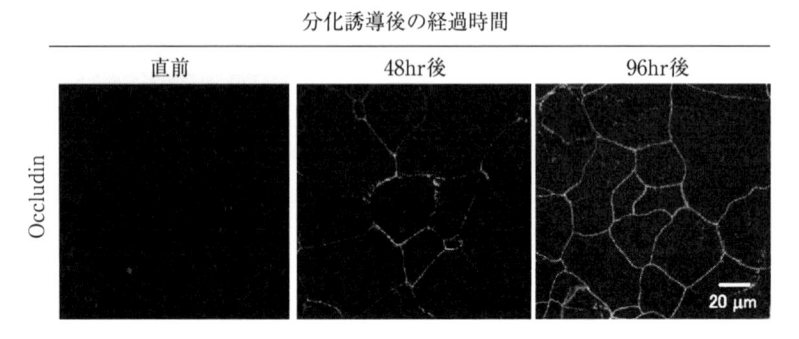

図3　TJ 構成タンパク質オクルディンの免疫細胞染色(1)

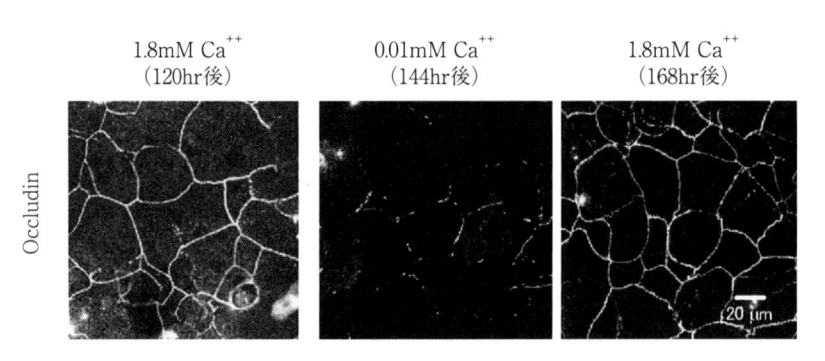

図4　TJ 構成タンパク質オクルディンの免疫細胞染色(2)

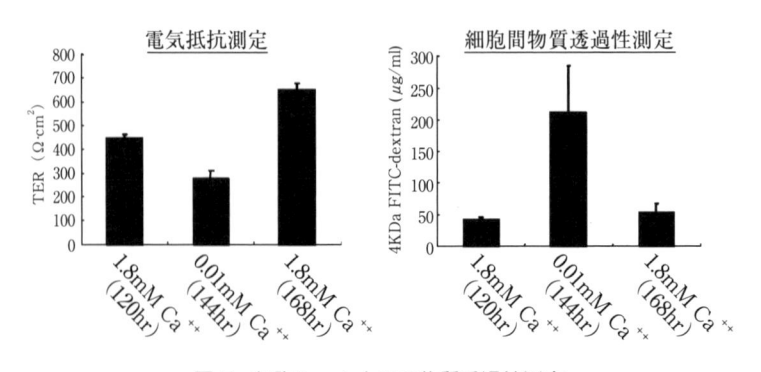

図5　細胞シート上下の物質透過性測定

3.2 試薬調製

① 表皮細胞（Kurabo, Osaka, Japan）
② MCDB 153 培地（Nihon Pharmaceutical.Co.,Ltd, Tokyo, Japan）
③ 抗 Occludin ポリクローナル抗体（Zymed Laboratories, South San Francisco, CA）
④ トランスウェル™（ポアサイズΦ0.4-μm）（Millipore, Bedford, MA）
⑤ Millicell-ERS epithelial voltmeter（Millipore, Bedford, MA）
⑥ 4 kDa FITC-dextran（Sigma-Aldrich, St. Louis, MO）
⑦ PBS（137 mM NaCl, 8.10 mM $Na_2HPO_4 \cdot 12H_2O$, 2.68 mM KCl, 1.47 mM KH_2PO_4）
⑧ P バッファー（10 mM Hepes pH 7.4, 1 mM sodium pyruvate, 10 mM glucose, 1.8 mM $CaCl_2$, 145 mM NaCl）

3.3 細胞培養

正常ヒト表皮細胞をトランスウェルフィルター上に播種し，0.1 mM カルシウム含有培地にて培養することにより，表皮細胞を増殖させる。コンフルエントに達し，層を形成したら，1.8 mM カルシウム含有培地に置換し，分化を誘導する。

培地中のカルシウムの影響について評価するため，分化誘導96時間後に培地中のカルシウムの濃度を 0.01 mM に落とし，24 時間培養した。さらには，1.8 mM に戻し，24 時間培養した。

3.4 試験操作

(1) TJ の形成評価（免疫細胞染色）
① トランスウェル上で培養した表皮細胞を，底面のフィルターと共に，適当な大きさにパンチアウト（例；Φ6 mm）し，以後の免疫染色に用いる。
② エタノールを用い，−20 ℃で 30 分固定する。
③ PBS で洗浄する。
④ 1%BSA/PBS で 30 分間インキュベートする。
⑤ 1%BSA/PBS で適当な濃度に希釈した一次抗体を添加する。
⑥ 湿潤チャンバー内で約 1 時間インキュベートする。
⑦ PBS で洗浄する。
⑧ 1%BSA/PBS で適当な濃度に希釈した二次抗体を添加する。
⑨ 湿潤チャンバー内で約 1 時間インキュベートする。
⑩ PBS で洗浄する。

⑪　蛍光顕微鏡で観察する。

(2) TJ の機能評価

① トランスウェルフィルター上で培養した表皮細胞が，コンフルエントに達し層を形成したら，1.8 mM カルシウム含有培地に置換して培養し，分化を誘導する。
② TJ が形成された後，表皮細胞上下の電気抵抗を Millicell-ERS epithelial voltmeter にて測定する（図2，電気抵抗測定）。
③ その後，培地を除去し，P Buffer に置換する。
④ 細胞シートの上方に P Buffer に溶解した 4KDa FITC-dextran（10 μg/ml）を添加し，1時間インキュベートする。
⑤ 下方に拡散してきた FITC-dextran 量を蛍光強度計にて測定する（図2，物質透過性測定）。

文　献
1) Furuse M. *et al., J. Cell Biol.*, **18**, 1099-1111 (2002)
2) Yuki T. *et al., Exp. Dermatol.*, **16**, 324-330 (2007)

第3章　角化マーカー関連実験法

4 | フィラグリンタンパク定量法（ドットブロット法）

藤代美有紀

4.1　試験の原理

　フィラグリンは表皮顆粒層に局在するケラトヒアリン顆粒に含まれる主要なタンパク質であり，顆粒細胞にて，その前駆体のプロフィラグリンとして合成される。その後，表皮細胞の分化に伴ってプロセシングを受け，角質層下層においてフィラグリンモノマーに[1,2]，角質層上層においてアミノ酸へと加水分解される[3]。このようにして生じたアミノ酸は，天然保湿因子（NMF）として保湿機能の維持において重要な役割を果たしている。実際に皮膚角化異常部位においてフィラグリン発現量の低下に由来する角層水分量の減少が認められている[4]。このことから，フィラグリン代謝の制御は表皮・角層保湿機能の維持，改善において極めて重要なアプローチであることが容易に理解される。それゆえ，表皮細胞内で発現しているフィラグリンタンパクを定量することは，保湿機能を改善する薬剤の開発において特に有用な手段と考えられる。

　ドットブロット法は，タンパク質を電気泳動などにより分離することなくニトロセルロース膜やPVDF膜に直接固定し，酵素標識抗体などでタンパク質量を特異的に定量する方法である。

　正常ヒト表皮細胞内フィラグリンタンパクを化学発光法にて検出した結果の例を図1に示した。

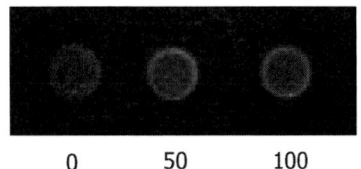

図1　フィラグリンタンパクのドットブロッティング画像

4.2　試薬調製

① HuMedia-KG2（BPE非含有）：HuMedia-KG2に添付されている増殖添加剤のうち，BPE（牛脳下垂体抽出液）を除いた増殖添加剤（インスリン，hEGF，ハイドロコーチゾン，

抗菌剤）を加えて調製する。
② 抗ヒトフィラグリン抗体：ARGENE 社の Anti-Filaggrin CONCENTRATED を PBS(−)にて 4,000 倍希釈して調整する。
③ ヒストファイン シンプルステイン MAX PO（M）：ニチレイ社のヒストファイン シンプルステイン MAX PO(M) を PBS(−) にて 100 倍希釈して調整する。
④ Lumi-Light Western Blotting Substrate：Roche 社の Lumi-Light Western Blotting Substrate に含まれる A 液および B 液を取扱説明書に従って 1：1 の割合にて混合して調整する。

4.3 細胞培養

① 細胞種：正常表皮細胞（正常表皮角化細胞：クラボウ）
② 細胞培養条件：正常ヒト表皮細胞を 6.4 mm φ プレートに 10,000 細胞／ウェルとなるように HuMedia-KG2（クラボウ）を用いて播種し 37 ℃，CO_2 濃度 5 ％の環境下，24 時間培養する。

4.4 試験操作

① 正常ヒト表皮細胞は試料含有 HuMedia-KG2（BPE 非含有）に交換し，72 時間培養する。
② 細胞を 0.5 ％ Triton X-100（和光純薬）を用い超音波処理して溶解し，得られた細胞溶解液をニトロセルロース膜（BIO-RAD）に 2 μL ずつブロッティングを行う。
③ 上記タンパク吸着膜を室温にて一晩乾燥する。
④ 1 ％ 牛血清アルブミン（SIGMA）含有 PBS(−) を用い，室温で 1 時間ブロッキングを行う。
⑤ 0.1 ％ Triton X-100 含有 PBS(−) にて洗浄する。
⑥ 抗ヒトフィラグリン抗体（ARGENE）にて室温で 1 時間インキュベートを行う（抗体希釈倍率 4,000 倍）。
⑦ 0.1 ％ Triton X-100 含有 PBS(−) にて洗浄する。
⑧ ヒストファイン シンプルステイン MAX PO（M）（ニチレイ）にて室温で 1 時間インキュベートを行う（希釈倍率 100 倍）。
⑨ 0.1 ％ Triton X-100 含有 PBS(−) にて洗浄する。
⑩ Lumi-Light Western Blotting Substrate（Roche）を膜上に添加する。室温にて 1 分間反応させた後，化学発光強度を検出し発光画像を得る。
⑪ 得られた発光画像の各スポットの輝度を CS Analyzer Version 2.0（アトー㈱）を用いて定量し，フィラグリンタンパクの発現量とする。
⑫ ブロッティング後の細胞溶出液のタンパク定量を行う。
⑬ フィラグリンタンパクの発現量を同一ウェル内のタンパク量で除することにより補正した

後，試料無添加培地の補正値に対する相対値として評価する。

文　献
1) Resing K. A. *et al.*, *J. Biol. Chem.*, **270**, 28193 (1995)
2) Resing K. A. *et al.*, *J. Biol. Chem.*, **268**, 25139 (1993)
3) Kamata Y. *et al.*, *J. Biol. Chem.*, **284**, 12829 (2009)
4) Horii I. *et al.*, *Br. J. Dermatol.*, **121**, 587 (1989)

第3章 角化マーカー関連実験法

5 | プロフィラグリン mRNA 発現評価

藤代美有紀

5.1 試験の原理

　表皮細胞は，基底層の未分化細胞から有棘層，顆粒層と上層に移動しながら分化し，分化過程に特異的な分化マーカータンパクを発現することが知られている。分化の進んだ有棘層上層では，プロフィラグリンの転写が始まる[1,2]。有棘層で発現したプロフィラグリンがアミノ酸へと代謝を受け角層の保湿機能に寄与するため，プロフィラグリン mRNA の発現評価は，角層保湿機能の指標としても活用できる。

　RT-PCR の原理は，鋳型となる2本鎖 DNA を加熱変性して1本鎖にし，増幅したい特定部位の DNA 鎖の両端にプライマーをアニーリングさせ，DNA 合成基質である dNTP 存在下で DNA ポリメラーゼを作用させてプライマーで挟まれた DNA 領域を増幅させる，というものである。この時，遺伝子発現のコントロールであるハウスキーピング遺伝子を同時に PCR 反応に供し，目的遺伝子発現量をハウスキーピング遺伝子発現量で除することにより補正して発現量の比較を行う。

　正常ヒト表皮細胞に試料を処理し，RT-PCR によりプロフィラグリン発現量を検出した例を図1に示した。

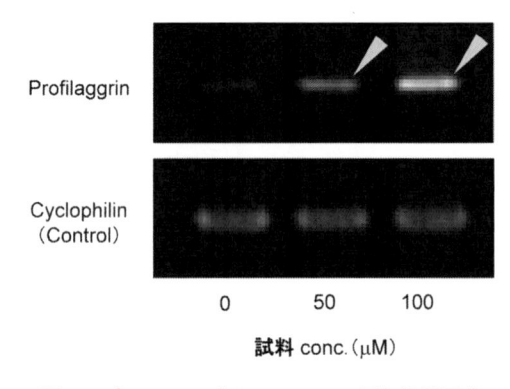

図1　プロフィラグリン mRNA の電気泳動画像

5.2 試薬調製

① HuMedia-KG2-BPE（BPE 非含有）：HuMedia-KG2 に添付されている増殖添加剤のうち，

BPE（牛脳下垂体抽出液）を除いた増殖添加剤（インスリン，hEGF，ハイドロコーチゾン，抗菌剤）を加えて調製する。
② TRIzol® reagent：Life Technologies 製
③ DNase I Amplification Grade：Life Technologies 製
④ super script first-strand synthesis systems for RT-PCR：Life Technologies 製
⑤ Taq DNA polymerase：Roche 製
⑥ SYBR Gold：Life Technologies 社の SYBR Gold を TAE バッファーにより 10,000 倍に希釈して調整する。

5.3 細胞培養

① 細胞種：正常表皮細胞（正常表皮角化細胞：クラボウ）
② 細胞培養条件：正常ヒト表皮細胞を 35 mm φ 培養皿に 50,000 細胞／皿となるように HuMedia-KG2（クラボウ）を用いて播種し，37 ℃，CO_2 濃度 5 ％の環境下，4 日間培養する。

5.4 PCR 条件

プライマーシーケンスと PCR 条件を以下に示した。

遺伝子名		Primers (5') → (3')	Size (b.p.)	Tm(℃)	Cycles
Profilaggrin	sense	CAAGCAGAGAAACACGTAATGAGG	634	55	30
	anti-sense	CGCACTTGCTTTACAGATATCAGA			
Cyclophilin	sense	GCCCAAAGTCACCGTCAA	553	60	20-30
	anti-sense	AAGATGTCCCTGTGCCCTACTC			

5.5 試験操作

① 正常ヒト表皮細胞を試料含有 HuMedia-KG2（BPE 非含有）にて，48 時間培養する。
② PBS(−)にて洗浄したのち，TRIzol® reagent（Life Technologies）を加え細胞を溶解し，溶解液を回収する。
③ 細胞溶解液にクロロホルム（和光純薬）を加え十分に混和したのち，遠心操作によって上清の水層を得る。
④ 上清にイソプロパノール（和光純薬）を加え十分に混和したのち，遠心操作によって Total RNA を沈殿物として得る。

⑤　RNAを冷75％エタノール（和光純薬）にて洗浄する。
⑥　RNA沈殿物に対し，DNase処理を行う。DNase I Amplification Grade（Life Technologies）のプロトコールに従う。
⑦　6にTRIzol® reagent（Life Technologies）を加え混和し，さらにクロロホルムを加え十分に混和し，遠心操作によって上清の水層を得る。
⑧　上清にイソプロパノールを加え十分に混和したのち，遠心操作によってTotal RNAを沈殿物として得る。
⑨　RNAを冷75％エタノールにて洗浄したのち，DEPC水（和光純薬）に溶解する。
⑩　1 μgのRNAより，super script first-strand synthesis systems for RT-PCR（Life Technologies）を用いて逆転写反応を行う。
⑪　10 ngのcDNAを鋳型として，Taq DNA polymerase（Roche）を用い，プロフィラグリンプライマーとその反応条件下（5.4　PCR条件参照）にてRT-PCRを行う。コントロールのハウスキーピング遺伝子としてシクロフィリンを用いる。
⑫　PCR産物は，TAEバッファーで調整したアガロースゲル（フナコシ㈱）にて電気泳動後，SYBR Gold（Life Technologies）により染色する。
⑬　得られた泳動画像のバンド輝度をCS Analyzer Version 2.0（アトー㈱）を用いて定量し，各遺伝子の発現量とする。
⑭　プロフィラグリン遺伝子の発現量をシクロフィリン発現量にて除することにより補正した後，試料無添加培地の補正値に対する相対値として評価する。

備　考
　遺伝子発現の定量方法として，ここに示したRT-PCRの他に，Realtime RT-PCR法がある。これは，ポリメラーゼ連鎖反応によるDNAの増幅量をリアルタイムでモニターし，増幅産物量とPCRサイクル数を解析し，DNA初期濃度を算出することを原理としている。
　専用の装置導入が必要であるが，RT-PCRと比べ定量性と迅速性に優れているため汎用されている。遺伝子コピー数の判明しているサンプルから検量線を作成して定量する「絶対定量法」[3]の他に，1サイクルで2倍に増幅するPCRの基礎原理を利用し，基準とするサンプルとのサイクル数の比較で相対的な濃度差を算出する「相対定量法」[3]などの手法があり，目的に応じて解析手法を選択できる。
　リアルタイムPCRのプロトコールは，各メーカーごとに最適化されているため，詳細はメーカー推奨のプロトコールを参照されたい。

文　献
1)　Fisher C. et al., *J. Invest. Dermatol.*, **88**, 661（1987）
2)　Rothnagel J. A., *J. Biol. Chem.*, **262**, 15643（1987）
3)　北条浩彦，原理からよくわかるリアルタイムPCR実験ガイド，羊土社

第3章 角化マーカー関連実験法

6 再生表皮モデルを用いた TEWL の測定方法／再生表皮モデルを用いた皮膚バリア機能破壊モデルの調整法

波多野　豊

6.1　試験の原理

① 十分に分化した角層を有する3次元組織培養皮膚（living skin equivalent；以下 LSE）の水分透過性を測定することによりバリア機能を評価する。
② 皮膚バリア機能の破壊は，角層表面をアセトンで処理し，脂質成分を減少させることにより行う。このモデルでは，生体でのバリア破壊モデルとは異なり，破壊後早期のバリア修復過程を検出出来ないことに留意する必要がある。

6.2　細胞培養

細胞腫：市販のLSE（筆者は，東洋紡績株式会社が開発・販売している TESTSKIN™ LSE-high を用いた。）又は市販の正常ヒト表皮角化細胞を用いて作成したLSE（筆者は，Japan Tissue Engineering Co., Ltd から購入した細胞を用いた）。

細胞培養の条件・方法：5% CO_2，37℃において以下の方法を用いた。

① 市販のLSEについては，添付の培養液を使用可能であるが，実験目的によっては支障となる細胞活性物質を含有している可能性がある。その場合は目的に合った培養液を調整する必要がある。（例）MCDB153 medium, 1.8 mM calcium, 0.4 mg/ml hydrocortisone, 5 mg/ml insulin
② 市販の正常ヒト表皮角化細胞を用いてLSEを作成する方法（例）

　　三次元培養用インサート（Cell Culture Inserts, 24 well 0.4 μm pore size；BD Falcon）を，専用のプレート（Companion Plate；BD Falcon）に設置し，正常ヒト表皮角化細胞（Japan Tissue Engineering Co., Ltd.）を撒く。通常，正常ヒト表皮角化細胞1バイアルを24ウェルのインサートに分注し，培養液はアッセイ培地（EPI-MODEL；Japan Tissue Engineering Co., Ltd.）を用いる（1well＝約 400 μl）。24時間後，細胞を傷つけないようインサート内の培

養液を完全に吸引し，各プレート内に約 800 μl のアッセイ培地を注入する（air-liquid interface incubation Day 0）。1日おきにプレート内の培養液を交換し，7日～11日程度，air-liquid interface incubation を継続する。

6.3 試験操作

(1) **経皮的水分透過性（TEWL）の測定**（図1）
① Tewameter（TM300, Integral, Tokyo, Japan）を用いた方法（図1）：皮膚を，培養液で浸したスポンジ上に表皮側を上にして移す。30分間以上静置後，Tewameter を用いて測定。
　＊スポンジ上への静置時等に，皮膚表面に水滴が付着した場合は，あらかじめキムワイプ等で吸い取り除去しておく。

② VAPO SCAN（AS-VT100RS, アサヒテクノラボ）を用いた方法
　LSE がインサート上にある状態で非侵襲的に TEWL を測定可能である。但し，インサートにフィットする特注の測定プローブが必要である。図2に測定例を示す。

(2) **バリア機能破壊操作**
市販の LSE は，購入時，アガロース培地上に，トランスウエルと共にのせられた状態である。この状態で，LSE 表面に 1 ml のアセトンを入れ，5分後，除去。この操作を2回行う（図3a）。
　＊処理後，LSE をトランスウエルと共にアッセイプレートに移し，培養液を入れ，目的に合った実験を行うことが可能である（図3b）。

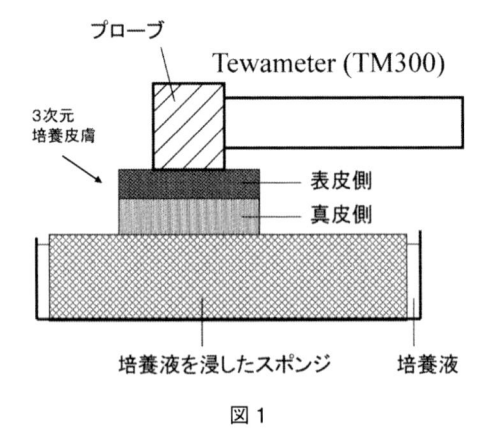

図1

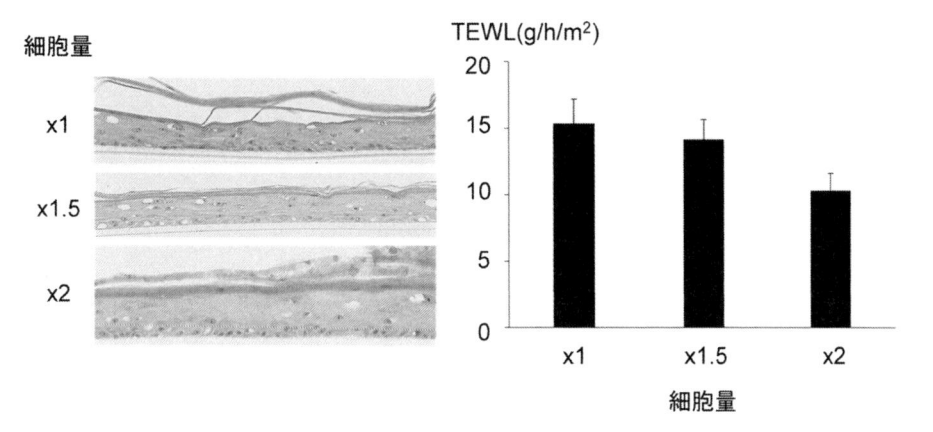

図2

×1＝標準の細胞量で作成（×1.5，×2は細胞量を1.5倍，2倍にして作成）
Air-liquid incubation　9日目のデータ。2倍量の細胞を用いて作成した三次元培養表皮は，より強固なバリア機能を示している。

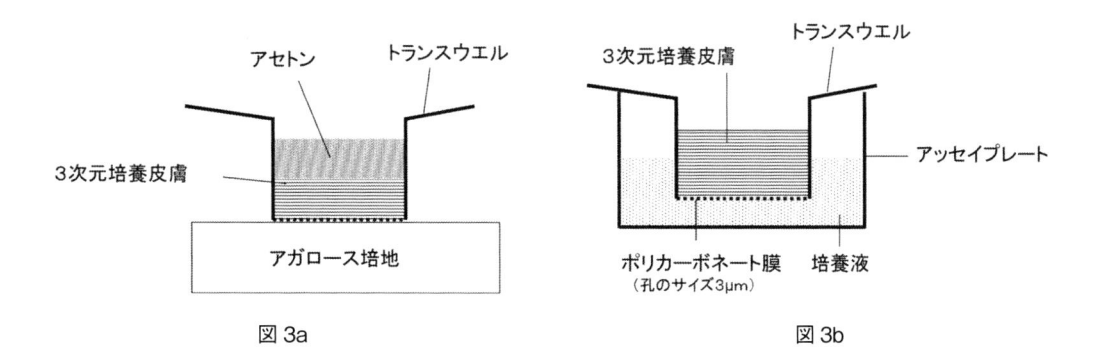

図3a　　　　　　　　　　　　　　図3b

文　献

1) 3D組織培養皮膚を用いたバリアー機能評価法，機能性化粧品素材開発のためのin vitro/細胞/組織培養評価法ハンドブック（芋川玄爾 監修），35-39，シーエムシー出版（2007）
2) Hatano Y, Katagiri K, Arakawa S, Fujiwara S. Interleukin-4 depresses levels of transcripts for acid-sphingomyelinase and glucocerebrosidase and the amount of ceramide in acetone-wounded epidermis, as demonstrated in a living skin equivalent. *J Dermatol Sci.*, **47**, 45-7（2007）
3) Hatano Y, Terashi H, Arakawa S, Katagiri K. Interleukin-4 suppresses the enhancement of ceramide synthesis and cutaneous permeability barrier functions induced by TNF-a and IFN-g in human epidermis. *J Invest Dermatol* **124**, 786-92（2005）
4) Koria P, Brazeau D, Kirkwood K, Hayden P, Klausner M, Andreadis ST. Gene expression profile of tissue-engineered skin subjected to acute barrier disruption. *J Invest Dermatol* **121**, 368-82（2003）

第3章 角化マーカー関連実験法

7 カルシウムイメージング法を用いたイオンチャネルの機能評価

木田尚子

7.1 試験の原理

　表皮細胞の細胞膜上には温度感受性TRPチャネルTRPV3, TRPV4が発現していることが知られている[1]。これら2つのTRPチャネルは体温付近（30～37℃）の温度刺激や特定の化学刺激を受けると活性化してチャネルを開口し、細胞内へカルシウムイオンを流入させることで情報伝達を行っている。近年になって、TRPV4の活性化が表皮細胞の細胞間接着構造体タイトジャンクションの形成・成熟を促進していることが明らかとなり、TRPV4は細胞を取り巻く温度環境をセンシングしているだけではなく、皮膚バリア機能維持においても重要な役割を担っていることが示唆された[2,3]。

　このような温度感受性TRPチャネルの活性化状態を確認する際に一般的に用いられるのが、カルシウムイメージング法である。開口したチャネルを介して細胞内にカルシウムイオンが流入すると、あらかじめ細胞内に取り込ませておいた蛍光プローブとカルシウムイオンとが結合し、励起光によって蛍光を発する。また、カルシウムイオンを結合しない状態と結合した状態をそれぞれ特定の波長で励起した蛍光強度比で計測するため、細胞間のばらつきをおさえることができる。さらに、細胞内カルシウムイオン濃度に応じて発光強度も変化するため、刺激に対するTRPチャネルの経時的な応答を可視化して評価することができる。

　例として、TRPV4活性化剤として知られている4α-Phorbol 12,13-didecanoate（4α-PDD）処理前、処理後の正常ヒト新生児表皮角化細胞のカルシウムイメージング像を図1に示した。

7.2 試薬調整

① 低カルシウム培地：0.04 mM $CaCl_2$ を含むHumedia-KG2（特注別添GC：クラボウ社製）を調整する。

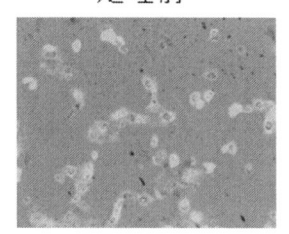

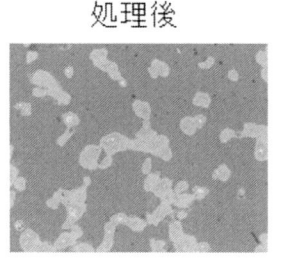

図1　4α-PDD処理前後のヒト新生児表皮角化細胞のカルシウムイメージング画像

② 標準緩衝液：140 mM NaCl, 5 mM KCl, 2 mM $MgCl_2$, 2 mM $CaCl_2$, 10 mM HEPES, 10 mM glucose（pH 7.4）の組成で調整する。
③ Fura-2 AM 蛍光試薬液：5 μM Fura-2 AM（Molecular Probe 社製）を含む標準緩衝液を調整する。

※蛍光強度が低い場合は，pluronic F-127（終濃度 0.02％：Sigma 社製）を添加すると良い。

④ TRPV4 活性化剤：10 μM 4α-PDD（Sigma 社製）を含む標準緩衝液を調整する。
⑤ TRPV3 活性化剤：3 mM Camphor（Sigma 社製）を含む標準緩衝液を調整する。

※Camphor は水に難溶であるためボルテックスをかけるなどして強く振盪し，完全溶解すること。

7.3　細胞培養

① 細胞種：正常ヒト新生児表皮角化細胞（クラボウ社製）
② 細胞培養条件：35 mm ディッシュに φ1 cm の滅菌済みカバーガラスを置き，正常ヒト新生児角化細胞を，低カルシウム培地を用いて $4×10^4$ cells/cm^2 となるようにカバーガラス上に播種する。15 分程度そのまま静置し，細胞がカバーガラスに接着したら低カルシウム培地を 1 mL 追加して 37℃，5％ CO_2 濃度の環境下で 24 時間培養する。

7.4　試験操作

① 正常ヒト新生児表皮角化細胞を播種して培養したカバーガラスを PBS（-）で軽く洗浄した後，Fura-2 AM 蛍光試薬液に浸漬して 33℃，5％ CO_2 濃度の環境下で 1 時間インキュベートする。
② カバーガラスを標準緩衝液で 2 回洗浄した後，潅流型倒立顕微鏡のチャンバー（RC-26G, Warner Instruments 社製）にセットし，室温（23～24℃）の標準緩衝液を潅流させる。
　　TRP チャネル活性化刺激として，33～42℃に加温した標準緩衝液，TRPV3 活性化剤（3 mM

Camphor 含有標準緩衝液），TRPV4 活性化剤（10 μM 4α-PDD 含有標準緩衝液）を 30 秒～1 分間程度，潅流させる。

※各刺激を負荷した後は必ず 30 秒～1 分間程度，標準緩衝液を潅流して洗浄すること。

③ キセノンランプを光源として CCD カメラ（Coolsnap ES：Photometrics 社製）を用いて 3 秒間隔でタイムラプス撮影し，二波長励起（340 nm/380 nm）による Fura-2 蛍光強度を蛍光波長 510 nm で測定する。

④ 細胞内カルシウムイオン濃度の変動は 340 nm/380 nm の励起比（レシオ）で表し，データ取得と解析は IPlab software（Scanalytics 社製）などの専用ソフトウェアを用いて行う。

文 献

1) Chung MK *et al., J Biol Chem.*, **279**, 21569-21575（2004）
2) T Sokabe *et al., J Biol Chem.*, **285**（**24**），18749-18758（2010）
3) N Kida *et al., Pflugers Arch.*, **463**（**5**），715-725（2012）

第4章　毛穴関連実験法

1　ストレスファイバー染色

横田真理子

1.1　試験の原理

　毛穴目立ちの原因である毛孔周囲の凹み形成の一因として，表皮組織が肥厚することによる表皮突起の伸長が報告されている[1]。この表皮構造の特徴は，正常な表皮基底層よりも下方に厚くなっていることであり，表皮細胞自体を収縮させることにより，深度方向の肥厚改善および水平方向の収縮を促し，毛穴周囲の凹みを改善することが期待される[1,2]。表皮細胞の収縮には，細胞骨格であるアクチン線維（ストレスファイバー）の関与が考えられている。

　ローダミンファロイジン（Rhodamin phalloidin）はストレスファイバーの代表的な染色試薬であり，細胞内のストレスファイバーの分布および局在の可視化に適している。具体例として，リゾホスファチジン酸によるストレスファイバー変化の染色像を図1に示した。ストレスファイバーは，コントロールにおいて細胞膜から外側に短く放射状に存在しているが，リゾホスファチジン酸による刺激により，細胞膜への移行が確認される。

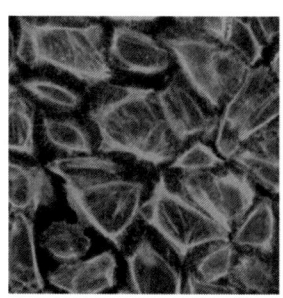

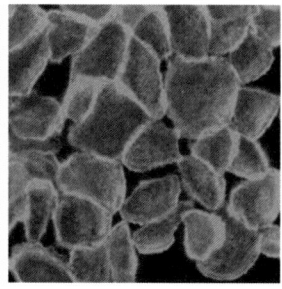

図1　リゾホスファチジン酸の表皮細胞のアクチン線維に対する作用

1.2 試薬調製

① TBP 溶液：0.1 % Triton X-100（ポリオキシエチレン(10)オクチルフェニルエーテル）(和光純薬工業㈱, 大阪, 日本), 1 % BSA（Bovine Serum Albumin）(Sigma-Aldrich, Co. LCC., ミズーリ, アメリカ) 含有 PBS(−)
② 4 % ホルマリン溶液：和光純薬工業㈱（大阪, 日本）
③ 300 U Rhodamin phalloidin 溶液：Thermo Fisher Scientific K.K.（マサチューセッツ, アメリカ）
④ グリセリン：キシダ化学㈱（大阪, 日本）

1.3 細胞培養

① 細胞種：正常ヒト表皮細胞（倉敷紡績㈱, 大阪, 日本）
② HuMedia KG2：倉敷紡績㈱（大阪, 日本）
③ HuMedia KB2：倉敷紡績㈱（大阪, 日本）
④ 細胞培養条件：37℃, 5 % CO_2 インキュベーター

1.4 試験操作

① 正常ヒト表皮細胞は，HuMedia KG2 を用いて 2.0×10^5 cells/well の播種密度にて 3.5 mm ガラスボトムディッシュ（ホール径 27 mm）に播種する。
② 24 時間培養後，所定濃度の試料を含有した HuMedia KB2 と交換する。
③ さらに 24 時間培養後，PBS(−) にて 3 回洗浄後，4 % ホルマリン溶液を用いて室温で 15 分間，細胞の固定を行う。
④ 固定した細胞を PBS(−)，次いで TBP 溶液にて，3 回ずつ洗浄する。
⑤ 300 U Rhodamin phalloidin 溶液を TBP で 40 倍に希釈し，細胞に添加し遮光条件下で 37℃, 1 時間染色する。
⑥ PBS(−) にて洗浄後，無蛍光グリセリンを用いて封入し，蛍光顕微鏡観察，写真撮影を行う。

文 献
1) 西島貴史, *J. Soc. Cosmet. Chem. Jpn.*, **43** (1), 3-9 (2009)
2) Sugiyama-Nakagiri Y., IFSCC Congress (2006)

第4章　毛穴関連実験法

2　細胞内カルシウム濃度測定の試験法

矢田幸博

2.1　試験の原理

　細胞内のカルシウムイオンと結合すると蛍光を出すようなカルシウムイオン濃度測定用の蛍光指示薬（Fura-2/AMなど）を事前に細胞に取り込ませたのちに，細胞に種々の生理活性成分を添加して細胞内カルシウムイオンの上昇が起こるかを高感度の蛍光測定顕微鏡装置（浜松ホトニクス社製：ARGUS HISCAなど）で計測する試験法である[1,2]。ある成分を添加して細胞内カルシウムイオンの上昇が観察されたら，その成分は，細胞内カルシウムストアである小胞体からの細胞内へのカルシウムイオンの流出[3]，あるいは，細胞外からの細胞内へのカルシウムイオンの流入を促進する成分である可能性が考えられる。図1にエンドセリン-1（ET-1）によりヒトメラノサイトの細胞内カルシウムイオンの上昇を測定した結果を示す。

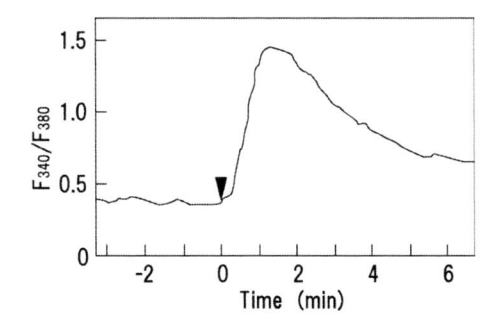

図1　ET-1によるヒトメラノサイト細胞内カルシウムの上昇

2.2 試薬調製

最終濃度が 2 μM になるよう Fura-2/AM を添加した改変 MCDB153 培地を作製する。

2.3 試験操作

① 実験前日の 12 時間から 18 時間前に底部がガラス製の培養プレート*に 1×10^3 個/ml（改変 MCDB153 培地）になるようにヒトメラノサイトをまいて培養。
② 翌日，各プレートの細胞の接着状態（細胞数，細胞の形態など）を確認後，実験の3～4時間前に PMA，basic-FGF および牛血清無添加の改変 MCDB153 培地に交換。
③ 2 μM Fura-2/AM を添加した改変 MCDB153 培地に交換し，37℃で30分間処理する。
④ 新しい培地で2回洗浄後，0.5 ml の培地を加えて，細胞内カルシウムイオン測定装置に供する。
⑤ 顕微鏡下で細胞を選択し，測定を開始する。開始10～15秒後に評価サンプルを静かに加え，継続的に細胞内カルシウム濃度の変化を計測する。

文 献
1) Y. Yada *et al., Biochem. Biophys. Res. Commun.*, **163**, 1517 (1989)
2) D. A. Williams *et al., Nature*, **318**, 558 (1985)
3) Y. Yada *et al., J. Biol. Chem.*, **266**, 18352 (1991)

* シリコン製の4穴プレートを用いる。なお，ウェルの底部はないので，カバーガラスをつけて使用する。

第4章　毛穴関連実験法

3　毛穴サイズ評価法

山下由貴

3.1　試験の原理

　毛穴ケアを目的とする化粧品の作用評価方法として，顔面の開大した毛穴のサイズを実際に計測する手法がよく用いられている。毛穴サイズを計測する方法としては，機器を用いて毛穴開口部の面積，体積，深度などの情報を得る方法があるが，解析機器が高価であることがネックとなる。ビデオマイクロスコープなどで得た毛穴部の画像より，画像解析ソフトウェアを用いて毛穴開口部の面積，真円度などを計測する方法はより簡便に毛穴開大の程度を測定する方法として広く用いられており，実際に見た目の毛穴開大の印象とも一致することが報告されている。毛穴部の画像解析については様々な方法が報告されているが，本稿では筆者らが実施した手法[1]を中心に紹介する。

3.2　試験操作

(1)　**マイクロスコープによる画像の撮影**
①　KH-3000（Hirox社製）などのビデオマイクロスコープを用いて，測定部位の毛穴拡大画像（20倍）を撮影する。
②　Adobe Photoshop等の画像処理ソフトを用いて，撮影した毛穴拡大画像の実測値1 cm角に相当する範囲を測定野として切り抜く。

(2)　**画像解析**
①　測定野の画像について二値化処理を行い，白黒画像を得る（図1）。二値化処理で毛穴部分を明確に得るために，処理前に画像をRGBチャンネルに分解し，Gチャンネルを用いる方法[2]や，RチャンネルとBチャンネルの画像を用いる方法[3]などが報告されている。筆者らはこれらの手法を改変し，RチャンネルとBチャンネルの差分画像より二値化画像を取得して解析

	元画像	二値化画像
毛穴の大きい部位		
毛穴の小さい部位		

図1

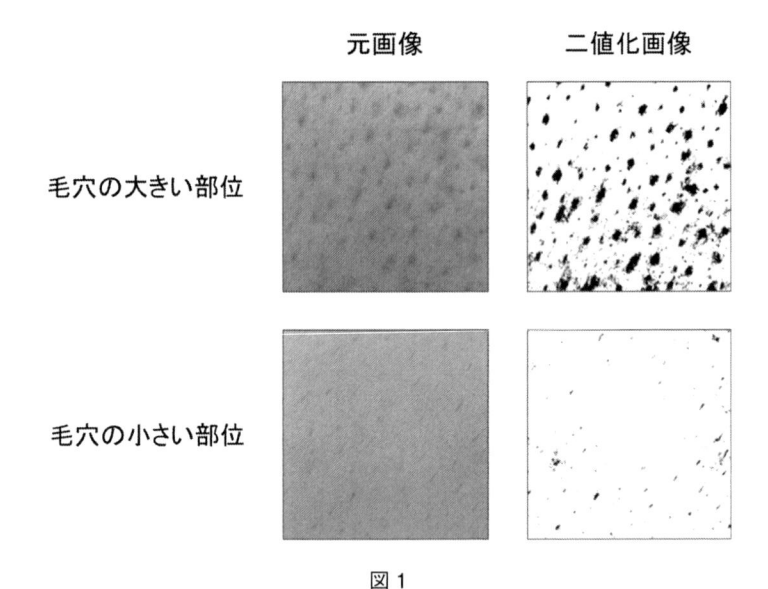

　　に用いた。

② 画像処理ソフトの ImageJ などを用いることで，二値化画像中のそれぞれの毛穴部分の面積を個別に得る。

③ 得られた各毛穴部の面積情報をもとに，測定野あたりの毛穴個数，開大毛穴個数，毛穴総面積，平均毛穴面積（毛穴総面積／毛穴個数）などを算出する。これらのパラメータのうち，開大毛穴は目視において毛穴が開いていると認識される開口部面積をもつ毛穴を指すが，閾値の定義に特に定められたものはなく，目視評価の結果などと比較して閾値を設定する必要がある[1]。

(3) **注意事項**

① マイクロスコープでの画像撮影時に光の方向に偏りが生じていると均一な二値化画像が得られないため注意が必要である。

② 長期連用試験に毛穴サイズ測定を組み込む場合，より正確な結果を得るためには試験品の使用前後で測定野を同一のものとする必要があるため，撮影時に目印を置くなどしてなるべく同一部位を撮影するようにする。

③ 被験部位周辺の皮膚に色素沈着がある場合，二値化画像を得た場合に色素沈着部分が毛穴解析を妨げるケースがあるため，広範囲に色素沈着のある者は被験者群より除外するなどの対応を要する。

文　献
1) 山下ら，日本化粧品技術者会誌，**44 (3)**，216-222（2010）
2) 西島ら，日本化粧品技術者会誌，**35 (2)**，141-148（2001）
3) 荒川ら，日本化粧品技術者会誌，**41 (3)**，173-180（2007）

第Ⅱ編　美白関連実験法

第1章　メラノサイトに関する実験法
第2章　ケラチノサイトに関する実験法
第3章　再生皮膚モデルに関する実験法
第4章　ヒトボランティアを用いた実験法

第1章　メラノサイトに関する実験法

1 ヒトメラノサイトの tyrosinase 活性抑制

船坂陽子

1.1　試験の原理

培養ヒトメラノサイトに試料を添加し，細胞死を誘導しない濃度を確認後，蛋白を抽出し，^{3}H-tyrosine が tyrosine hydroxylase により DOPA に変換される際に遊離した ^{3}H$_2$O を測定することにより，tyrosinase 活性を評価する。

1.2　試薬調製

① Enzyme lysis buffer：0.1 M sodium phosphate buffer pH 6.8
　　　　　　　　　　　1％Triton X-100
　　　　　　　　　　　1mM phenyl methyl sulfonyl fluoride（PMSF）
　　　　　　　　　　　10 μg/ml aprotinin
　　　　　　　　　　　10 μg/ml leupeptin
② l-DOPA 溶液：0.5 mg/ml in 0.1 M NaP，pH 6.8
③ activated charcoal：10％ w/v in 0.1 M citric acid
④ カラム：パスツールピペットにガラスウールをつめ，0.1 M citric acid にて平衡化した Dowex-50 を 0.2 ml 注いで作成。

1.3　細胞培養

ヒト正常メラノサイトを 6-well plate に 60％密度に播種し 24 時間後細胞が生着した後，試料を 5 段階の濃度で添加して 3-5 日培養し，細胞増殖およびメラニン生成への影響を検討する。薬剤添加培地は 48-72 時間毎に新しいものに替える。顕著な細胞毒性を示さずメラニン生成を抑制

できる濃度を決定する。

1.4 試験操作（図1）

培養細胞に試料を添加して培養し，蛋白を抽出する。用いる lysis buffer の組成は「1.2 試薬調製」に示した通りである。蛋白が degradation を受けて酵素が失活しないように，細胞回収後は on ice に保ち，速やかに蛋白を抽出する。

① 各サンプル毎にエッペンチューブを3個ずつ準備する（triplicate での測定）。測定の際のブランク用に3個準備し，通し番号をつける。

② 各エッペンに lysis buffer にて $20\,\mu g/90\,\mu l$ に調整したサンプルを入れる（ここから以降すべて on ice）。

③ L-[ring-3,5-^{3}H]tyrosine $30\,\mu l$（$30\,\mu Ci$）と l-DOPA（0.5 mg/ml in 0.1M NaP pH 6.8）$570\,\mu l$ を

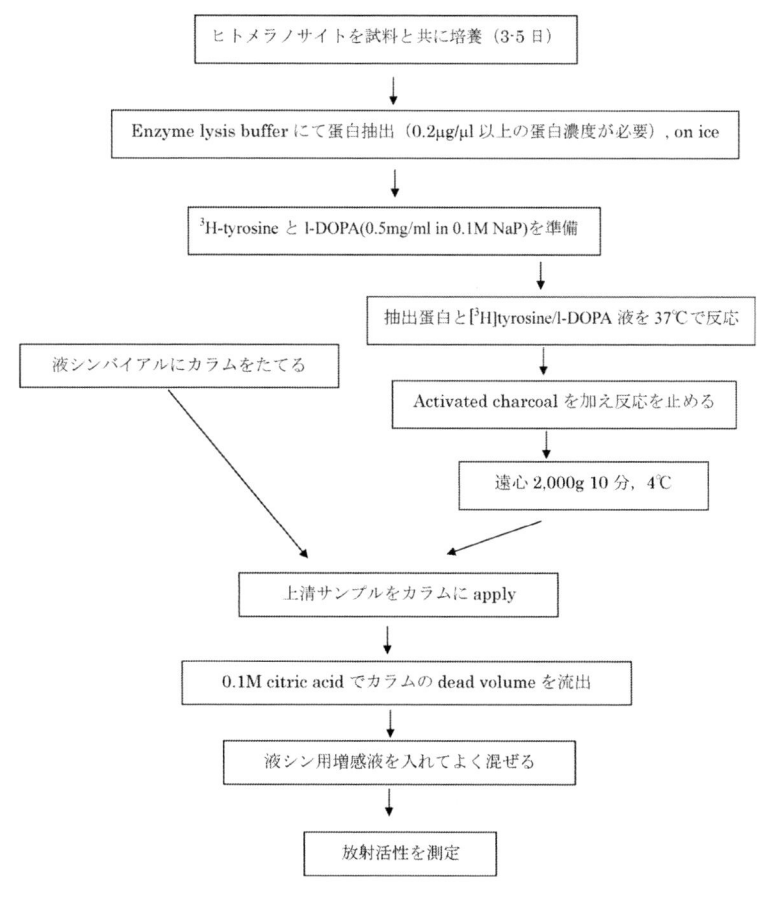

図1 Tyrosinase 活性測定

混ぜる。これは各エッペン当たり10 μl 必要なので，測定に用いるエッペン数に合わせて必要量を用事調整する。

④ ②に③を10 μl ずつ入れる。すなわちサンプル当たり，0.5 μCi の ^{3}H tyrosine, 4.75 μg の l-DOPA にて反応させることとなる。

⑤ 37℃の incubator に入れ，薄茶色になるのを観察する。色の変化を認めた時点（大体 20-60 分後）で incubator から取り出す。

⑥ 0.1 M citric acid に 10 %w/v に添加した activated charcoal をスターラーで混ぜながら，先を切って口を大きくしたチップで，各エッペンに 1 ml ずつ加え，vortex する。このステップは迅速に行う。

⑦ 4℃, 2,000 g で 10 分遠心。

⑧ 液体シンチレーション用の 6 ml のバイアルに，パスツールピペットで作成したカラムを立てる（カラムはパスツールピペットにガラスウールを詰め，0.1 M citric acid にて平衡化した Dowex-50 を 0.2 ml 注いであらかじめ作成）。

⑨ ⑧の上清をカラムに apply する。サンプルが全量バイアルに落ちたのを確認してから，さらに 0.1 M citric acid を 500 μl 添加し，^{3}H-tyrosine が tyrosine hydroxylase により DOPA に変換される際に遊離した ^{3}H$_2$O をバイアルに完全に回収する。

⑩ 液体シンチレーション液（clear sol）を 4 ml 加え，よく混ぜて均一になるのを確認して，放射活性を測定する。

⑪ バックグラウンドとなるブランクの放射活性を差し引いた後，美白試料を添加しなかったコントロール細胞に比べ，どの程度抑制が見られたかを % 比で得る。

文　献

1) Funasaka Y, Komoto M, Ichihashi M, Inhibitory effect of α-tocopherylferulate on normal human melanocytes, *Pigment Cell Res, Suppl*, **8**, 170-174（2000）

第1章 メラノサイトに関する実験法

2 ラジオアイソトープを用いないヒトメラノサイトを用いたチロシナーゼ活性の抑制

井筒ゆき子

2.1 試験の原理

　チロシナーゼは，チロシンおよびドーパを酸化する2つの作用が知られている。ここでは，正常ヒトメラノサイトに試験試料を処理して培養したメラノサイトを回収し，ドーパを基質としたドーパオキシダーゼ活性を指標とする手法にてチロシナーゼ活性抑制作用を評価する方法について紹介する。

　ドーパオキシダーゼにより酸化された基質ドーパはドーパキノンへ変換され，フェオメラノジェネシスあるいはユーメラノジェネシスを経てメラニンが生成される。405 nmにおける吸光度を測定することによりドーパオキシダーゼ活性の指標とする。

2.2 試薬調製

Assay buffer：100 mM ナトリウムリン酸緩衝液（pH 6.8）
Lysis buffer：0.5% Triton X-100（ポリオキシエチレン(10)オクチルフェニルエーテル）(Wako)
基質液：0.025% DOPA（L-3,4-dihydroxyphenylalanine）(SIGMA)
陽性対照：乳酸ナトリウム（SIGMA）
検量線：合成メラニン（SIGMA）をアルカリ溶解後，Assay buffer で希釈する。
＊すべての試薬は Assay buffer に溶解調製する。

2.3　細胞培養

正常ヒトメラノサイト（クラボウ）

HMGS 添加因子（クラボウ）

Medium 254 培地（Invitrogen）

細胞培養条件：37℃，5% CO_2 インキュベーター

2.4　試験操作

① 正常ヒトメラノサイトは，HMGS 添加 Medium 254 を用いて 3.0×10^4 cells/well の播種密度にて 96-well plate に播種する。

② 24 時間培養後，培地を試験試料含培地に置換する。このとき，陽性対照として 50 mM の乳酸ナトリウムを用いる。

③ 48 時間培養後の細胞を Assay buffer にて洗浄し，100 μL/well の Lysis buffer にて溶解したものを粗酵素液とする。

④ 粗酵素液から 50 μL ずつ別の 96-well plate に分注し，残りの 50 μL を用いてタンパク量を測定する。

⑤ 分注した 96-well plate に 50 μL ずつ基質液を添加する。

⑥ 内容物がこぼれないよう混合し，マイクロプレートリーダーにて Abs.405 nm における吸光度を測定する。この値を 0 時間の値とする。

⑦ 内容物が蒸発しないよう密閉し，37℃ インキュベーター内にて 2 時間反応させる。

⑧ 反応後，同一 plate 内に検量線用の合成メラニンを添加する。

⑨ 再度内容物がこぼれないよう混合し，マイクロプレートリーダーにて Abs.405 nm における吸光度を測定する。この値を 2 時間反応後の値とする。

⑩ 0 時間と 2 時間反応後の吸光度の差と検量線より，1 時間当たりのドーパメラニン量を算出する。さらに，チロシナーゼ活性は，粗酵素液中の単位タンパク当たりのドーパメラニン量にて表す。

第1章 メラノサイトに関する実験法

3 B16メラノーマ細胞を用いたメラニン産生抑制評価

横田真理子

3.1 試験の原理

　色素細胞におけるメラニン産生に関わるメカニズムは多岐にわたるが，最終的に産生されるメラニン量の変化は，美白剤の評価を行う上で重要なパラメータである。美白剤のスクリーニングには，分裂が速く，メラニン産生能の高いB16メラノーマ細胞が良く用いられている。ただし，ヒトとマウスではTyrosinase related protein-1（TRP-1）活性が異なる（DOPA oxidase活性に加え，マウスではDHICA oxidase活性を有する）点に留意する必要がある[1]。

　この試験の特徴は，試料のB16メラノーマ細胞に対するメラニン産生抑制効果を，細胞ペレットの色調による目視判定およびアルカリ可溶化法によるメラニン量簡易定量で評価することにある。また同時に，試料の細胞毒性を評価し，メラニン産生抑制作用が細胞毒性に由来しないことを確認する。なお，B16メラノーマ細胞が産生するメラニンは，メラニンの酸化分解物をHPLC分析を用いてフェオメラニンやユウメラニンを分別定量することも可能である[2]。

　具体例として，Controlおよび50 mM乳酸ナトリウム（P.C.）の結果を図1に示した。

	Control	1 mmol/L コウジ酸	0.5 mmol/L アルブチン	20 μmol/L 8-MOP
Score	3	1	2	5

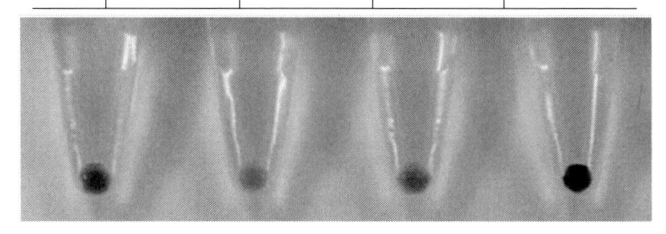

図1　メラニン産生に対する作用（目視判定）
　　Score：1(White)-5(Black)
　　8-MOP：8-Methoxypsoralen

3.2 試薬調製

① 0.25％トリプシン溶液：トリプシン（ナカライテスク㈱，京都，日本）1.25 g を PBS(−) 500 mL に溶解し，0.22 μm ボトルロップフィルター（Corning Inc，ニューヨーク，アメリカ）にて濾過滅菌する。

② 0.5％ Triton X-100：TritonX-100（ポリオキシエチレン(10)オクチルフェニルエーテル）（和光純薬工業㈱，大阪，日本）2.5 g を PBS(−) 500 mL に溶解する。

③ BCA™ Protein Assay Kit：PIERCE（Thermo Fisher Scientific K.K.，マサチューセッツ，アメリカ）

④ 5％トリクロロ酢酸：100 w/v％トリクロロ酢酸溶液（和光純薬工業㈱，大阪，日本）15 mL を PBS(−) 285 mL で希釈する。

⑤ エタノール：国産化学㈱（東京，日本）

⑥ ジエチルエーテル：国産化学㈱（東京，日本）

⑦ 水酸化ナトリウム水溶液：和光純薬工業㈱（大阪，日本）

⑧ メラニン検量線：合成メラニン（Sigma-Aldrich, Co. LCC.，ミズーリ，アメリカ）5 mg に 1 mol/L 水酸化ナトリウム水溶液 5 mL を添加，加熱溶解（100℃，10分）することで，1 mg/mL のメラニン溶液を調整した。これを 1 mol/L 水酸化ナトリウム水溶液により希釈し，検量線を作成する。

3.3 細胞培養

① 細胞種：B16 マウスメラノーマ細胞（ATCC™）

② DMEM（Doulbecco's modified Eagle's Medium）：Sigma-Aldrich, Inc（ミズーリ，アメリカ）

③ FBS（Fetal bovine serum）：Themo Fisher Scientific, K.K.（マサチューセッツ，アメリカ）

④ 細胞培養条件：37℃，5％ CO_2 インキュベーター

3.4 試験操作

〈細胞培養〉

① B16 マウスメラノーマ細胞は，5％ FBS 含有 DMEM を用いて 1.0×10^4 cells/well の播種密度にて 6 well plate に播種する。

② 24 時間培養後，所定濃度の試料を含有した 5％ FBS 含有 DMEM と交換する。

③ 試料含有培地は 72 時間毎に新しいものに交換しながら，6 日間培養する。

〈アッセイ〉
〈目視判定〉
④ 6日間培養後，細胞0.25％トリプシンを処理し，エッペンドルフチューブに回収，遠心（3,000 rpm，4℃，3分）によって細胞ペレットを作成する。

⑤ 目視判定で細胞ペレットの色調をスコア化（5段階スコア：1白—5黒）し，同時にペレットの写真を撮影する。

⑥ ペレットをPBS(−) 1.5 mL/tubeで細胞を均一に懸濁させ，このうち0.3 mLを用いてタンパク定量，残り1.2 mLを用いてメラニン定量を行う。

〈タンパク定量〉
⑦ 0.3 mLの細胞懸濁液を遠心後（3,000 rpm，4℃，3分），ペレットをPBS(−)にて3回洗浄する。

⑧ ペレットに0.5％ Triton X-100含有PBS(−) 1 mLを添加，20分間ボルテックス処理を行い，細胞タンパク溶解液を得る。

⑨ BCA™ Protein Assay Kitを用いてタンパク量を算出，well当たりのタンパク量に換算する。

〈メラニン定量〉
⑩ 1.2 mLの細胞懸濁液を遠心後（3,000 rpm，4℃，3分），ペレットを作成する。

⑪ ペレットをPBS(−)，5％トリクロロ酢酸，エタノール／ジエチルエーテル（3：1）溶液でそれぞれ3回ずつ洗浄後，ジエチルエーテルにて1回洗浄する。

⑫ ペレットを1時間，50℃に加熱して十分に乾燥させた後，1 mol/L 水酸化ナトリウム水溶液を150 μLを添加して加熱溶解（100℃，10分）する。

⑬ マイクロプレートリーダーにて吸光度（Abs. 405 nm）を測定する。このとき同時に，合成メラニンを標準品として検量線を作成し，細胞ペレットのメラニン量を算出，well当たりのメラニン量に換算する。

⑭ well当たりのメラニン量をタンパク量で除して，単位タンパク当たりのメラニン量とする。

⑮ Student t検定を用いて有意差検定を行い，コントロール（試料未含有）との差を評価する。

文　献
1) Funasaka Y., *Br. J. Dermatol.*, **141**, 20-29（1999）
2) Imokawa G., *J. Invest. Dermatol.*, **87**, 319-324（1986）

第1章 メラノサイトに関する実験法

4 ヒトメラノサイトのメラニン合成能の評価

矢田幸博

4.1 試験の原理

メラノサイトのメラニン合成能を計測するには，メラニン合成の主原料であるチロシンが細胞内に取り込まれ，メラニン合成時の反応によって産生されるH_2Oを定量すること，およびメラニン合成時に取り込まれるチオウラシルを同時定量する方法が一般的である[1]。したがって，各成分の放射性同位体である[^{3}H]チロシンおよび[^{14}C]チオウラシルを用いて評価を行う。

4.2 試薬調製

放射活性が0.5 µCi/ml [^{14}C]チオウラシルおよび1.0 µCi/ml [^{3}H]チロシンになるように添加した改変MCDB153培地を作製する。

4.3 試験操作

① 24ウェルの培養プレートに継代用の改変MCDB153培地（PMAおよびb-FGFを無添加 34.1 µg/ml低濃度チロシン，10 nMコレラトキシンおよび0.2％牛血清）を用いて3〜6×10^{4}個/mlになるようにヒトメラノサイトをまいて24時間培養する。

② 0.5 µCi/ml [^{14}C]チオウラシルおよび1.0 µCi/ml [^{3}H]チロシンを培地に加え，3日間培養する。

③ 培養3日後，培養上清から0.5 mlを別のチューブに回収し，同量の20％チャコール（10％TCAを添加した）を加える。これらの混合液を十分に混ぜた後，2,000 g，10分間遠心分離する。

④ 遠心後，注意深く，0.75 mlの上清を別の新しいチューブにとり，さらに同様に20％チャコール溶液を0.5 ml加え，未反応の[^{3}H]チロシンを吸着除去する。

⑤　この混合液を再度，遠心分離する。この操作をさらに 2 回行い，最終の上清を回収し，さらに液体シンチレーターを加え，シンチレーションカウンターにて [^{3}H]チロシンがメラノサイトに取り込まれ，産生された [^{3}H]H$_2$O の放射活性を計測する。

⑥　一方，細胞内への [^{14}C]チオウラシルの取り込みの測定は，各ウェルの残りの培地を吸引除去したのち，1 ml PBS(−) で 3 回注意深く，洗浄する。

⑦　0.5 ml の 2N NaOH を加えて 37℃で 15 分間処理することで細胞を溶解する。

⑧　同ウェルに 0.5 ml の 2N HCl を加えて中和する。これらの溶液をすべて回収し，液体シンチレーション溶媒を加え，液体シンチレーションカウンターにて放射活性を測定する。

文　献

1)　J. R. Whitaker *et al.*, *J. Biol. Chem.*, **246**, 6217 (1971)

第1章 メラノサイトに関する実験法

5 正常メラノサイト由来のチロシナーゼ生合成抑制評価法

近藤雅俊

5.1 試験の原理

　メラニンは色素細胞内の膜小器官であるメラノソームにおいて生合成される。メラノソーム内にはメラニン生合成に関与する様々な酵素が局在している。その中でも，チロシナーゼは律速酵素と考えられており，アミノ酸の一つであるチロシンからドーパキノン，ドーパへと変換する反応を触媒する[1]。このことから，チロシナーゼの発現や，活性の制御が，肌色研究の主要な標的となっている。紫外線を浴びた皮膚は，メラニン生合成を経て黒化する。この際，メラノージェンと呼ばれる因子：ステムセルファクター[2]，エンドセリン-1[3]，ヒスタミン[4]などが，表皮細胞，あるいは真皮マスト細胞などから，皮膚中に放出される。メラノージェンはメラノサイトにおいて，それぞれ特異的な受容体，シグナリング経路を介し，メラニン合成の鍵酵素であるチロシナーゼの発現を誘導する。特異的な刺激によって誘導されるチロシナーゼmRNA発現，およびタンパク質発現の抑制を培養細胞を用いて評価することで，美白素材の探索，さらにはその作用機序解析に役立てることが出来る。ここでは，培養ヒト正常メラノサイトに対し，メラノサイト刺激物質添加によるチロシナーゼmRNA発現，およびタンパク質発現の誘導を，northern blotting，あるいはqPCRにより，タンパク質発現はwestern blottingにより解析する方法を示す。

5.2 試薬調製

(1) 増殖，播種培地

　MCDB153培地に1% Human Melanocyte Growth Supplement（Life Technologies）を添加したもので培養し，増殖させる。

(2) 試料添加用培地

　試料添加時には MCDB153 培地に以下のサプリメントを目的の濃度になるように添加したものを用いる：fetal calf serum, 2%；bovine pituitary extract, 30 μg/mL（解析例に示した NO による発現誘導実験の場合。特異的な刺激を与えるのに適した培地で添加を行う必要がある）。

(3) 試験試料

　試料添加用培地にて，目的の濃度に調製する。

5.3　細胞培養

　ヒト正常メラノサイト（クラボウ）を播種・増殖用培地に懸濁し，播種する。培養スケールは，$5×10^5$ cells/φ60 mm dish 程度でよい。培養は 5% CO_2，37℃一定条件下にて行う。

5.4　試験操作

(1) mRNA 発現解析（qPCR 法）

① トータル RNA の抽出

　RNeasy Mini kit（QIAGEN）を用い，細胞を回収し，トータル RNA を抽出する。

② 逆転写反応による cDNA 合成

　500 ng の RNA より，High Capacity cDNA Reverse Transcription Kit（Applied Biosystems）を用いて逆転写反応を行い，cDNA を合成する。反応条件は以下の通りとする：25℃で 10 分間，37℃で 120 分間。

③ PCR 反応

　qPCR は，StepOne™ Real Time PCR System（Applied Biosystems）を用いて行う。TaqMan® Universal PCR Master Mix, No AmpErase® UNG（Applied Biosystems），およびプローブとして，TaqMan® Gene Expression Assays を用いる。標的遺伝子であるチロシナーゼ（TYR, Hs00165976_m1, Applied Biosystems），および内部標準遺伝子として GAPDH（Hs99999905_m1；Applied Biosystems）などを用いればよい。反応液は 20-25 μl とする。反応条件は以下の通り：50℃で 2 分間，95℃で 10 分間維持した後，95℃で 15 秒間と 60℃で 1 分間の昇降を 40 回繰り返した。

(2) タンパク質発現解析（western blotting 法）

① サンプル回収，および調製

　細胞を PBS，あるいは界面活性剤を含むバッファーで回収し，超音波破砕する。遠心操作により不溶物を除去する。溶解液のタンパク質濃度が一定になるようにバッファーで希釈する。

第1章 メラノサイトに関する実験法

② 電気泳動，転写

NuPAGE システム（Life Technologies）を用いて行う。10% Bis-Tris ゲルなどを用いて電気泳動し，PVDF メンブレンに転写する。

③ 抗体反応

0.1% Tween 20 を含む PBS（PBS-T）にスキムミルクを 5% 溶解した溶液（5% スキムミルク/PBS-T）中にメンブレンを浸して，室温で 1 時間インキュベートし，非特異的な結合を抑制する。一次抗体（Anti-tyrosinase, goat polyclonal IgG, SantaCruz）を 5% スキムミルク/PBS-T で適宜希釈し，室温で 1 時間反応させる（以下，いずれも 5% スキムミルク/PBS-T で希釈）。メンブレンを PBS-T で洗浄し，二次抗体（Biotin-conjugated rabbit anti-goat IgG, Life Technologies）を室温で 1 時間処理する。PBS-T による洗浄後，HRP 標識 streptavidin（GE Healthcare）を室温で 1 時間処理し，PBS-T により洗浄する。

④ 検出

発光基質（SuperSignal® West Dura Extended Duration Substrate, Thermo Scientific）を加え，X 線フィルムに感光させ，検出する。

解析例として，NO ドナーの一つである S-nitroso-*N*-acetyl-L-penicillamine（SNAP）により，チロシナーゼ mRNA 発現（northern blotting 法，図 1 左），およびタンパク質発現（Western blotting 法，図 1 右）を誘導した結果を示した[5]。NO 誘導のメラノジェネシス亢進は，主に環状グアノシン 3',5'—リン酸／プロテインキナーゼ G（cGMP/PKG）経路を介していることが知られている[6]。そこで，PKG 阻害剤である KT5823 を，SNAP 誘導の発現を抑制する陽性コントロールとして評価している（図 2）。ブロッティングによるシグナルの強弱は，デンシトメーターを用いることにより定量化が可能である。

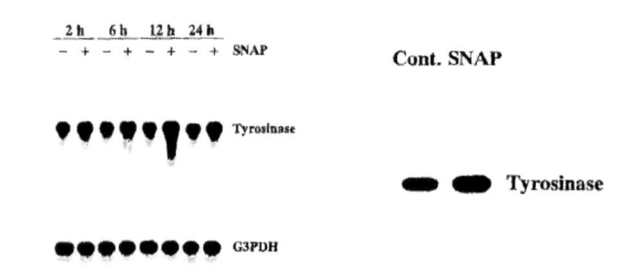

図 1　SNAP によるチロシナーゼ mRNA（左），タンパク質（右）発現の誘導
（左）Northern blotting により解析した例。SNAP 添加 12 時間後に顕著な発現増加が見られる。（右）SNAP 添加 24 時間後のチロシナーゼタンパク質の発現を western blotting により解析した例。

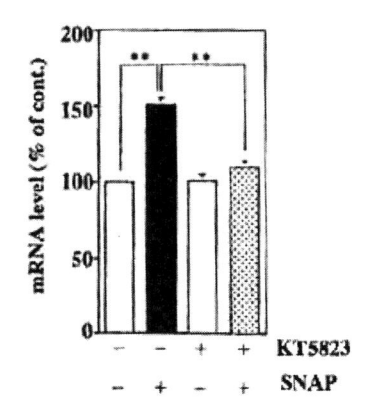

図2 SNAPによるチロシナーゼmRNAの発現誘導とKT5823によるその抑制効果
KT5823含有培地における1時間のプレインキュベートにより，SNAP処理12時間後のチロシナーゼmRNA発現亢進が抑制されている。Northern blottingにより解析し，デンシトメーターによる定量化を行った。

文　献

1) Cooksey *et al., J Biol Chem*, **272**, 26226-26235（1997）
2) Hachiya *et al., J Invest Dermatol.* **116**, 578-576（2001）
3) Imokawa *et al., J Invest Dermatol.* **105**, 265-274（1995）
4) Yoshida *et al., J Invest Dermatol.* **118**, 255-260（2000）
5) Sasaki *et al., Pigment Cell Res.* **13**, 248-252（2000）
6) Romero-Graillet *et al., J Biol Chem.* **271**, 28052-28056（1996）

第1章 メラノサイトに関する実験法

6 メラノサイトのデンドライト形成阻害評価法

近藤雅俊

6.1 試験の原理

　メラノサイトは周囲のケラチノサイトにメラノソームを効率的に転送するため，デンドライト（樹状突起）と言われる特徴的な形態を示す[1]。紫外線照射やα-Melanocyte Stimulating Hormone（α-MSH）などのメラノージェン刺激はメラニン合成を促進すると同時に，デンドライトの形成を誘導することから，この形態変化はメラノジェネシスの指標の一つとされる[2]。従って，形態変化の誘導やその抑制を評価することで，メラノジェネシスのメカニズム解析や，美白素材探索に役立てることが出来る。
　本法の原理を以下に述べる。各種増殖因子を含む培地で細胞を懸濁し，プレート上に播種，培養する。播種数，培養期間ともに，その後の形態観察に支障が出ない程度に抑えることに留意する。この後，最少培地での培養期間を設けることにより，メラノサイトを一旦不活性で枝分かれのない紡錘形に維持する（図1左）。この操作の後，任意のメラノージェンを添加することに

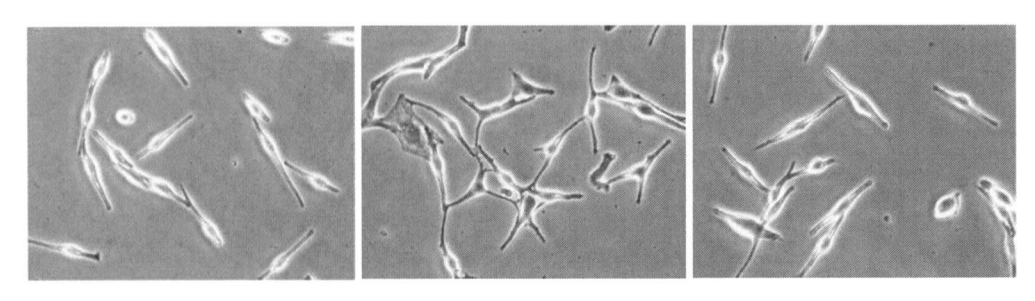

図1　デンドライト形成誘導とその抑制の様子
左，メラノージェン無添加（紡錘形）；中央，メラノージェン（ヒスタミン）添加によるデンドライト形成；右，試験試料（ファモチジン）添加によるデンドライト形成抑制

より，デンドライト形成を誘導する（図1中央）。本法により，不活性な状態と活性化しデンドライトを形成した状態との差を明瞭に比較できる。実験例として，ヒスタミン誘導のデンドライト形成が，ファモチジン（H_2受容体アンタゴニスト）処理により抑制された例[3]を図1右に示す。

6.2　試薬調製

(1) 播種・増殖用培地

MCDB153培地に以下のサプリメントを目的の濃度になるように添加する：insulin, 5 μg/mL；hydrocortisone, 0.5 μg/mL；bFGF, 1 ng/mL; tetradecanoylphorbol 13-acetate, 10 ng/mL；bovine pituitary extract, 0.2%；$CaCl_2$, 0.1 mM

(2) 試料添加用培地（最少培地）

MCDB153培地に以下のサプリメントを目的の濃度になるように添加する：insulin, 5 μg/mL；EGF, 0.1 ng/mL；$CaCl_2$, 0.5 mM

(3) 試験試料

試料添加用培地にて，目的の濃度に調製する。

(4) メラノージェン

予め作製したα-MSH，ヒスタミン，bFGFなどの各ストック溶液を，それぞれ400 nM, 12 μM, 12 ng/mLになるように試料添加用培地にて調製する。添加時にウェル内において試験試料を含む培地で希釈されるため，調製段階では最終濃度の4倍とする。

6.3　細胞培養

ヒト正常メラノサイトを播種・増殖用培地に懸濁し，12穴プレートに5.0×10^4cells/wellの細胞密度で播種する。培養は5% CO_2，37℃一定条件下にて行う。

6.4　試験操作

① 播種後，2日間培養する。
② 培地を除去し，PBSで一回洗浄後，試料添加用培地に交換する。
③ 3日間培養する。
④ 培地を除去する。
⑤ 試料を含む試料添加用培地を添加する（750 μL/well）。
⑥ 1時間インキュベートする。
⑦ メラノージェンを含む培地を添加する（250 μL/well）。

⑧　2日間培養する。
⑨　形態を観察する。

　細胞の伸長，あるいは枝分かれの程度を指標として，デンドライト形成を評価する。目視による簡易判定の他，画像解析による定量的評価も可能である。

文　献
1) Scott G., *Pigment Cell Res.*, **15**, 322-330 (2002)
2) Scott G. and Cassidy L., *J. Invest. Dermatol.*, **111**, 243-250 (1998)
3) Takahashi Y. *et al.*, *IFSCC Magazine*, **3**, 24-28 (2000)

第2章 ケラチノサイトに関する実験法

1 UVB照射ヒト培養ケラチノサイト由来のメラノサイト活性化抑制評価

横田真理子

1.1 試験の原理

　紫外線（Ultraviolet：UV）照射によって皮膚の色素沈着が誘導されることは広く理解されている。色素細胞におけるメラニン産生には，周辺の表皮細胞から紫外線曝露によって産生されるパラクリン因子が関与することが知られている[1,2]。

　本試験は，表皮細胞への紫外線照射により分泌亢進される情報伝達物質を抑制することで，色素細胞の活性化を抑制することを目的とする。表皮細胞への試験試料処理は表皮細胞が細胞傷害を示さない最大濃度とし，細胞傷害はニュートラルレッド法にて評価する。色素細胞の活性化は，生細胞のカウント法として汎用されているMTT法を用いる。MTTは細胞内ミトコンドリアの活性を間接的に測定していることから，細胞の活性化も評価できる。試験の流れを図1に示した。

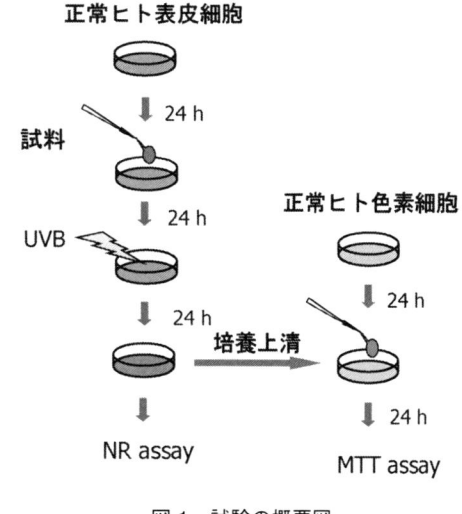

図1　試験の概要図

1.2 試薬調製

① NR液（ニュートラルレッド液）：ニュートラルレッド（3-アミノ-7-ジメチルアミノ-2-メチルフェノジンハイドロクロライド）(Sigma-Aldrich, Co. LCC., ミズーリ，アメリカ) 33 mgを精製水10 mlに溶解する。培地にて希釈し，最終濃度を33 mg/Lに調製する。
② NR抽出液：30％エタノール含有0.1 M HCl溶液

③ 0.4 mg/ml 3-(4,5-Dimethyl-2-thiazolyl)-2,5-diphenyl-2H-tetrazolium bromide (MTT) 溶液：40 mg の MTT (Sigma-Aldrich, Inc. 製) を 10 ml の PBS(−) を用いて溶解する。この溶液を HuMedia KG2 にて 10 倍希釈する。

④ 2-プロパノール：国産化学㈱（東京，日本）

⑤ Hanks 緩衝液（Ca^{2+}，Mg^{2+} 未含有）(HBSS(−))：次に示す 2 種類の保存溶液をあらかじめ調製し，これらを溶液 1（25 ml），溶液 2（80 ml）と精製水 895 ml を混合して調製する。

1) 溶液 1：7.0 g の $NaHCO_3$ を秤量し，水に溶解して 500 ml とする。
2) 溶液 2：NaCl 80.0 g，KCl 4.0 g，$Na_2HPO_4 \cdot 2H_2O$ 0.6 g，glucose 10.0 g，KH_2PO_4 0.6 g を秤量し，順番に水に溶解して 800 ml とする。

1.3 細胞培養

① 細胞種：正常ヒト表皮細胞，正常ヒトメラノサイト：倉敷紡績㈱（大阪，日本）
② HuMedia KG2：倉敷紡績㈱（大阪，日本）
③ HuMedia KB2：倉敷紡績㈱（大阪，日本）
④ HMGS：倉敷紡績㈱（大阪，日本）
⑤ Medium 254：Themo Fisher Scientific, K.K.（マサチューセッツ，アメリカ）
⑥ 細胞培養条件：37 ℃，5 % CO_2 インキュベーター

1.4 試験操作

〈表皮細胞培養〉

① 正常ヒト表皮細胞は，HuMedia KG2 を用いて 2.4×10^4 cells/well の播種密度にて 48 well plate に播種する。

② 24 時間培養後，所定濃度の試料を含有した HuMedia KB2 に交換し，さらに 24 時間培養する。

③ 培養後，所定濃度の試料を含有した HBSS(−) に交換し，5～10 mJ/cm^2 [注] の UVB（光源：東芝 SE-FL-40）を照射する。

　　注）紫外線照射量は細胞の状態によって異なる。

④ 細胞を HBSS(−) にて洗浄，HuMedia KB2 に交換する。

⑤ 24 時間培養後の培養上清を回収する。

〈表皮細胞毒性試験；UVB 照射および試料による細胞傷害の確認〉

⑥ 上清回収後の表皮細胞は，PBS(−) にて洗浄後，ニュートラルレッド（NR）含有 HuMedia KG2 に交換し，37 ℃，5 % CO_2 インキュベーターにて 2 時間培養する。

⑦ PBS(−) にて洗浄後，NR 抽出液にて抽出し，マイクロプレートリーダーにて吸光度

（Abs. 550-650 nm）を測定する。
⑧ 細胞生存率は，コントロール（UVB 未照射，試料未含有）を 100 とした百分率（％）で表す。

〈メラノサイト培養〉

⑨ 正常ヒトメラノサイトは，HMGS 添加 Medium 254 を用いて 2.0×10^4 cells/well の播種密度にて 96 well plate に播種する。

⑩ 24 時間培養後，培地を表皮細胞から回収した培養上清に置換する。

⑪ さらに 24 時間培養後の細胞は，PBS(−) にて洗浄後，MTT 液に交換し，37 ℃，5 ％ CO_2 インキュベーターにて 2 時間培養する。

⑫ PBS(−) にて洗浄後，2-プロパノールにて細胞内に生成したホルマザンを溶解抽出し，マイクロプレートリーダーにて吸光度（Abs. 550-650 nm）を測定する。

⑬ 細胞生存率は，コントロール（UVB 未照射，試料未含有）を 100 とした百分率（％）で表す。

文 献
1) Imokawa G., *Pigment Cell Res.*, **17**, 96-110（2004）
2) Hirobe T., *Pigment Cell Res.*, **18**, 2-12（2005）

第2章 ケラチノサイトに関する実験法

2 表皮細胞のメラノソーム貪食抑制評価

横田真理子

2.1 試験の原理

　色素細胞で産生されたメラニンは，メラノソームとして表皮細胞へ輸送される。近年，このメラノソーム輸送は，美白剤の新規ターゲットとして注目されており，色素細胞内からのエキソサイトーシス過程および表皮細胞によるファゴサイトーシス過程の2種類に大きく分類される。ヒトの皮膚色は色素細胞中のメラニン量ではなく，表皮細胞に受け渡されたメラニン量によって決定すること，紫外線によって色素細胞から表皮細胞へのメラノソーム輸送が促進されることが報告されている[1]ことから，美白剤開発において表皮細胞のメラノソーム貪食作用を抑制することは重要である。

　表皮細胞に色素細胞から単離したメラノソームを一定時間処理し，表皮細胞に貪食されたメラノソームをフォンタナ・マッソン染色により検出し，顕微鏡下で観察を行う[2]。なお，フォンタナ・マッソン染色は，メラニンがフォンタナアンモニア銀溶液と反応することで，銀が還元され銀粒子を析出し，黒色を呈する反応である。

　メラノソームの染色画像を図1に示した。メラノソーム貪食作用は，表皮細胞の膜表面に存在するProtease activated receptor-2（PAR-2）により制御されることが報告されている[3]ことか

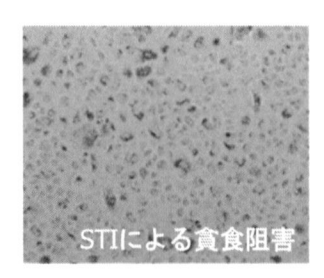

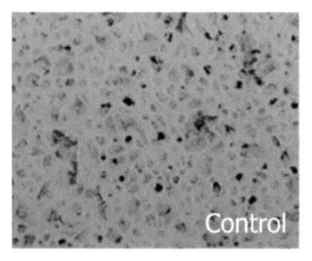

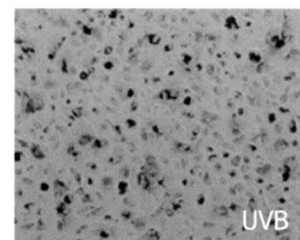

図1　メラノソームの染色画像

a) STIによる貪食阻害 (48h)

b) UVBによる貪食促進 (24 h)

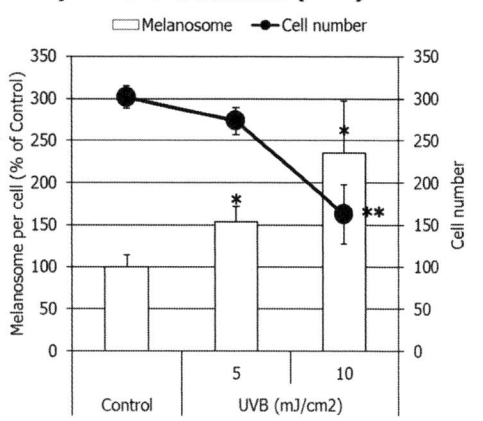

図2 メラノソーム取り込み量

ら，PAR-2阻害剤であるSTIによる貪食抑制，またUVB照射により活性化することで貪食促進が認められた（図2）。

2.2 試薬調製

① Lysis buffer：1% Octylphenoxy poly (ethyleneoxy) ethanol，0.01%SDS含有 0.1 M Tris-HCl溶液（pH 7.5）
② フォンタナアンモニア銀溶液：武藤化学㈱（東京，日本）
③ Hoechst33258：Sigma-Aldrich Co., LCC.（ミズーリ，アメリカ）
④ グリセリン：キシダ化学㈱（大阪，日本）

2.3 細胞培養

① 細胞種：正常ヒト表皮細胞，正常ヒトメラノサイト（倉敷紡績㈱，大阪，日本）
② HuMedia KG2：倉敷紡績㈱（大阪，日本）
③ HuMedia KB2：倉敷紡績㈱（大阪，日本）
④ HMGS：倉敷紡績㈱（大阪，日本）
⑤ Medium254：Thermo fisher scientific, K.K.（マサチューセッツ，アメリカ）
⑥ 細胞培養条件：37℃，5%CO_2インキュベーター

2.4　試験操作

⟨メラノサイト培養⟩

① 正常ヒトメラノサイトは，HMGS 添加 Medium254 にて培養し，7.0×10^6 cells//tube にてエッペンドルフチューブに回収，遠心（1,000 g，4℃，3 分）によって細胞ペレットを作成する。

② ペレットを PBS(−) にて洗浄する。

⟨メラノソームの単離⟩

③ メラノサイトのペレットに対し，1 mL の cold lysis buffer を添加する。

④ これを 10 分毎に攪拌しながら，20 分室温にて静置する。

⑤ この分散溶液を遠心分離し（1,000 g，4℃，3 分），不要物を沈殿させ，メラノソームを含む上清を回収する。

⑥ 回収した上清を再度，遠心分離（1,000 g，4℃，3 分）し，上清を回収する。

⑦ この上清を遠心分離し（20,000 g，4℃，3 分），得られた沈殿をメラノソームリッチ画分とする。

⑧ 上清を吸引除去し，メラノソームのペレットを PBS(−) にて 2 度洗浄する（20,000 g，4℃，3 分）。

⑨ これに 110 μL の PBS を添加し，50 回以上ピペッティングをすることで，メラノソームを分散させる。

⟨表皮細胞の播種およびメラノソーム処理⟩

⑩ 正常ヒト表皮細胞は，HuMedia KG2 を用いて 4.0×10^4 cells/well の播種密度にて 48 well plate に播種する。

⑪ 24 時間培養後，所定濃度の試料を含有した Humedia KB2 に交換し，分散させたメラノソームを 25 μL/well にて添加する。

⑫ 所定時間培養後，細胞を PBS にて洗浄する。

⟨フォンタナ・マッソン染色⟩

⑬ 冷メタノールを用いて 10 分間固定した後，2 回洗浄を行う。

⑭ フォンタナアンモニア銀溶液を添加し，37℃，1 時間インキュベーションを行う。

⑮ フォンタナアンモニア銀溶液を除去し，2 回洗浄を行う。

⟨ヘキスト染色⟩

⑯ 5 μg/mL Hoechst33258 含有 PBS(−) を添加し，37℃，10 分間インキュベーションを行う。

⑰ PBS(−) にて洗浄後，無蛍光グリセリンを用いて封入する。

⟨顕微鏡観察と画像解析⟩

⑱ 表皮細胞に貪食されたメラノソームを位相差顕微鏡，ヘキスト染色により染色された細胞核を蛍光顕微鏡にてそれぞれ観察，写真撮影を行う。

⑲ メラノソーム染色画像は，Photoshop（Adobe）を用いて2値化後，画像当たりの平均輝度を算出し，得られた輝度値をメラノソーム取り込みの指標とする。

⑳ 一方，細胞核の染色画像は，Photoshop（Adobe）を用いて2値化後，ImageJ の Analayze particles 機能を用いて，画像当たりの細胞核数を算出する。

㉑ 画像当たりのメラノソーム由来輝度を細胞核数で除して，細胞当たりのメラノソーム取り込み量を算出する。

㉒ Student t 検定を用いて有意差検定を行い，コントロール（試料未含有）との差を評価する。

文　献

1) Virador VM. *et al., FASEB J.,* **16**, 105-107（2002）
2) Ando H. *et al., Pigment Cell Melanoma Res.,* **23**, 129-133（2009）
3) Seiberg M. *et al., Pigment Cell Res.,* **14**, 236-242（2001）

第3章　再生皮膚モデルに関する実験法

1　3次元培養皮膚モデルを用いたメラニン産生抑制剤評価法

久間將義

1.1　試験の原理

　3次元培養皮膚モデルを用いたメラニン産生抑制試験においては，ケラチノサイトとメラノサイトの共培養系から再構築された3次元培養皮膚モデルが用いられる。この3次元培養皮膚モデルは，メラニン産生誘導因子を含む培地で培養することにより，メラノサイトが増殖・活性化し，メラニンが産生され，目視レベルでも黒色化が確認できる。また，モデル中のメラニン量を測定することで，経時的なメラニン量変化を評価することが可能である。さらに，基質を配合した培地で培養した後の酵素活性を測定することにより，チロシナーゼ阻害活性についても測定可能である。従って，3次元培養皮膚モデルの組織構造はバリア機能を持つ角質層も再構築しているため，薬剤浸透性を考慮したメラニン産生抑制効果を検証することができる試験法である。

1.2　試薬調製

(1)　3次元培養皮膚モデル作製培養用培地

　1.3(1)に示すケラチノサイトとメラノサイトの共培養系における3次元培養皮膚モデルを作製する際には，Dulbecco's modified Eagles medium（DMEM培地，Sigma-Aldrich Japan K.K.）を基本とした下記を組成とする専用培地を使用する。

〈3次元培養皮膚モデル作製培養用培地組成〉

　　　Dulbecco's modified Eagles medium（DMEM）（Sigma-Aldrich Japan K.K.）
　　　4 mM　グルタミン（インビトロジェン㈱）
　　　10 μg/ml　インシュリン（インビトロジェン㈱）
　　　100 units/ml　ペニシリン（インビトロジェン㈱）
　　　100 μg/ml　ストレプトマイシン（インビトロジェン㈱）

0.5 μg/ml ハイドロコーチゾン（インビトロジェン㈱）

0.1 ng/ml ヒト組換え型上皮成長因子（hEGF）（インビトロジェン㈱）

50 μg/ml ゲンタマイシン（インビトロジェン㈱）

50 ng/ml アンフォテリシン B（Sigma-Aldrich Japan K.K.）

(2) 3次元培養皮膚モデル試験培養用培地

1.3(2)に示す3次元培養皮膚モデルを培養するには，3次元培養皮膚モデル作製培養用培地を基本とした下記の添加剤を加えた専用培地を使用する。

〈3次元培養皮膚モデル培養用添加剤〉

100 nM　α-MSH（Sigma-Aldrich Japan K.K.）

3 ng/ml　ヒト組換え型線維芽細胞増殖因子（KGF）（Sigma-Aldrich Japan K.K.）

1.3　細胞培養

(1) ケラチノサイトとメラノサイトの共培養系による3次元培養皮膚モデルの作製[1,2]

ケラチノサイトとメラノサイトの共培養系による3次元培養皮膚モデルの作製方法を以下に示す。このような3次元培養皮膚モデルについては，倉敷紡績㈱から販売されている MEL-300，㈱ジャパン・ティッシュ・エンジニアリングから販売されている LabCyte MELANO-MODEL，さらに㈱ニコダームリサーチから販売されている SkinEthic RHPE などがあり，作製や専用培地の面を考えると簡便である。しかし，価格面や使用期限があるため購入後はすぐに使用しなければならないという制限がある。

① カルチャーインサートのメンブラン上にケラチノサイト（倉敷紡績㈱）が $1×10^5$ cells/cm^2，メラノサイト（倉敷紡績㈱）が $2×10^4$ cells/cm^2 になるように播種する。（コラーゲンゲルを用いる場合は，フィルターの付いたカップ状のカルチャーインサートを使用して，そこにコラーゲンゲル（新田ゼラチン㈱）を敷き支持体とする。）

② D-MEM 培地で1日間，3次元培養皮膚モデル作製培養用培地中で CO_2 インキュベーターを用いて培養環境は37℃，5% CO_2，過湿状態下で7日間培養する。

③ その後，カルチャーインサート内側の培地を除去し，細胞表面を空気に接着させて気液界面上で1〜3週間気液界面（エアーリフト）培養し，ケラチノサイトの分化を促し3次元培養皮膚モデルを作製する。

(2) 培養方法

3次元培養皮膚モデルは，6ウェルプレートで上記37℃に温めたメラニン産生を促す3次元培養皮膚モデル試験培養用培地を用いて培養を行なう。また，3次元培養皮膚モデルに紫外線を照射する方法によりメラニン産生を促すことも可能である。市販の3次元培養皮膚モデルを培養す

る場合には，専用の培地も販売されており，簡便である。また，CO_2 インキュベーターを用いて培養環境は37℃，5％CO_2，過湿状態下で行なう。培養期間が48時間を超える際には，1日おきに培地の交換が必要である。

1.4 試験操作

(1) **試験サンプル塗布方法**

　試験サンプルをカルチャーインサート内部の組織表面に無菌的に直接塗布し，試験サンプルを組織表面全体に均一にゆきわたらせる。試験サンプルの塗布量については，50～100 μl，もしくは50～100 mg を目安に全面に均一にゆきわたる量を設定する必要がある。その際に，クリーム製剤等の粘度が高いものについては，マイクロディスペンサーを用いて定量し，スパチュラやガラス棒を用いて組織表面に傷を付けないように注意して塗布する。

(2) **観察方法**

　3次元培養皮膚モデルは，肉眼で色素沈着の増強が観察でき，また顕微鏡観察することによりメラニン色素の増加が観察できる。また，培養終了後にPBSでリンスすることより塗布した試験サンプルを除去し，その後10％ホルマリン/PBS溶液中に一晩置くことにより組織固定を行なう。組織固定後，上部からの観察によりメラノサイトの形態変化の評価が可能であり，またその凍結切片もしくはパラフィン切片を作製することによりメラニンの分布等の断面評価が可能である。組織切片については，HE染色，フォンタナ・マッソン染色並びにドーパ染色に等の組織染色を行なうことが可能である。

(3) **メラニン定量**[3,4]

　下記の手順により，3次元皮膚モデル内のメラニン定量を行なう。それ以外にも，水酸化ナトリウムを添加して加温し，細胞を溶解させて，冷却し420 nmにおける吸光度を測定する方法もある。

① 3次元培養皮膚モデルのカップ内の試験物質を除去後，PBSにより3回以上洗浄を行なう。（※洗浄後，キムワイプでカップ底面を軽く拭くこと。）

② メス及びピンセットにより皮膚モデルを取り出し，クリスタルチューブに移す。

③ 450 μl の 1.0％SDS 溶液（pH 6.8），0.05 mM EDTA 並びに 10 mM Tris HCl 含有）中で 3 分間ホジナイズを行なう。

④ 20 μl の 5 mg/ml Proteinase K（Sigma-Aldrich Japan K.K.）を添加し，45℃にて一晩インキュベーションを行なう。

⑤ 50 μl の 500 mM 炭酸ナトリウムと 10 μl の 30％過酸化水素を加える。

⑥ 80℃にて30分間反応させ，冷却する。

⑦ 冷却後，100 μl のクロロホルム—メタノール（2：1）混合溶液を加えて撹拌する。

⑧ 攪拌後，10000×g にて 10 分間遠心分離を行ない，上層の 405 nm における吸光度をマイクロプレートリーダーにて測定を行なう。

⑨ あらかじめ合成メラニン（和光純薬㈱）を標品として上記の操作を行ない，検量線を作成し，その検量線を用いて測定した吸光度からメラニン量を算出する。

(4) MTT 試験

3 次元皮膚モデルにおいて，ミトコンドリア代謝活性を指標とした下記の手順により MTT 試験によって試験サンプルにおける細胞毒性の評価を行なう。

① カップ内の試験物質を除去後，PBS により 3 回以上洗浄を行なう。（※洗浄後，キムワイプでカップ底面を軽く拭くこと。）

② アッセイ培地をアスピレーターで除去し，0.5 mg/ml MTT（3-(4,5-dimethylthiazol-2-yl)-2,5-diphenyl tetrazolium bromide，和光純薬㈱）含有培地を 1 mL ずつ分注する。

③ CO_2 インキュベーター（37℃，5%CO_2，過湿状態）にて，正確に 3 時間静置する。

④ 3 時間後，皮膚モデルを取り出し，PBS により洗浄し余分な MTT 試薬を取り除く。

⑤ 24 ウェルプレートに皮膚モデルを移し，2.0 mL の酸性イソプロパノールに浸漬し，抽出を行なう。その際には，抽出液の揮発を防ぐために 24 ウェルプレートを密閉する。

⑥ 室温で浸透しながら 2 時間抽出を行ない，カップ内の抽出液をウェルに混ぜ，抽出液をピペッティングによりよく混合する。（※カップ内の抽出液もウェルに混合すること。）

⑦ 均一に混合した抽出液の 570 nm における吸光度をマイクロプレートリーダーにて測定する。その際に，650 nm における吸光度を差し引くことにより，より正確なデータを得ることができる。

⑧ 以下の算式により細胞生存率を算出する。

$$細胞生存率（\%）= \frac{試験物質を使用した時の吸光度 - ブランクの吸光度}{陰性対象の吸光度 - ブランクの吸光度} \times 100$$

(5) チロシナーゼ阻害活性[5,6]

3 次元皮膚モデルを用いたチロシナーゼ阻害活性については，チロシナーゼによる酵素代謝物を指標として下記の手順によりチロシナーゼ阻害活性の評価を行なう。

この方法以外にも，トリチウム標識チロシン中でインキュベートして，遊離してくるトリチウム標識量によりチロシナーゼ阻害活性を測定する方法もある。

① 試験サンプルを添加して培養した 3 次元皮膚モデルを PBS でリンスすることより塗布した試験サンプルを除去する。

② 10%ホルマリン/PBS 溶液中に一晩置くことにより組織固定を行なう。

③ その組織固定を行なった 3 次元皮膚モデルを 0.1%L-DOPA（L-dihydroxyphenylalanin，和光純薬株式会社）中でインキュベートを行なう。

④ インキュベートした3次元皮膚モデル中のメラニンを(3)に示す方法で定量することによりチロシナーゼ阻害活性を検討する。

(6) チロシナーゼ生合成阻害活性

3次元皮膚モデルを用いたチロシナーゼ生合成阻害活性については，チロシナーゼmRNA発現ならびに関連タンパク質発現を指標として，下記の手順によりチロシナーゼ生合成阻害活性の評価を行なう。

検出解析方法としては，mRNA発現はqPCRもしくはnorthern blottingで行ない，タンパク質発現はwestern blottingにて行なう。

〈PCR法〉

① 試験サンプルを添加して培養した3次元皮膚モデルをPBSでリンスすることより塗布した試験サンプルを除去する。

② total RNAはRNA iso plus（タカラバイオ㈱）を含む試薬等を用いて3次元皮膚モデルより抽出する。

③ total RNAより，Prime Script RT reagent kit（タカラバイオ㈱）を用いて逆転写反応によりcDNAを作製する。

④ PCR反応は，Thermal Cycler Dice Real Time System TP-800（タカラバイオ㈱）によりSybr Premix Ex Taq II（タカラバイオ㈱）を用いる。次に，ターゲット遺伝子であるチロシナーゼ遺伝子に対する上流プライマー及び下流プライマーとして，それぞれ，5'-ttcaaaggggtggatgac-3' 及び 5'-gacacatagtaatgcatc-3' を使用し，内部標準であるG3PDH遺伝子に対するプライマーとして上流プライマー及び下流プライマーとして，それぞれ，5'-tgaaggtcggtgtgaacggatttggc-3' 及び 5'-catgtaggccatgaggtccaccac-3' を使用する。

〈Western blotting法〉

① 試験サンプルを添加して培養した3次元皮膚モデルをPBSでリンスすることより塗布した試験サンプルを除去する。そのモデルをPBS中で超音波破砕を行い，不溶物を取り除く。

② SDS-PAGEゲルにおいて電気泳動し，電気泳動後のゲルとPVDF（Polyvinyylidene difluoride）メンブレンろ紙，ファイバーパッドで挟みメンブレンに転写する。

③ 5％スキムミルクを0.1％ Tween 20含有のPBS（PBS-T）を溶解した液（5％スキムミルク／PBS-T）にてブロッキングを行なう。

④ 一次抗体として，Mouse anti-Tyrosinase（invitrogen）を5％スキムミルク／PBS-Tにて希釈し，メンブレンに反応させる。次に，メンブレンをPBS-Tで洗浄したものに二次抗体としてECL anti-Mouse IgG（invitrogen）を5％スキムミルク／PBS-Tにて希釈し，メンブレンに反応させる。

⑤ ECL Western zblotting Detection Reagentsをメンブレンの点斜面に添加し，反応させたものをX線フィルムに感光させる。

文　献

1) Regneir M. *et al.*, *Cellular and Molecular Biology*, **45**, 969-980 (1999)
2) Regneir M. *et al.*, *Font Matrix Biol.*, **9**, 4-35 (1981)
3) Rosenthal M.H. *et al.*, *Ann. Biochem.*, **5**, 91-96 (1973)
4) Bessou-Touya S. *et al.*, *J. Invest. Dermatol.*, **111**, 1103-1108 (1998)
5) Klausner M. *et al.*, *J. Invest. Dermatol.*, **104**, 616 (1995)
6) Majmudar G. *et al.*, *J. Cosmet. Sci.*, **49**, 361-367 (1998)

第4章 ヒトボランティアを用いた実験法

1 紫外線照射による色素沈着形成抑制評価

横田真理子

1.1 試験の原理

　美白化粧品は医薬部外品として扱われており，その効能効果として「日やけによるしみ・そばかすを防ぐ」あるいは「メラニンの生成を抑え，しみ，そばかすを防ぐ」(二者択一)[1]という，予防効果のみが認められている。方法については，新規効能取得のための医薬部外品美白機能評価ガイドライン[2]を参考にする。紫外線照射による色素沈着形成抑制自体はガイドラインに記載されていないものの，非常に良く実施される試験である。

　ここでは，紫外線照射により色素沈着を形成，およびこれに対する美白機能評価について述べる。色素沈着の評価例を図1に示す。

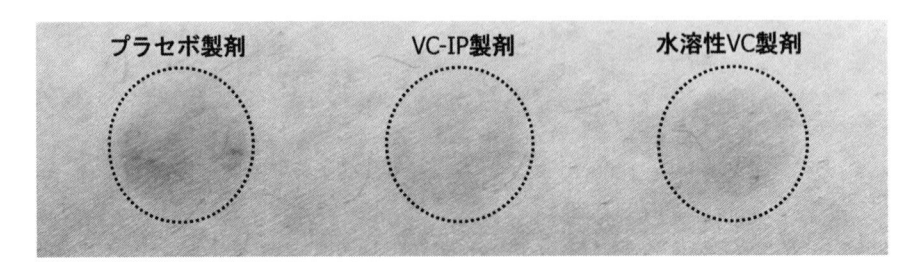

図1　紫外線照射による色素沈着形成抑制作用

1.2 試薬調製

　プラセボ製剤や陽性対照を含む試験製剤を調製し，無作為に割り付ける塗布部位に合わせ，①，②，③，④，…のラベリングを行う。この割付けはサンプル数に応じて，適宜増減させる。

1.3 試験操作

① 試験部位は日光非露光部位である上腕内側部とする。

〈MED判定〉

② 光源としてMultiport Solar UV Simulator Model 601（Solar Light Co. Inc., 波長範囲：290〜400 nm, ピーク波長：356 nm）を使用し，その照射強度は多機能計測システムモデルPMA 2100（Solar Light Co. Inc.）を用いて測定する。

③ 被験者の右上腕内側に，照射量の異なる6 dose紫外線を照射し，照射24時間後に各被験者の最小紅斑量（MED, minimal erythema dose）を判定する。

〈紫外線照射による色素沈着形成および製剤塗布〉

④ 色素沈着を作成するために各被験者に対し，それぞれのMEDの1.5倍の線量の紫外線を左上腕内側にサンプル数に応じた箇所（直径8 mm）照射する。

⑤ 試験製剤の塗布は，紫外線照射直後から開始し所定の期間行う。

⑥ 塗布方法は，各紫外線照射部位に，指先に試験試料を適量とり擦り込むように塗布する。このとき，指は試験試料毎に替える。

⑦ 塗布部位は，左腕の肩より肘方向に①，②，③，④，⑤，…とし，試験試料容器に貼付されているラベル番号と同一番号の部位に塗布する。各試験製剤の塗布部位は，被験者ごとに無作為に割り付ける。

〈目視判定〉

⑧ 目視判定は，皮膚科専門医あるいは訓練を受けた熟練判定者が実施する。

⑨ 絶対評価は，紫外線照射部位の色素沈着の程度を，隣接する非照射部位（隣接部位）と比較し，下記の基準にて4段階に分類し，皮膚科専門医あるいは熟練判定者1名が判定する。

　0：正常部位との差異なし
　1：軽度の色素沈着
　2：中度の色素沈着
　3：高度の色素沈着

⑩ 相対評価は，紫外線照部位の色素沈着程度を各対照部位と比較し，下記の基準にて5段階に分類し，判定する。

　1：明らかに白い
　2：白い
　3：同程度
　4：黒い
　5：明らかに黒い

〈写真撮影〉

⑪　デジタルカメラ（EOS60D，キヤノン㈱）を用いて試験部位を標準色票（CasMatch，ベアーメディック㈱）と共に写真撮影した。

〈皮膚色測定〉

⑫　紫外線照射部位および隣接する非照射部位を分光測色計（CR-13，コニカミノルタ㈱）にて測定し，安定した3回の測定値の平均値をもってその部位の皮膚色とする。

⑬　皮膚色のパラメータとしてはL^*（明度）を用いる。照射部位の皮膚色の変化量は，ΔL^*値として下記の式を用いて算出する。

$$\Delta L^*値 = （非照射部位 L^*値） - （照射部位 L^*値）$$

〈統計解析〉

⑭　各試験における試料の有意性は，対応のある t 検定または Wilcoxon 符号付順位和検定などを用いた統計処理法により評価する。

文　献

1) 化粧品・医薬部外品製造販売ガイドブック，薬事日報社，5（2006）
2) 美白機能評価専門委員会，日本香粧品学会誌，**30**，333-337（2006）

第 4 章　ヒトボランティアを用いた実験法

2 ヒト色素沈着改善作用評価

横田真理子

2.1　試験の原理

　美白化粧品は医薬部外品として扱われており，その効能効果として「日やけによるしみ・そばかすを防ぐ」あるいは「メラニンの生成を抑え，しみ，そばかすを防ぐ」(二者択一)[1]という，予防効果のみが認められている。方法については，新規効能取得のための医薬部外品美白機能評価ガイドライン[2]を参考にする。

　ここでは，表在性色素沈着に対する美白機能評価について述べる。

2.2　試薬調製

① 美白成分含有製剤
② プラセボ製剤

2.3　試験操作

① 顔面に直径 5 mm 以上の表在性色素沈着（肝斑，老人性色素斑，雀卵斑，日焼けを含む炎症後の色素沈着，他）を有する被験者とする。ただし太田母斑など深在性色素異常症は除外する。
② 試験製剤の塗布は，適切な使用方法を設定し，指導する。

〈目視判定〉

③ 目視判定は，皮膚科専門医もしくは訓練を受けた熟練判定者が実施する。
④ 使用開始前の色素沈着の程度は，下記の基準にて 5 段階の絶対評価を行う。
　　1：周辺部位と同程度
　　2：1 と 3 の中間

3：やや強い

4：3と5の中間

5：著しく強い

⑤ 所定期間使用後に，試験開始前の写真と評価日の目視による状態を比較して，下記の基準にて5段階に分類し，判定する．

1：悪化

2：不変

3：やや改善

4：改善

5：著明改善

〈写真判定〉

⑥ 所定期間使用後の写真を，使用開始前の写真と比較し，以下の基準にて5段階にて評価する．

1：悪化

2：不変

3：やや改善

4：改善

5：著明改善

〈皮膚色測定〉

⑦ 色素沈着部位および隣接する非照射部位を分光測色計（CR-13，コニカミノルタ㈱）にて測定し，安定した複数回の測定値の平均値をもってその部位の皮膚色とする．

⑧ 皮膚色のパラメータとしてはL^*（明度）を用いる．照射部位の皮膚色の変化量は，ΔL^*値として下記の式を用いて算出する．

ΔL^*値＝（非照射部位L^*値）－（照射部位L^*値）

〈写真撮影およびシミ個数計測〉

⑨ 写真撮影は，VISIA Evolution（Canfield社）を用いて色素沈着部位のある側の半顔画像を標準色票（CasMatch，ベアーメディック㈱）と共に実施する．

⑩ また，撮影画像より，認識可能なシミの個数を算出する．

〈統計解析〉

⑪ 各試験における試料の有意性は，対応のあるt検定またはWilcoxon符号付順位和検定などを用いた統計処理法により評価する．

文　献
1) 化粧品・医薬部外品製造販売ガイドブック，薬事日報社，5（2006）
2) 美白機能評価専門委員会，日本香粧品学会誌，**30**, 333-337（2006）

第4章 ヒトボランティアを用いた実験法

3 角層細胞中のメラニン顆粒染色法

横田真理子

3.1 試験の原理

　色素細胞において産生されたメラニンは，メラノソームとして表皮細胞に輸送され，最終的に表皮のターンオーバーにより剥がれ落ちる。例えば，一部色素細胞のメラニン産生の亢進や表皮細胞へのメラノソーム輸送促進によるシミの形成，あるいはターンオーバー遅延によるくすみなども，メラニンの貯留による皮膚症状である。

　テープストリッピングにより剥離した角層中のメラニンをフォンタナ・マッソン染色により検出し，顕微鏡下で観察を行う。なお，フォンタナ・マッソン染色は，メラニンがフォンタナアンモニア銀溶液と反応することで，銀が還元され銀粒子を析出し，黒色を呈する反応である。

　上腕内側および前腕外側の染色像を図1に示した。露光部である前腕外側でメラニン顆粒が多く認められた。

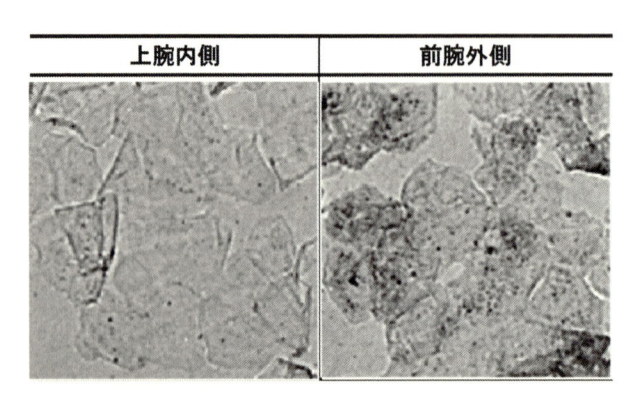

図1　角層のフォンタナ・マッソン染色

3.2 試薬調製

① フォンタナアンモニア銀溶液：武藤化学㈱（東京，日本）
② エタノール：国産化学㈱（東京，日本）
③ キシレン：和光純薬工業㈱（大阪，日本）
④ マリノール：武藤化学㈱（東京，日本）

3.3 試験操作

〈角層採取，転写〉

① 被検部位にセロハンテープ（ニチバン）を貼り，皮膚表面の角層を剥離する。
② テープに塩化ビニル樹脂系接着剤を薄くのばし，スライドガラスに貼付し，その後，十分に乾燥させる。
③ 接着剤乾燥後，スライドガラスをエタノールに10分間浸漬し，角層の脱水を行う。その後，室温にて10分以上乾燥させる。
④ エタノール乾燥後キシレンに一晩浸漬し，スライドガラスからテープを剥離する。
⑤ テープ剥離後，スライドガラスに角層が転写されていることを確認し，乾燥させる。

〈フォンタナ・マッソン染色〉

⑥ 乾燥後，フォンタナアンモニア銀溶液に37℃にて24時間浸漬する。
⑦ 水洗した後，室温にて乾燥させる。
⑧ マリノールを用いて封入後，顕微鏡にて観察を行う。

第Ⅲ編　抗老化実験法

第1章　細胞外マトリックス合成関連実験法

第2章　細胞外マトリックス分解関連実験法

第3章　DNA傷害関連実験法

第4章　ヒトボランティアを用いた実験法

第1章　細胞外マトリックス合成関連実験法

1 ヒドロキシプロリン（Hydroxyproline）による コラーゲン定量

㈱ニコダームリサーチ

1.1　試験の原理

　Hydroxyproline は，コラーゲン蛋白の主要なアミノ酸であり，その他の蛋白質にはほとんど含まれない。このため，皮膚組織あるいは三次元皮膚モデル中のコラーゲン量を半定量的に評価する方法として Ehrlich's 試薬を用いた Hydroxyproline 定量法は簡便である[1]。

　本評価系では，組織切片を NaOH にて加熱分解し，生じた Hydroxyproline を Chloramine T にて酸化したのち，p-dimethylaminobenzaldehyde を加えて呈色し，その吸収度を測定し，Hydroxyproline の検量線より定量する。

1.2　試薬調製

① 　Acetate-citrate 緩衝液（pH 6.5）：Sodium acetate trihydrate 12 g, Cirtric acid 4.6 g, Acetic acid 1.2 mL, Sodium hydroxide 3.4 g を精製水混合溶解し，Sodium hydroxide を用いて pH=6.5 に調整後，最終的に 100 mL とする。

② 　Chloramine T 試薬（56 mM）：Chloramine T 1.28 g に 50％ n-propanol 水溶液 20 mL を添加し，Acetate-citrate 緩衝液（pH 6.5）にて 100 mL とする。

③ 　Ehrlich's Reagent（1 M，用事調製）：p-dimethylaminobenzaldehyde 15 g を n-propanol/perchloric acid＝2：1 v/v 溶液にて 100 mL とする。

1.3　試料調製

① 　測定試料：組織はメスにて皮下脂肪を除去後，3 mm のディスポパンチにて一定面積を打ち抜く。採取した組織は，キャップ付 1.5 mL マイクロチューブに入れて一晩凍結乾燥し測定試

料とする。
② 検量線用 Hydroxyproline 溶液：Hydroxyproline 0.8 mg を精製水 1 mL に溶解する。その後，精製水にて 2 倍希釈し 0，0.2，0.4，0.8 mg/mL hydroxyproline 溶液を調製する（最終濃度 0，0.05，0.1，0.2 mg/mL とする）。

1.4 試験操作

① 測定試料を加えたキャップ付 1.5 mL マイクロチューブに 25 μL 蒸留精製水を添加し，さらに 4 M NaOH を 25 μL 添加する。検量線用 hydroxyproline 溶液（25 μL）には，4 M NaOH を 25 μL のみ添加する。
② 120 ℃にて 20 min 加水分解する。加熱によりキャップが開封する場合があるため，キャップ固定具等にて必ず固定した後，加熱する。
③ Chloramine T Reagent 450 μL を添加し，上下転倒後さらに室温にて 25 min 静置する。
④ Ehrlich's Reagent 500 μL を添加し上下転倒後，65 ℃にて 20 min にて静置する。
⑤ 560 nm の吸収度を測定し，検量線より単位面積当たりの Hydroxyproline 量を算出する。

文 献
1) Reddy GK, Enwemeka CS, A simplified method for the analysis of hydroxyproline in biological tissues., *Clin. Biochem.*, **29**, 225-9（1996）

第1章　細胞外マトリックス合成関連実験法

2 | I 型コラーゲン定量（ELISA）

矢作彰一

2.1　試験の原理

　真皮マトリックス成分の主成分であるコラーゲン線維は，加齢と共に減少し，光老化皮膚ではさらに著しく減少することが知られている[1]。このことは，しわ・たるみの大きな要因のひとつと考えられる[2]。そのため，真皮線維芽細胞においてコラーゲン合成を促進することは，しわ・たるみを防ぎ，老化の防止につながる。コラーゲン合成は Enzyme-Linked Immunosorbent Assay（ELISA）法によって，培地中に放出されたコラーゲンタンパクを定量する方法が主流である。ELISA 法では，正常ヒト線維芽細胞の培養上清に分泌される I 型コラーゲン分子を，培養上清を高吸着型マイクロプレートに固定化した後，抗体法を用いて定量する（図1）。

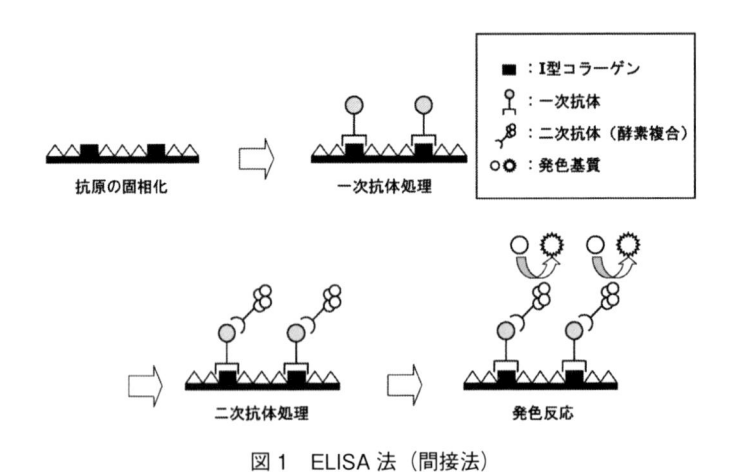

図1　ELISA 法（間接法）

2.2 試薬調製

① Ca^{2+}, Mg^{2+}未含有リン酸緩衝液 (PBS(−))：精製水 1L に対し, NaCl 8.0 g, KCl 0.2 g, Na$_2$HPO$_4$・12H$_2$O 2.9 g および KH$_2$PO$_4$ 0.2 g の割合で混合し, オートクレーブにて滅菌する。

② Tween 20 含有リン酸緩衝液 (PBS-T)：PBS(−) に対して, Tween 20 を終濃度 0.05 % にて混合する。

③ ブロッキング液：PBS(−) に対して, Bovine serum albumin (BSA) を終濃度 1 % にて混合する。

④ 一次抗体溶液：Human collagen type I (Human Placenta) を, 終濃度 0.3 % の BSA を含む PBS(−) にて 8,000 倍に希釈。

⑤ 二次抗体溶液：ヒストファインを, 終濃度 0.3 % の BSA を含む PBS(−) にて 100 倍に希釈。

⑥ 発色液：リン酸クエン酸緩衝液 (100 mM NaH$_2$PO$_4$, pH 4.0) を調製。調製した緩衝液で, 2,2'-Azinobis(3-ethylbenzothiazoline-6-sulfonic acid)diammonium salt (ABTS) を終濃度 0.3 mg/mL に希釈。

⑦ 0.5 % Triton X-100 溶液：PBS(−) に対して, Triton X-100 を終濃度 0.5 % にて添加。

⑧ 高吸着型プレート：Corning (ニューヨーク, アメリカ)

⑨ Tween 20：シグマ (セントルイス, アメリカ)

⑩ Triton X-100：シグマ

⑪ Bovine serum albumin：シグマ

⑫ アスコルビン酸リン酸マグネシウム塩：和光純薬工業㈱ (大阪, 日本)

⑬ Human collagen type I (Human Placenta)：ROCKLAND Immunochemicals (ペンシルバニア, アメリカ)

⑭ ヒストファイン (HRP 標識抗体)：㈱ニチレイバイオサイエンス (東京, 日本)

⑮ 2,2'-Azinobis(3-ethylbenzothiazoline-6-sulfonic acid)diammonium salt (ABTS)：和光純薬工業㈱

⑯ BCA^{TM} Protein Assay kit：Thermo scientific (ウォルサム, アメリカ)

2.3 細胞培養

① 細胞種：正常ヒト線維芽細胞：(倉敷紡績㈱, 大阪, 日本)

② 細胞培養条件：正常ヒト線維芽細胞を, 5 % 仔牛血清含有ダルベッコ変法 MEM (DMEM, シグマ) を用いて 96 穴マイクロプレートに $2.0×10^4$ cells/well の細胞密度にて播種する。播種 24 時間後に所定の濃度の試料を含有した 0.5 %FBS 含有 DMEM と交換し, さらに 24 時間培養して上清を得る。なお, 陽性コントロールとしてアスコルビン酸リン酸マグネシウム塩を用

いることができる。

2.4 試験操作

① 正常ヒト線維芽細胞を播種する。
② 100 μL の培養上清を，高吸着型マイクロプレートに分注する。
③ 同じプレートに対し，検量線用のⅠ型コラーゲン希釈溶液を 100 μL ずつ分注する。
④ このプレートを 37 ℃で 2 時間インキュベーションし，タンパクを吸着させる。
⑤ 200 μL の PBS-T で 3 回洗浄する。
⑥ 200 μL のブロッキング液を添加し，37 ℃で 1 時間インキュベーションする。
⑦ 200 μL の PBS-T で 3 回洗浄する。
⑧ 100 μL の一次抗体溶液を添加し，37 ℃で 1 時間インキュベーションする。
⑨ 200 μL の PBS-T で 3 回洗浄する。
⑩ 100 μL の二次抗体溶液を添加し，37 ℃で 1 時間インキュベーションする。
⑪ 150 μL の発色液を添加し，37 ℃で 30 分インキュベーションする。
⑫ マイクロプレートリーダーにて，O. D. = 405 nm における吸光度を測定する。
⑬ 検量線より，well 当たりのⅠ型コラーゲン量を求める。
⑭ 上記の間に，平行して細胞タンパク量を測定する。細胞に対し，0.5 % Triton X-100 溶液を添加して 30 分間室温で振盪し，細胞破砕液を調製する。
⑮ 細胞破砕液と検量線用の BSA をアッセイ用 96 well プレートに分注する。
⑯ BCA™ Protein Assay kit を用いて，添付のプロトコールに準じてタンパク量を定量する。
⑰ 検量線より，well 当たりのタンパク量を求める。
⑱ Well 当たりのⅠ型コラーゲン量を well 当たりのタンパク量で除して，単位タンパク量当たりのⅠ型コラーゲン量を求める。

文 献

1) Fisher GJ, Kang S, Varani J, Bata-Csorgo Z, Wan Y, Datta S, Voorhees JJ., Mechanisms of photoaging and chronological skin aging., *Arch. Dermatol. Rev.*, **138**, 1462-70（2002）
2) 日本化粧品技術者会，化粧品辞典，pp.476（2003）

第1章　細胞外マトリックス合成関連実験法

3 | Ⅰ型コラーゲン mRNA 発現 RT-PCR

矢作彰一

3.1　試験の原理

　真皮マトリックス成分の主成分であるコラーゲン線維は，加齢と共に減少し，光老化皮膚ではさらに著しく減少することが知られている[1]。このことは，しわ・たるみの大きな要因のひとつと考えられる[2]。そのため，真皮線維芽細胞においてコラーゲン合成を促進することは，しわ・たるみを防ぎ，老化の防止につながる。コラーゲン合成は，Ⅰ型コラーゲン遺伝子の発現量をreverse-transcription polymerase chain reaction（RT-PCR）法を用いて評価することができる。RT-PCR 法によるプロコラーゲン mRNA の発現は，プロコラーゲン mRNA 特異的なプライマーを用いて mRNA を増幅させ，その反応物の量的比較により試験試料の効果を判断する。評価は，① RNA 抽出，② RNA から cDNA への逆転写反応，③ PCR 反応および④ PCR 産物の電気泳動と画像解析，の4つの工程から構成される。電気泳動により PCR 反応物を可視化し，CCD カメラで撮影した画像より，一般的な画像解析ソフトを用いて輝度解析を実施する（図1）。

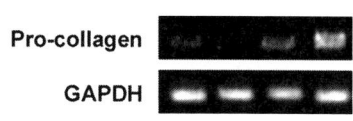

図1　Pro-collagen mRNA の電気泳動写真

3.2　試薬調製

① TAE 緩衝液：40 mM Tris/Tris-acetate および 1 mM EDTA 水溶液。
② 2％アガロースゲル：アガロースを TAE 緩衝液に添加する。電子レンジで加温溶解させる。適宜，電気泳動槽に付属のトレイに分注し，コームを挿入した後，固化させる。
③ TRIzol® reagent：Invitrogen Corporation（カリフォルニア，アメリカ）
④ クロロホルム：和光純薬工業㈱（大阪，日本）
⑤ 2-プロパノール：和光純薬工業㈱

⑥　エタノール：和光純薬工業㈱
⑦　DEPC 水：和光純薬工業㈱
⑧　Super Script First-Strand Synthesis systems for RT-PCR：Invitrogen Corporation
⑨　SYBR Gold：Invitrogen Corporation
⑩　Taq DNA polymerase：Roche（マンハイム，ドイツ）
⑪　Agarose：フナコシ㈱（東京，日本）
⑫　Nucleic Acid Sample Loading Buffer, 5×：Bio-Rad Laboratories, Inc.（カリフォルニア，アメリカ）

3.3　細胞培養

① 細胞種：正常ヒト線維芽細胞（倉敷紡績㈱，大阪，日本）
② 細胞培養条件：正常ヒト線維芽細胞を，5%仔牛血清含有ダルベッコ変法 MEM（DMEM，シグマ，セントルイス，アメリカ）を用いて6穴マイクロプレートに 5.0×10^5 cells/well の細胞密度にて播種する。播種24時間後に所定の濃度の試料を含有した0.5%FBS 含有 DMEM と交換し，さらに所定の時間培養する。

3.4　RT-PCR 条件

遺伝子名		Primers (5') → (3')	Size (b.p.)	Tm (℃)	Cycles
COL1A1	sense	CAACCGGAGGAATTTCCGTG	482	70	30
	anti-sense	CAGCACCAGTAGCACCATCA			
GAPDH	sense	ACCACAGTCCATGCCATCAC	452	60	20
	anti-sense	TCCACCACCCTGTTGCTGTA			

3.5　試験操作

① 細胞を過剰量の PBS(−) にて洗浄する。
② 細胞を 500 μL の TRIzol® reagent にて，ピペッティングしながら，細胞を完全に溶解する。
③ 1.5 mL エッペンチューブに細胞溶解液を移し替える。
④ 200 μL のクロロホルムを添加する。
⑤ 十分に転倒混合する。

⑥　12,000 rpm にて 5 分間遠心分離する。
⑦　200 μL の上清を別のエッペンチューブに採取する。
⑧　400 μL のイソプロパノールを添加する。
⑨　十分に転倒混合する。
⑩　15,000 rpm にて 10 分間遠心分離する。
⑪　沈殿を回収し，75％エタノールを添加する。
⑫　ボルテックスにて十分攪拌する。
⑬　15,000 rpm にて 5 分間遠心分離する。
⑭　沈殿を回収し，30 μL の DEPC 水に溶解させる。
⑮　1 μg の RNA より，Super Script First-Strand Synthesis systems for RT-PCR を用い，添付の手順書に準じて cDNA を調製する。
⑯　10 ng の cDNA を鋳型とし，Taq DNA polymerase を用い，添付のプロトコールに準じて PCR 反応を行う。
⑰　2％アガロースゲルを作成する。
⑱　Nucleic Acid Sample Loading Buffer を混合し，うち 5 μL を電気泳動する。
⑲　電気泳動後，アガロースゲルを SYBR Gold 染色液に浸漬する。
⑳　振とうさせながら，室温で 15 分間染色する。
㉑　染色したアガロースゲルにトランスイルミネーターで紫外線を曝露し，泳動像を CCD カメラにて撮影する。
㉒　適宜，画像解析ソフトにてバンド輝度を測定する。
㉓　プロコラーゲン mRNA 由来のバンド輝度を GAPDH mRNA 由来のバンド輝度で除することにより補正し，試料未処理細胞におけるプロコラーゲン mRNA 発現量に対する試料処理細胞における発現比率にて評価する。

備　考

　遺伝子発現の定量方法として，ここに示した RT-PCR の他に，Realtime RT-PCR 法がある。これは，ポリメラーゼ連鎖反応による DNA の増幅量をリアルタイムでモニタし，増幅産物量と PCR サイクル数を解析し，DNA 初期濃度を算出することを原理としている。

　専用の装置導入が必要であるが，RT-PCR と比べ定量性と迅速性に優れているため汎用されている。遺伝子コピー数の判明しているサンプルから検量線を作成して定量する「絶対定量法」[3]の他に，1 サイクルで 2 倍に増幅する PCR の基礎原理を利用し，基準とするサンプルとのサイクル数の比較で相対的な濃度差を算出する「相対定量法」[3]などの手法があり，目的に応じて解析手法を選択できる。

　リアルタイム PCR のプロトコールは，各メーカーごとに最適化されているため，詳細はメーカー推奨のプロトコールを参照されたい。

第 1 章　細胞外マトリックス合成関連実験法

文　献

1) Fisher GJ, Kang S, Varani J, Bata-Csorgo Z, Wan Y, Datta S, Voorhees JJ., Mechanisms of photoaging and chronological skin aging., *Arch. Dermatol. Rev.*, **138**, 1462-70（2002）
2) 日本化粧品技術者会，化粧品辞典，pp.476（2003）
3) 北条浩彦，原理からよくわかるリアルタイム PCR 実験ガイド，羊土社（2013）

第1章　細胞外マトリックス合成関連実験法

4 ヒト真皮線維芽細胞におけるIV型コラーゲン産生促進を指標とした実験法

天野　聡，小倉有紀

4.1　試験の原理

　IV型コラーゲンはすべての基底膜に存在し，基底膜の骨格を形作っている[1]。皮膚では，表皮・真皮境界部に基底膜が存在し，露光部皮膚において断裂や多重化の傷害を受けている。健康な皮膚を維持するためには常に基底膜を早期に修復することが必要である[2]。基底膜を早期に修復，再構築させるためには，構築に必要な基底膜の構成成分を十分に供給することが重要である[3]。このため，IV型コラーゲン産生促進作用がある植物エキス等は化粧品素材として着目されてきた。ここでは植物エキスの評価の一例として，ブナの芽エキス（GATULINE®，Gattefosse 社）のIV型コラーゲン産生促進作用の確認試験を紹介する。

　薬剤効果の評価は，産生されたタンパク量を定量化し，薬剤の有無での差を指標として行った。定量化はIV型コラーゲンに特異的なサンドイッチ ELISA 法[4]にて行った。IV型コラーゲンの定量キットは複数のメーカーから市販されており，市販のキットを用いても評価は可能である。ここでは，一例として筆者らのオリジナルな方法を紹介するが，同等の方法は市販のIV型コラーゲンタンパク質や特異抗体を用いて構築可能である。自らの評価系を構築すれば，市販キットと比較して，数多くの検体を評価する場合でも低コストでできるため有用である。

　IV型コラーゲンは，表皮の角化細胞と真皮の線維芽細胞によって産生されるが，IV型コラーゲン産生への寄与度は皮膚モデルでの発現で比較すると線維芽細胞の方が高いので，通常は，線維芽細胞を用いて薬剤評価を実施することが妥当と思われる。IV型コラーゲンの産生量やサイトカインへの応答性が評価に用いる線維芽細胞の年齢，採取部位等によって影響を受けるため，常に同じ細胞を用いて評価することがよいと思われる。

4.2 試薬調製

実験に用いた試薬は以下の通りである。

① DMEM-FBS：

Dulbecco's Modified Eagle's Medium（Gibco-BRL，Invitrogen 社）に終濃度10％の牛胎児血清と適量の Antibiotic-Antimycotic（Gibco-BRL，Invitrogen 社）を混合して調製する。

② 細胞層処理緩衝液：

〈組成〉	〈最終濃度〉
pH 7.4　Tris-HCl 緩衝液	10 mM
SDS	0.1 %
NaCl	150 mM
EDTA	2 mM
Noniclet P-40	0.3 %
Triton X-100	0.05 %
Sodium deoxycholate	0.3 %
牛血清アルブミン	0.1 %
PMSF（phenylmethylsulfonyl fluoride）	250 μM
N-EM（N-ethyl maleimide）	1 mM

③ Ⅳ型コラーゲン標準品（C-7521，SIGMA 社）：

0.1 M 酢酸で溶解して，1 mg/mL で保存可能。

④ 固相抗体：JK199[5]（モノクローナル抗体）：

⑤ b-二次抗体：ビオチン化したポリクローナル抗体（MO-S-CLIV，Cosmo Bio 社）：

市販の抗体であり，ビオチン化はビオチン化試薬を用い，試薬に添付されたプロトコールに従って調製。

⑥ アビジン-パーオキシダーゼ（A-2004，Vector Laboratories 社）

⑦ テトラメチルベンジン（TMB）パーオキシダーゼ EIA 基質キット（172-1066，Bio-Rad 社）

⑧ 1/4 ブロックエース PBS：ブロックエース（UK-B25，大日本製薬）を PBS(+)/(-) で 4 倍希釈した緩衝液。

4.3 試験操作

(1) サンプル調整

① 真皮線維芽細胞を 2×10^5 cells/mL になるよう懸濁し，0.5 mL ずつ 24 穴プレートに播種し，DMEM-FBS で培養した。

② 細胞が接着した後に，血清 0.25 %，L-アスコルビン酸 100 μg/mL を含有する DMEM 0.5 mL に置換した．
③ 各種濃度のブナの芽エキス（GATULINE®，Gattefosse 社）を含有する薬剤溶液（終濃度の 100 倍に調整したもの）を 5 μL ずつ添加して 48 時間培養した．
④ 培養上清を 1,500 rpm で 5 分間遠心分離し，上清を新たなチューブに移し，−20℃に保存し，後日 IV 型コラーゲン量を測定した．
⑤ 培養上清回収後のプレートに細胞層処理緩衝液を添加し，凍結（−20℃）後再溶解し，超音波処理して回収して，細胞内および固相に残存した IV 型コラーゲンを回収した．

(2) ELISA

〈固相抗体をコーティングした 96 穴プレートの作製〉

① 固相抗体（抗 IV コラーゲンモノクローナル抗体）を 5 μg/mL に PBS(+)/(−) で調製した．
② 100 μL ずつ 96 well プレートの各 well に入れ，室温で一晩，抗体を結合させた．
③ 抗体液を捨ててペーパータオル上で軽くたたき，液を除去した．
④ PBS(+)/(−) で 1/4 に希釈したブロックエース 300 μL を各 well に入れ，室温で 1 時間以上ブロッキングした．
⑤ 水分を完全に除去したのち，ラップで 1 枚ずつ包み，使用時まで −40℃ で保存した．

〈IV 型コラーゲン測定〉

① 上記の方法で作製した抗体がコーティングされたプレートの各 well に 20 mM の EDTA を含む，1/4 に希釈したブロックエース PBS を 75 μL ずつ入れた．
② 検体または標準品（最終濃度 100 ng/mL を上限に）を 25 μL ずつ添加し，シェーカーでよく混和した．
③ 37℃ で 2 時間反応させた．
④ 0.1 % の Tween を含む PBS(+)/(−) で 3 回洗浄した．
⑤ b-二次抗体（0.4 μg/mL）とアビジン-パーオキシダーゼ（1/10,000 希釈）を含む，1/4 ブロックエース PBS(+)/(−) 100 μL を添加して，37℃ で 1 時間反応させた．
⑥ 0.1 % の Tween を含む PBS(+)/(−) で，3 回洗浄した．
⑦ 発色基質（TMB）を 100 μL 加え，室温で約 30 分反応させた．
⑧ 1 M の硫酸 100 μL で反応を停止させ，プレートリーダーで 450 nm の吸光度を測定した．
⑨ タンパク産生量は，標準品より得られた標準曲線（図 1）から濃度を算出した．
⑩ エキスの真皮線維芽細胞に対する IV 型コラーゲン産生促進効果は，エキスを含まない条件（コントロール）での産生量に対する相対 % をもって示した（図 2）．

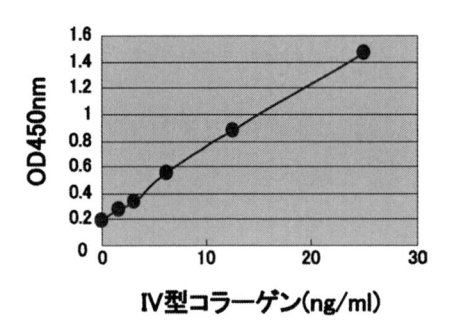

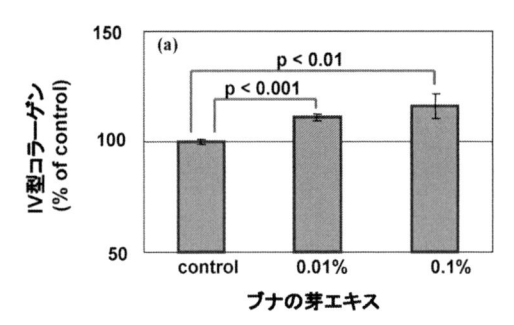

図1 IV型コラーゲンサンドイッチ ELISA 法の標準曲線

図2 ブナの芽エキスのIV型コラーゲン産生促進効果

文 献

1) Timpl R., "Structure and biological activity of basement membrane proteins," *Eur. J. Biochem.*, **180**, 487-502 (1989)
2) Amano S, Matsunaga Y, Akutsu N, Kadoya K, Fukuda M, Horii I, Takamatsu T, Adachi E, Nishiyama T., "Basement membrane damage, a sign of skin early aging, and laminin 5, a key player in basement membrane care", *IFSCC Magazine*, **3**, 15-23 (2000)
3) 小倉有紀, 門谷久仁子, 松永由紀子, 天野 聡, "Basement membrane formation is enhanced by type IV and VII collagen-increasing factor, beech bud extract and an inhibitor of the urokinase-plasmin system, peppermint extract", 日本香粧品学会誌, **29**, 1-8 (2005)
4) Amano S, Akutsu N, Matsunaga Y, Nishiyama T, Champliaud MF, Burgeson RE, Adachi E, "Importance of balance between extracellular matrix synthesis and degradation in basement membrane formation," *Exp. Cell. Res.*, **271**, 249-62 (2001)
5) Kino J, Adachi E, Yoshida T, Nakajima K, Hayashi T, Characterization of a monoclonal antibody against human placenta type IV collagen by immunoelectroblotting, antibody-coupled affinity chromatography, and immunohistochemical localization", *J. Biochem.* (Tokyo), **103**, 829-35 (1988)

第1章　細胞外マトリックス合成関連実験法

5 | 三次元培養皮膚モデルを用いた評価法

小倉有紀，天野　聡

5.1　試験の原理

　皮膚は，表皮，真皮，皮下組織より構成され，内部には毛や汗腺などの皮膚付属器や血管，末梢神経等が存在する複雑な臓器である。三次元培養皮膚モデルは皮膚を構成する最も基本的な要素である表皮ケラチノサイト，真皮線維芽細胞，真皮I型コラーゲンより構成されたシンプルなモデルである。モデルは，付属器は持たないものの，皮膚の基本的な構造と機能は生体の皮膚状態をよく反映することから，皮膚における生体現象を in vitro で解析することが可能となった。

　現在，三次元培養皮膚モデルとして広く用いられているものは，1980年代，マサチューセッツ工科大学のベル教授らにより開発されたもの[1]をベースにしている。その後様々な改変がなされ，現在では皮膚代替物として各種評価に広く使用されている。本稿では，ウシのI型コラーゲン溶液，ヒトの真皮線維芽細胞，ヒトの表皮角化細胞を用いる三次元培養皮膚モデルの作製法と，これを用いた評価法について紹介する。近年では様々な皮膚モデルを購入することが可能であり，細胞毒性試験，代謝試験，経皮吸収試験などに用いられている。一口に皮膚モデルといっても，それぞれの会社によって特徴があるため，皮膚モデルの特徴を踏まえた上で用途に応じて使用することが好ましい。

　紹介する方法で作製した三次元培養皮膚モデルの特徴について簡単に説明する。

(1)　**表皮の特徴**

　表皮層は正常皮膚と同様に，基底層，有棘層，顆粒層，角層が形成されており，非常に生体皮膚に類似した構造体を形成する（図1(a)）。重層化した表皮層は，真皮モデルとする収縮コラーゲンゲルの上に播種した表皮ケラチノサイトで形成される。表皮層のみを空気に曝しながら培養することによって，培養10日目には，水を弾くような角層が観察される（図2）。

第1章　細胞外マトリックス合成関連実験法

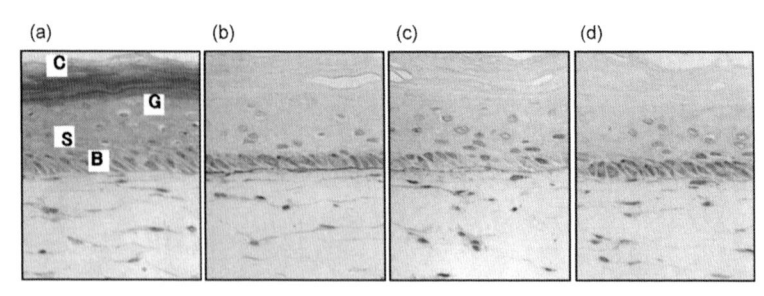

C:角質層　S:有棘層　G:顆粒層　B:基底層

図1　三次元培養皮膚モデルの光学顕微鏡組織像（口絵参照）
(a) hematoxylin-eosin 染色，(b)ラミニン5免疫染色，(c)Ⅳ型コラーゲン免疫染色，(d)Ⅶ型コラーゲン免疫染色

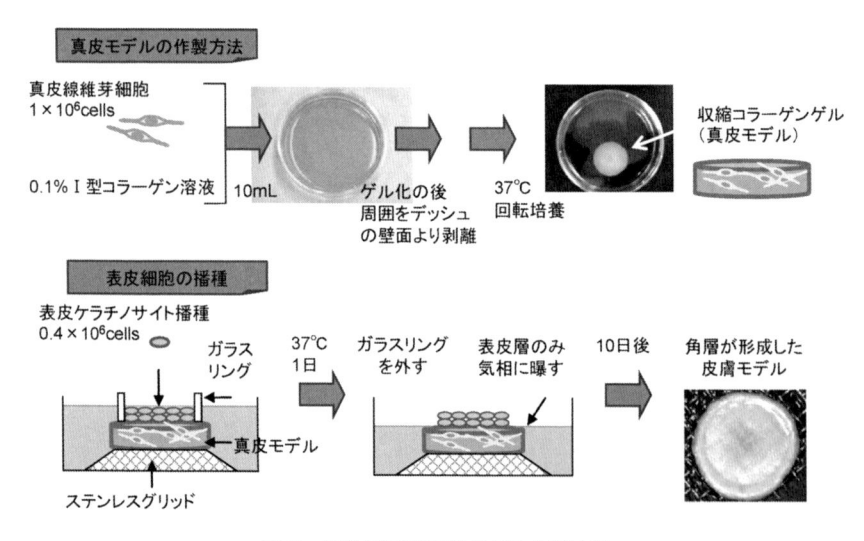

図2　三次元培養皮膚モデル作製方法

(2) 真皮の特徴

　正常皮膚では，細胞外マトリックスのほとんど（乾燥重量当たり70％近く）がⅠ型コラーゲンより構成されており，その中に，細胞外マトリックスを産生する真皮線維芽細胞が存在する。本モデルは，ウシ由来の氷冷Ⅰ型コラーゲン溶液にヒト皮膚より単離した真皮線維芽細胞を混ぜ，中和後，37℃の条件下でゲル化して作製した。Ⅰ型コラーゲンは細い線維状に会合してゲル化し，細胞は細い線維に囲まれた状態になる。この中で細胞は周囲のコラーゲン線維を引っ張り始め，ゲル全体がほぼ均一に収縮する。最終的にコラーゲン線維の密度は，正常真皮の密度に近いところまで濃縮される。収縮したコラーゲンゲル内の線維芽細胞の性質は，真皮内の線維芽細胞に類似しており，単層培養した線維芽細胞と異なり増殖活性は極めて低い状態に維持されている[2]。

(3) 基底膜の特徴

　表皮と真皮の境界面には基底膜と呼ばれる構造体が存在し，表皮と真皮をつなぎ止め，皮膚機能の維持に重要な役割を果たしている。紫外線に曝されている露光部皮膚では，加齢とともに基底膜が多重化，断裂化などの傷害を受けていることが知られている[3]。このような構造異常は，表皮と真皮の機能異常を引き起こし，皮膚老化が促進されると考えられることから，基底膜構造を良好に保つことは，皮膚の健康維持，老化防止にとって重要であると考えられてきた[4,5]。

　本モデルの表皮層と真皮層の境界面にもラミニン5，Ⅳ型コラーゲン，Ⅶ型コラーゲンなどの基底膜成分が光学顕微鏡レベルで確認されている（図1(b), (c), (d)）。しかし電子顕微鏡レベルでは，生体皮膚において見られるような基底膜の微細構造は観察されない。本モデルの基底膜不全の原因の1つは，紫外線などでダメージを受けた皮膚で見られるような基底膜分解酵素による分解であり[6]，また，基底膜の構造形成は基底膜成分の供給と分解のバランスによって制御されることがわかった。このことから本モデルは基底膜ダメージを受けた皮膚のモデルと考えられ，基底膜ケアをターゲットとした抗老化薬剤の開発に応用されてきた。

　本稿では，ブナの芽エキス（GATULINE®, Gattefosse社）を用いた基底膜構造の改善効果の評価例を示す。ブナの芽エキスは「第Ⅲ編第1章4節ヒト真皮線維芽細胞におけるⅣ型コラーゲン産生促進を指標とした実験法」の中に結果を示したように，単層培養した線維芽細胞における基底膜構造成分（Ⅳ型コラーゲン，Ⅶ型コラーゲン）の産生を促進する[7]。そこで，産生された基底膜成分が基底膜の構造形成に関与するか，三次元培養皮膚モデルを用いて検証した。

5.2　試薬調製

　実験に用いた試薬は以下の通りである。

〈収縮コラーゲンゲル用試薬〉

① 　DMEM（培地）：Dulbecco's Modified Eagle's Medium（D-5523 Sigma社）
② 　FBS（牛胎児血清）：fetal bovine serum（SH30071 HyClone社）
③ 　0.3%コラーゲン溶液：I-AC 0.3%, KOKENCELLGEN（IAC-13 Koken社）
④ 　10×PBS溶液：Dulbecco's PBS（−）粉末（05913 Nissui社），10倍濃度で調整
⑤ 　1,000×アスコルビン酸溶液：L-アスコルビン酸リン酸エステルマグネシウム塩水和物（013-12061 Wako社），250 mMで調整

〈表皮角化細胞用試薬〉

① 　KGM（培地）：Epilife-KG2（M-EPI-2150 Kurabo社）

〈皮膚モデル用試薬〉
① 皮膚モデル用培地：10 % FBS DMEM　　　　500 mL
　　　　　　　　　　Epilife-KG2（EGF free）　500 mL
　　　　　　　　　　2M CaCl$_2$·2H$_2$O 溶液　　　450 μL
　　　　　　　　　　1,000×アスコルビン酸溶液　　1 mL
　　　　　　　　　　　　　　　　　　　total　　1 L

5.3　試験操作

(1) 真皮モデル（収縮コラーゲンゲル）

① 線維芽細胞 1.0×10^6 cells 含有 0.1 % コラーゲン溶液を以下の容量で氷冷しながら混合し，10 mL ずつシャーレに分注した。

　　0.3 % コラーゲン溶液　　　33.3 mL
　　10×PBS 溶液　　　　　　　3.7 mL
　　1,000×アスコルビン酸溶液　100 μL
　　10 % FBS DMEM　　　　　　62.9 mL
　　1.0×10^6 cells
　　　　　　　total　　100 mL

② 37 ℃ CO$_2$ インキュベータで中和ゲル化後，ゲルの周囲をデッシュから剥離して回転台で回転培養（30〜50 rpm）させた。

③ 培地交換可能な大きさに縮んだら新鮮な「アスコルビン酸含有 10 %FBS DMEM」に培地交換して，さらに培養を続けた。

(2) 表皮細胞の播種

① 表皮角化細胞（皮膚モデル 1 個当たり 4.0×10^5 cells）を必要量回収して，「皮膚モデル用培地」に懸濁した。

② ステンレスグリット上に収縮コラーゲンゲルをのせ，その上にガラスリングをのせた。ガラスリング内に 4.0×10^5 cells/0.4 mL-「皮膚モデル用培地」を添加した。

③ ガラスリング外にも皮膚モデル用培地を添加した。

④ 1 日後，リングをはずして，表皮層が気相に曝されるよう，培地量を調節した。

⑤ 2〜3 日おきに培地交換した。

(3) ブナの芽エキス（GATULINE® Gattefosse 社）を用いた，基底膜改善効果の評価

① 表皮層を空気に曝して 5 日目より，三次元培養皮膚モデルの培地に，ブナの芽エキス（final

0.1 %）および，溶媒（無菌水）をそれぞれ添加した。薬剤は 100 倍濃度に調整したものを培地に対して 1/100 量添加した。

② 培地交換は 2～3 日毎に行い，その都度，薬剤を添加した。皮膚モデルのサンプリングは角化細胞播種後 15 日目に行った。

③ 組織は 4 ℃の冷アセトンで 2 日間固定して AmeX 法にて組織標本を作製した[8]。

④ 組織染色は，一次抗体として抗ラミニン 5 モノクローナル抗体（BM165）[9]，抗Ⅳ型コラーゲンモノクローナル抗体（JK199）[10]，抗Ⅶ型コラーゲンモノクローナル抗体（NP185）[11]を用いた。ヒストファイ シンプルステイン MAX-PO（M）キット（424131，ニチレイ社）を用い，キットに添付されたプロトコールに従い，3-3'-ジアミノベンジジン（DAB Tablet, WAKO 社）を基質として染色した。一次抗体は MO-S-CLIV，Cosmo-Bio 社等の市販の抗体を用いても可能である。

5.4 結果

無添加対照群（図 3(a), (b)）と比較して，ブナの芽エキス添加群（図 3(d), (e)）では，Ⅳ型コラーゲン，Ⅶ型コラーゲンの表皮真皮接合部での染色性が高まり，連続性のある基底膜が構成されたことが確認できた。また，Ⅳ型コラーゲン，Ⅶ型コラーゲンと同時に，ラミニン 5 の染色性も改善され（図 3(c), (f)），基底膜全体の構造形成が良好になっていることが明らかとなった。

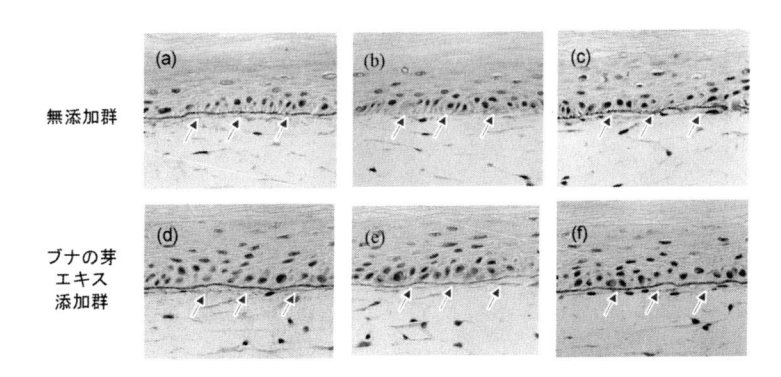

図3　ブナの芽エキス添加による基底膜成分沈着の促進（口絵参照）
(a, d) Ⅳ型コラーゲン免疫染色，(b, e) Ⅶ型コラーゲン免疫染色，(c, f) ラミニン 5 免疫染色

文献

1) Bell E., Ehrlich H.P., Buttle D. J., Nakatsuji T., "Living tissue formed in vitro and accepted as skin-equivalent tissue of full thickness." *Science*, **211**, 1052-1054（1981）
2) Nishiyama T., Tsunenaga M., Nakayama Y., Adachi E., Hayashi T., "Growth rate of human fibroblasts

is repressed by the culture within reconstituted collagen matrix but not by the culture on the matrix." *Matrix*, **9**, 193-99 (1989)

3) Lavker R.M., "Structural alterations in exposed and unexposed aged skin." *J. Invest. Dermatol.*, **73**, 59-66 (1979)

4) Amano S., Matsunaga Y., Akutsu N., Kadoya K., Fukuda M., Horii I., Takamatsu T., Adachi E., Nishiyama T., "Basement membrane damage, a sign of skin early aging, and laminin 5, a key player in basement membrane care." *IFSCC. Mag.*, **3**, 15-23 (2000)

5) 天野 聡, "初期老化の兆候としての表皮基底膜ダメージと基底膜ケアのキー物質としてのラミニン5", 日本化粧品技術者会誌, **35**, 1-7 (2001)

6) Amano S., Akutsu N., Matsunaga Y., Nishiyama T., Champliaud M.F., Burgeson R.E., Adachi E., "Importance of balance between extracellular matrix synthesis and degradation in basement membrane formation." *Exp. Cell. Res.*, **271**, 249-262 (2001)

7) 小倉有紀, 門谷久仁子, 松永由紀子, 天野 聡, "Ⅳ型, Ⅶ型コラーゲン産生促進剤, ブナの芽エキスと, ウロキナーゼ―プラスミン系酵素阻害剤, ペパーミントエキスによる表皮基底膜構造形成の促進", 日本香粧品学会誌, **29**, 1-8 (2005)

8) Sato Y., Mukai K., Watanabe S., Goto M., Shimosato Y., "The AMeX method. A simplified technique of tissue processing and paraffin embedding with improved preservation of antigens for immunostaining." *Am. J. Pathol.*, **125**, 431-435 (1986)

9) Rousselle P., Lunstrum G. P., Keene D. R., Burgeson R. E., "Kalinin: an epithelium-specific basement membrane adhesion molecule that is a component of anchoring filaments." *J. Cell Biol.*, **114**, 567-576 (1991)

10) Kino J., Adachi E., Yoshida T., Nakajima K., Hayashi T., "Characterization of a monoclonal antibody against human placenta type Ⅳ collagen by immunoelectroblotting, antibody-coupled affinity chromatography, and immunohistochemical localization." *J. Biochem.*, **103**, 829-835 (1988)

11) Sakai L. Y., Keene D. R., Morris N. P., Burgeson R. E., "Type Ⅶ collagen is a major structural component of anchoring fibrils." *J. Cell Biol.*, **103**, 1577-1586 (1986)

第1章　細胞外マトリックス合成関連実験法

6 ヒアルロン酸合成評価法

佐用哲也

6.1 試験の原理

ヒアルロン酸（HA）の定量法は，酵素分解物の4,6糖解析（HPLC）[1]が高感度であるが，本稿では hyaluronan binding protein（HABP）を用いたより簡便な定量法を紹介する。HABP はアグリカンの HA 結合ドメインと，その結合を安定化するリンクプロテインからなる。HABP やビオチン標識された HABP はすでに市販されており，定量のみならず組織染色にも利用することができる。しかしながら HA との結合には分子量依存性があり，分子量数万以下の HA 定量には注意が必要である。

HABP を用いた HA 定量法には阻害法[2]とサンドイッチ法[3,4]が知られるが，我々は後者の評価法を採用している。サンドイッチアッセイ法の原理を図1に示した。まず，マイクロタイタープレートに固相化した HABP にサンプル中の HA を結合させた後，ペルオキシダーゼ（HRP）標識した HABP を反応させてサンドイッチを形成させる。次に HRP の基質である 3,3',5,5'-Tetramethylbenzidine（TMB）による呈色によりサンプル中の HA 濃度を測定する。

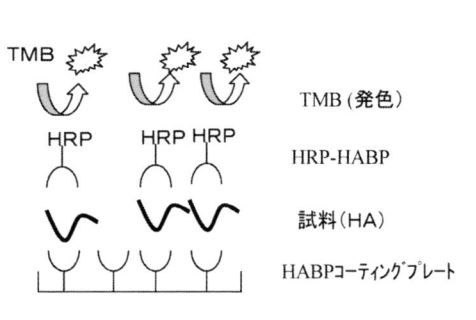

図1　HA 定量法の原理

6.2 試薬調製

① コーティング用緩衝液：0.1 M carbonate 緩衝液（pH 9.6）
② HA 標準溶液：HA sodium salt（Sigma）を PBS にて溶解し，HA 濃度が 50, 100, 200, 500, 800 ng/ml となるように希釈系列を作製する。

③ アッセイ用緩衝液：0.5 M NaCl, 0.02 % Tween-20 および 1 %BSA を含む PBS 溶液。
④ HRP-HABP 溶液：HABP（生化学工業）を EZ-Link Maleimid Activated Horseradish Peroxidase kit（PIERCE）を用いて標識化。アッセイに使用する際の希釈率は，作製ロット毎に標準曲線を用いて最適化する必要がある。
⑤ 洗浄液：0.05 % Tween-20 を含む 1.5 M NaCl 水溶液
⑥ 基質溶液：TMB 溶液（WAKO）
⑦ 反応停止液：0.2 M H_2SO_4 水溶液

6.3　細胞培養

① 細胞種：正常ヒト表皮細胞（Kurabo）および正常ヒト皮膚線維芽細胞（Kurabo）
② 細胞培養条件：表皮細胞は，MCDB153 培地（0.1 mM Ca^{2+}）を用いて 24-well プレートに播種し，コンフルエントに達するまで培養。試験素材を添加し，12～48 時間後の培養上清を評価に供する。線維芽細胞は 10 %FBS 含有 MEM 培地を用いて 24-well プレートに播種する。コンフルエントに達した細胞に FBS 不含有培地を用いて試験素材を添加し，12～48 時間後の培養上清を評価サンプルとする。

6.4　試験操作

(1) **HABP コーティングプレートの作製**
① HABP をコーティング用緩衝液で溶解し（5 μg/ml），96-well カルボプレート（住友ベークライト）にアプライする（100 μl/well）。
② 4 ℃にて一昼夜静置。
③ プレートを 0.05 % Tween-20 で 2 回洗浄後，5 %BSA 溶液にてブロッキング。
④ 室温にて 3 時間静置。
⑤ プレートを 0.05 % Tween-20 で 2 回洗浄後，風乾する。作製した HABP コーティングプレートは，使用するまでシーリングして 4 ℃で保存する。

(2) **HA 量の測定法**
① HA 標準溶液および評価サンプルをアッセイ用緩衝液にて 10 倍希釈する。
② 希釈した標準サンプルおよび評価サンプルを HABP コーティングプレートにアプライする（100 μl/well）。
③ 室温にて 2 時間静置。
④ 洗浄液にて 4 回洗浄。

⑤ HRP-HABP 溶液を添加する（100 μl/well）。
⑥ 室温にて30分静置。
⑦ 洗浄液にて4回洗浄。
⑧ 基質溶液（100 μl/well）を添加する。
⑨ 室温，暗所にて30分静置。
⑩ 反応停止液（100 μl/well）を添加する。
⑪ プレートリーダーにて450 nm の吸光度を測定する。
⑫ 本アッセイの標準曲線を図2に示した。感度はブランクの吸光度と500 ng/ml HA を用いた吸光度の差が約1.0，測定範囲はHA濃度として10～800 ng/ml である。吸光度データを二次関数にフィッティングすることにより評価サンプル中のHA濃度を算出する。

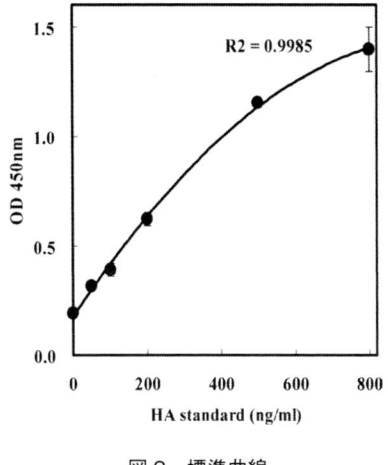

図2 標準曲線

文 献

1) Sakai S *et al., J. Invest. Dermatol.*, **114**, 1184 (2000)
2) Maeda H *et al., Biosci. Biotechnol. Biochem.*, **63** (5), 892 (1999)
3) 近藤孝司ほか，臨床病理，**36** (5), 536 (1991)
4) Martins JRM *et al., Anal Biochem.*, **319**, 65 (2003)

第1章 細胞外マトリックス合成関連実験法

7 | コラーゲンゲルの作製とゲル収縮活性測定法

坏　信子

7.1　試験の原理

　皮膚の真皮中の約70％以上はコラーゲン線維で占められており，コラーゲン線維の状態やコラーゲン線維と線維芽細胞の相互作用が，皮膚の弾力性やハリに影響を及ぼしていると考えられる。Ⅰ型コラーゲン線維中にて線維芽細胞を培養すると細胞はコラーゲン線維を引っ張り引き締め，弾力のある真皮類似構造を構築する。この現象をコラーゲンゲル収縮と呼んでいる。その結果，収縮ゲル内のコラーゲン線維の密度は，結合組織のそれに匹敵するほど高密度となり，再構築されたコラーゲン線維の立体構造の中で細胞は形態を大きく変え[1,2]，増殖抑制され[3〜5]，さらに酵素発現や膜透過性が真皮の状態に類似してくることが報告されている。この収縮ゲルにサイトカラシンDのような細胞骨格タンパク質アクチンの脱重合剤を加える，あるいは細胞とコラーゲンの結合点であるインテグリンに対する抗体を加えると，引っ張り引き締められていた収縮コラーゲンゲルはたるんでしまう。このことから線維芽細胞は真皮中でアクチンなどの細胞骨格タンパク質を介してコラーゲン線維を常に引っ張り引き締めること，また引っ張られたコラーゲン状態がハリに重要であることが考えられる。よって，コラーゲンゲル収縮活性を指標として，コラーゲン線維と線維芽細胞の相互作用の強さを調べたり，細胞がコラーゲン線維を引っ張る力を増強することにより，ハリの向上＝タルミの防御効果が期待できる薬剤の評価ができると考えられる。

7.2　試薬調製

〈試薬〉

① コラーゲン：ペプシン処理Ⅰ型コラーゲン（Collagen I-PC, 3 mg/ml, ㈱高研：日本, 東京），あるいは，酸可溶性Ⅰ型コラーゲン（Collgen I-AC, 3 mg/ml, ㈱高研）

② ダルベッコ変法イーグル培地：DMEM，日水製薬㈱（日本，東京）
③ ウシ胎児血清：FBS，General Scinectific Laboratories（USA，Utah）
④ ペニシリン：万有製薬㈱（日本，東京）
⑤ ストレプトマイシン：明治製菓㈱（日本，東京）
⑥ トリプシン：Difco Laboratories（USA，MD）
⑦ エチレンジアミン四酢酸二ナトリウム：EDTA，ナカライテスク㈱（日本，京都市）

〈溶液の作製〉

① DMEM 培地：10.0 g DMEM，3.7 g $NaHCO_3$，50,000 units ペニシリン，50 mg ストレプトマイシン／精製水 1,000 ml
② 3×DMEM 培地：DMEM 培地の 3 倍濃度
③ 0.2 M リン酸緩衝液（PBS）：5.41 g KH_2PO_4，22.72 g Na_2HPO_4，80.06 g NaCl／精製水 1,000 ml
  ＊NaOH で pH 7.4 に調整する。
④ トリプシン-EDTA 溶液：0.5 g トリプシン，0.2 g EDTA，100 ml 0.2 M PBS／精製水 1,000 ml
  ＊EDTA は少量の精製水に溶解した後で混合する。
⑤ A 溶液（最終コラーゲン濃度：1 mg/ml，最終細胞数：1×10^5 細胞数/ml）：
  2.0 ml コラーゲン＋1.0 ml 3×DMEM＋0.33 ml FBS＋1.67 ml 10%FBS-DMEM＋1.0 ml 細胞懸濁液（6×10^5 細胞数，10%FBS-DMEM 溶液）
  ＊コラーゲン溶液を DMEM 培地に調製するために 3×DMEM 培地を加える。また，10%FBS-DMEM 溶液になるように FBS を加える。

7.3 細胞懸濁液調製法

① ヒト皮膚より explatn 法により得た線維芽細胞を初代培養細胞とし，継代して用いる（市販細胞も使用可能）。
② 25 cm^2 T-フラスコ（FALCON，USA，NJ）に植えつけた線維芽細胞がサブコンフルエント状態に達したら培地を吸引除去する。
③ トリプシン-EDTA 溶液 1 ml を加え，37℃で 2〜5 分間インキュベートする。
④ フラスコ面から細胞が剥離したことを確認後，10%FBS-DMEM 9 ml を加えてトリプシンの働きを止め，1×10^3 rpm で 5 分間遠心する。
⑤ 遠心上清を除去後，6×10^5 細胞数/ml になるように 10%FBS-DMEM を加え，懸濁する。

7.4 試験操作（図1）

① 氷上で A 溶液を作製し，十分混合する。

第1章 細胞外マトリックス合成関連実験法

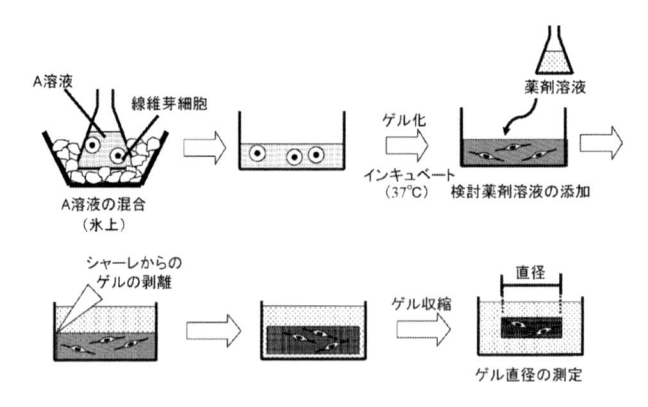

図1 コラーゲンゲルの作製とゲル収縮活性測定法

＊3×DMEM, FBS, 10%FBS-DMEM を混合した後で、コラーゲン溶液を加え、ピペッティング操作にて穏やかに混合する。最後に細胞懸濁液を加えて混合する。この際、溶液が泡立たないように注意する。

② 12穴シャーレ（Corning Incorporated, USA, NY）にA溶液1mlを加え、37℃で60分間インキュベートする（ゲル化）。

＊ゆっくりゲル化をすると細胞が沈降してしまうので、シャーレにコラーゲン溶液を加えたらすぐに37℃でインキュベートする。

③ ゲル化後、コラーゲンゲル上に検討薬剤（検討濃度の2倍濃度）を含有した10%FBS-DMEM 溶液1mlを加える。その後、滅菌ピペットの先端でシャーレ壁面からコラーゲンゲルをはがす。

＊ゲルが破れないように注意する。

④ シャーレを振とう機で軽く振とうしながら培養する。2日ごとに培地を交換する。経時的にコラーゲンゲルの直径を測定後、ゲルの面積を求める。

＊シャーレ内のコラーゲンゲルが軽く動く程度に振とうする。シャーレ内の培地があふれないように注意する。

文 献

1) Nishiyama, T., Tominaga, N., Nakajima, K. and Hayashi, T. *Coll. Relat. Res.* 8 : 259-273, 1988.
2) Nishiyama, T., Tsunenaga, M., Akutsu, N., Horii, I., Nakayama, Y., Adachi, E., Yamato, M. and Hayashi, T. *Matrix* 13 : 447-455, 1993.
3) Nishiyama, T., Tsunenaga, M., Nakayama, Y., Adachi, E. and Hayashi, T. *Matrix* 9 : 193-199, 1989.
4) Nishiyama, T., Horii, I., Nakayama, Y., Ozawa, T. and Hayashi, T. *Matrix* 10 : 412-419, 1990.
5) Nishiyama, T., Akutsu, N., Horii, I., Nakayama, Y., Ozawa, T. and Hayashi, T. *Matrix* 11 : 71-75, 1991.

第2章 細胞外マトリックス分解関連実験法

1 各刺激による線維芽細胞の誘導MMP-1（UVA, サイトカイン）：FITC-ラベルコラーゲンを用いたMMP-1活性測定

㈱ニコダームリサーチ

1.1 試験の原理

　コラゲナーゼ（MMP-1）は，活性中心にZn^{2+}を有するCa^{2+}依存性エンドペプチダーゼ酵素群であり，細胞マトリックス成分をそれぞれ特異的に分解する。コラゲナーゼの発現は，様々なサイトカイン，成長因子，細胞─マトリックス相互作用の変化などの刺激により亢進することが知られている。MMP-1は紫外線の曝露やサイトカイン等による刺激により細胞から不活化型として分泌され，その後他のMMPやプラスミンなどのプロテアーゼにより活性化される。MMP-1活性抑制作用の評価は，基質としてイソチオシアネート（FITC）標識Ⅰ型コラーゲン[1,2]を用い，酵素源としては正常ヒト線維芽細胞の培養上清を用いることによって可能となる。しかし，通常の培養条件での正常ヒト線維芽細胞の培養上清には，MMP-1分泌量は少なく，また分泌されても培地中ではその大部分が不活性型として存在していることから酵素源として用いることはできない。そこで，正常ヒト線維芽細胞の培養上清を酵素源として用いるためには，MMP-1合成，分泌を促進するためにサイトカイン刺激あるいはUVA照射を行い，トリプシン処理により修飾ペプチドを切断しMMP-1を活性型へ変換させる必要がある。

1.2 試薬調製

① 0.05 mg/mL trypsin 溶液：10 mg trypsin（sigma）を200 mL 0.1 M Tris-HCl buffer（pH 7.5, 0.4 M NaCl, 0.01 M $CaCl_2$, 0.04 % NaN_3 含有）にて溶解する。

② 0.25 mg/mL trypsin inhibitor 溶液：25 mg soybean trypsin inhibitor（sigma）を100 mL 0.1 M Tris-HCl buffer（pH 7.5, 0.4 M NaCl, 0.01 M $CaCl_2$, 0.04 % NaN_3 含有）にて溶解する。

③ 0.25 mg/mL Ⅰ型コラーゲン溶液：1 mg/mL collagen（FITCタイプⅠ型コラーゲン，コラーゲン技術研究会）を0.1 M Tris-HCl（pH 7.5, 0.4 M NaCl, 0.01 M $CaCl_2$, 0.04 % NaN_3 含有）

にて4倍希釈する。
④ 抽出液：冷凍保存した99.5% EtOHと0.17 M Tris-HCl（pH 9.5, 0.67 M NaCl含有）を7：3にて用事調製する。

1.3 細胞培養

① 細胞種：正常ヒト線維芽細胞（クラボウ）
② 培地：Doulbecco's modified Eagle's Medium（DMEM）

1.4 試験操作

(1) サイトカインによるMMP-1合成誘導

① 正常ヒト線維芽細胞を5%牛胎児血清含有DMEMを用いて60 mm φ dishにほぼコンフルエントになるように播種する。
② 37℃，5% CO_2 インキュベーターにて24時間培養する。
③ Phosphate buffer saline（Ca^{2+}，Mg^{2+} free，PBS(−)）にて1回洗浄する。
④ 100 ng/ml Interleukin-1α（IL-1α, R&D Systems）および100 ng/ml Epidermal growth factor（EGF, Austral Biologicals）を含有したDMEM 2 mLと交換する。
⑤ 37℃，5% CO_2 インキュベーターにて48時間培養する。
⑥ 培養上清を回収し，これを酵素源とする。

(2) UVA曝露によるMMP-1合成誘導

① 正常ヒト線維芽細胞を5% FBS含有DMEMを用いて60 mm φ dishにほぼコンフルエントになるように播種する。
② 37℃，5% CO_2 インキュベーターにて24時間培養する。
③ Phosphate buffer saline（Ca^{2+}，Mg^{2+} free，PBS(−)）にて1回洗浄する。
④ 2 mL Ca^{2+}，Mg^{2+}含有ハンクス緩衝液（HBSS(+)）に交換しUVA（東芝FL-20S BLB）を10 J/cm^{2}から15 J/cm^{2}のエネルギーを照射する。

注）エネルギー量は照度計により異なり，またランプの照射強度はランプ使用経過等により，照射必要量は細胞の状態により変化するため，随時調整する必要がある。

⑤ 照射後，培地を2 mL 0.1%アルブミン含有DMEMに交換する。
⑥ 24時間後に培養上清を回収し，これを酵素源とする。

(3) MMP-1 活性測定

① V-bottom 96 well plate に 0.08 mL 培養上清および 0.05 mg/mL trypsin 溶液（0.01 mL）を添加し，37℃にて反応させ MMP-1 を活性化する。なお，同時に 0.1％ アルブミン含有 DMEM のみ（B），および市販の MMP-1（Worthington）20 unit/mL を溶解した 0.1％ アルブミン含有 DMEM（E）も設定する。

② 15 分間後，0.25 mg/mL trypsin inhibitor 溶液（0.01 mL）を添加し trypsin を失活させ，これを酵素液とする。

③ 酵素液に，0.5 mg/mL Ⅰ型コラーゲン溶液（0.025 mL）および各濃度の試験試料（0.025 mL）を添加する。

④ 37℃にて 2 時間酵素反応させる。

⑤ 40 mM *o*-phenantrorin 含有 50％ エタノール溶液（0.005 mL）を添加し反応を停止する。

⑥ 30 分間 37℃にて分解されたコラーゲンを変性させる。

⑦ 抽出液を 0.1 mL 添加・攪拌後，2,000 rpm にて 15 分間遠心する。

⑧ 上清 0.08 mL を黒色プレートに採取し，蛍光光度（Ex 495 nm，Em 520 nm）測定する。

⑨ MMP-1 酵素活性は 1 分間に 1 μg のコラーゲンを分解する酵素活性を 1 unit として定義し，（B）および（E）の蛍光強度から作成した検量線を用いて算出する。計算式を以下に示す。

$$\text{MMP-1 (unit/ml)} = ((FI_S - FI_B) \times \text{Sub}) / ((FI_E - FI_B) \times RT \times V)$$

FI_S：試料添加反応後の蛍光強度
FI_B：酵素液無添加反応後の蛍光強度
FI_E：市販 MMP-1 添加反応後の蛍光強度
Sub：反応系に添加した基質量（12.5 μg/well）
RT：試料，基質添加後の反応時間（120 分）
V ：反応系に添加した酵素液容量（0.08 mL/well）

文 献

1) 永井 裕ほか，炎症，**4**，123（1984）
2) 永井 裕ほか，炎症，**4**，247（1984）

第2章 細胞外マトリックス分解関連実験法

2 各刺激による線維芽細胞の誘導 MMP-1：ウエスタンブロット法を用いた MMP-1 の分析

㈱ニコダームリサーチ

2.1 試験の原理

コラゲナーゼ（MMP-1）は，活性中心に Zn^{2+} を有する Ca^{2+} 依存性エンドペプチダーゼ酵素群であり，細胞マトリックス成分をそれぞれ特異的に分解する。

MMP-1 は紫外線の曝露やサイトカイン等による刺激により細胞から不活化型として分泌され，その後他の MMP やプラスミンなどのプロテアーゼにより活性化され，コラーゲン分子を分解する。Western blotting 法では，タンパク質の分子量の相違により不活化型と活性型に分類することができる。

2.2 試薬調製

① 一次抗体：Anti human MMP-1 purified IgG（R&D systems）
② 二次抗体：Anti goat IgG-HRP（R&D systems）
③ Standard：Recombinant Human MMP-1（R&D systems）
④ TBS-T buffer：5 ml の 1 M Tris-HCl，18.75 ml の 4 M NaCl，0.25 ml の Tween20 を精製水にて総量 500 mL とする。
⑤ 6×SDS バッファー：3 mL の 2-mercaptoethanol，5 mL の Glycerine，1.5 mL の 2.5 M Tris-HCL（pH 6.8），1.2 g の Sodium dodecyl sulphate，0.03 g の Bromophenol blue を精製水にて 10 mL に総量 10 mL とする。

2.3 細胞培養

① 細胞種：正常ヒト線維芽細胞（クラボウ）
② 培地：Doulbecco's modified Eagle's Medium（DMEM）

2.4 試験操作

① 正常ヒト線維芽細胞を5％FBS含有DMEMを用いて48 well plateにほぼコンフルエント（1.0×10^5 cells/well）になるように播種する。
② 37℃，5％CO_2インキュベーターにて24時間培養する。
③ Phosphate buffer saline（Ca^{2+}，Mg^{2+} free，PBS(−)）0.4 mLにて1回洗浄する。
④ Ca^{2+}，Mg^{2+}含有ハンクス緩衝液（HBSS(+)）(0.4 mL)に交換し，10 J/cm^{2}から15 J/cm^{2}のエネルギーのUVA（東芝FL-20S BLB）を照射する。

注）エネルギー量は照度計により異なり，またランプの照射強度はランプ使用経過等により，照射必要量は細胞のLot等により変化するため，随時調整する必要がある。

⑤ 照射後，培地を0.1％アルブミン含有DMEM 0.1 mLに交換する。
⑥ 24時間後に培養上清を回収する。
⑦ 細胞をPBS（−）にて洗浄したのち，0.5％Triton X-100溶液0.2 mLにて細胞を溶解し，BCA試薬の定法によりタンパク量を定量する。
⑧ 採取した培養上清を，手順⑦にて測定した細胞タンパク量を用いて0.5 mgタンパク/mLにDMEMを用いて調製する。
⑨ 調製した培養上清10 μLに6×SDSサンプルバッファー（Invitrogen社製）2 μLを添加し，100℃にて5分間加熱する。
⑩ 冷却後，変性した細胞上清全量を12％アクリルアミドゲルにSDS-PAGEの定法に従って泳動し，イミュンブロットPVDFメンブレン（Bio-Rad）にブロットする。
⑪ 転写が終了したメンブレンを1％BSA含有TBS-Tに浸してオーバーナイトで，フィルターのブロッキングを行う。
⑫ ブロッキング終了後，一次抗体としてAnti human MMP-1 purified IgG（R&D systems），二次抗体としてAnti goat IgG-HRP（R&D systems）を用い，ECL Western Blotting Detection System（Amersham）にてMMP-1（不活性型約55-57 kDa，活性型約42-45 kDa）のバンドの検出を行う。

第2章　細胞外マトリックス分解関連実験法

3 MMP-1,2,9 の mRNA 発現

山下由貴

3.1 試験の原理

タンパク質は遺伝情報の本体である DNA から mRNA を経て合成される。逆転写酵素-ポリメラーゼ連鎖反応（reverse-transcription polymerase chain reaction（RT-PCR））は，mRNA の発現量からタンパク質量を半定量的に評価する方法として幅広く用いられている手法である。コラーゲンの分解に関与する MMP-1, MMP-2, MMP-9 の発現も RT-PCR 法を用いて評価することができる[1]。また，近年は遺伝子の発現をより定量的に評価する方法として，リアルタイム PCR がよく用いられているが，その場合，RNA, cDNA 調製後，あるいは調製時の段階よりそれぞれの解析機器に準じた試料処理を行う。

3.2 試薬調製

① TRIzol® reagent（Invitrogen, Cat. No. 15596-026）
② Deoxyribonuclease I Amp grade（Invitrogen, Cat. No. 18068-015）
③ DEPC 水
④ 25 mM EDTA 溶液
⑤ Superscript™ First-strand（Invitrogen, Cat. No. 12371-019）

3.3 細胞培養

① 細胞種：正常ヒト線維芽細胞
② 細胞培養条件：φ35 mm dish に細胞数が 5.0×10^5 cells/well となるよう播種する。

3.4 RT-PCR 条件[2]

遺伝子名		Primers (5') → (3')	Size (b.p.)	Tm (℃)	Cycles
MMP-1	sense	CGACTCTAGAAACACAAGAGCAAGA	786	58	20
	anti-sense	AAGGTTAGCTTACTGTCACACGCTT			
MMP-2	sense	GTGCTGAAGGACACACTAAAGAAGA	605	58	30
	anti-sense	TTGCCATCCTTCTCAAAGTTGTAGG			
MMP-9	sense	GCAATGCTGATGGGAAACCC	729	55	30
	anti-sense	CACAGTAGTGGCCGTAGAAG			
GAPDH	sense	ACCACAGTCCATGCCATCAC	452	60	25
	anti-sense	TCCACCACCCTGTTGCTGTA			

3.5 試験操作

(1) total RNA の抽出

① 播種後 24 時間培養したヒト線維芽細胞に対し，所定濃度の試験試料を溶解した培地などで試料処理を行い，さらに 24 時間培養する。

② 培養上清を捨て，2 mL PBS(−) で 2 回洗浄する。

③ TRIzol 試薬 1 mL を加えてピペッティングを行い，室温にて 5 分間静置した後にエッペンドルフチューブに移し，クロロホルム 400 μL を加えて激しく混和する。

④ さらに 2～3 分静置後，12,000 rpm，4 ℃で 15 分間遠心する。

⑤ 上清 300 μL を 500 μL イソプロパノールを入れたチューブに加えて転倒混和した後，10 分間静置し，12,000 rpm，4 ℃で 10 分間遠心する。

⑥ 上清を除き，1 mL エタノールで洗浄し，7,500 rpm，4 ℃にて 5 分間遠心する。

⑦ 沈殿を乾燥する。

⑧ 沈殿に DEPC 水 26.5 μL，DNase 0.5 μL，10×buffer 3 μL を加え，室温にて 15 分静置した後に 25 mM EDTA 1 μL を加えて 65 ℃で 10 分間加温する。これを 50 倍希釈して 260 nm の吸光度を測定して total RNA 量を計算する。

$$\text{total RNA 量 (ng/μL)} = \text{OD}_{260\,nm} \times 40 \times 50$$

(2) cDNA の作製

① total RNA 1 μg に対し，10 mM dNTPs 1 μL，Oligo (dT) 0.5 μL を添加し，DEPC water にて総量を 10 μL に調整した後，65 ℃で 5 分間加熱する。

② 冷却後，10×RT buffer 2 μL，25 mM MgCl$_2$ 4 μL，0.1 M DTT 2 μL，RNase OUT 0.5 μL，SuperscriptⅡ RT 0.5 μL を加え，42 ℃にて 50 分加熱した後，70 ℃にてさらに 15 分間加熱する。

③ RNase H 0.5 μL を加え，37℃にて20分加温し，cDNA 溶液を得る。

(3) PCR 反応

以下の組成にて PCR 用の反応液を調製し，各プライマーの反応条件に合わせて PCR 反応を行う。

cDNA	50 ng 相当
×10 buffer	5 μL
10 mM dNTPs	1 μL
10 pM Primer (F)	2.5 μL
10 pM Primer (R)	2.5 μL
Taq polymerase	0.5 μL
DEPC 水	
総量	50 μL

文　献

1) Onisto *et al.*, *Diagn. Mol. Pathol.*, **2** (2), 74-80 (1993)
2) Nusgens *et al.*, *J. Invest. Dermatol.*, **116**, 853-859 (2001)

第2章 細胞外マトリックス分解関連実験法

4 好中球エラスターゼ活性抑制作用の測定方法

京谷大毅

4.1 試験の原理

　好中球エラスターゼの酵素活性は合成基質 N-メトキシスクシニル-L-アラニル-L-アラニル-L-プロリル-L-バリル 4-メチルクマリル-7-アミド（Suc(OMe)-Ala-Ala-Pro-Val-MCA）から，酵素反応により遊離する 7-アミノ-4-メチルクマリンの蛍光強度を測定することにより評価する[1]。図1にフローチャートを示す。

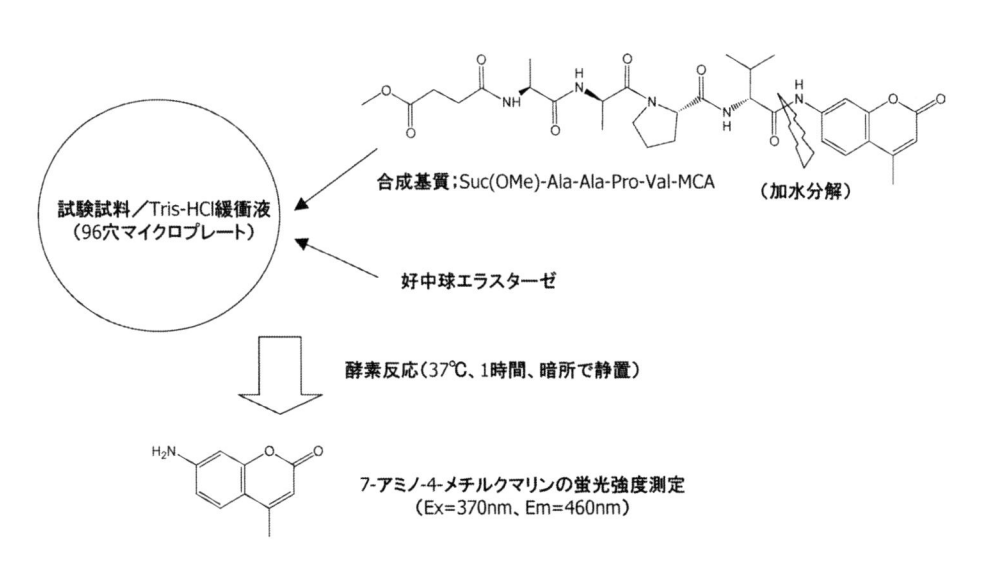

図1　好中球エラスターゼ活性抑制作用の測定方法

4.2 試薬調製

① 0.2 M トリス塩酸緩衝液：1 M 塩化ナトリウム含有，pH 8.5
② 基質溶液：Suc(OMe)-Ala-Ala-Pro-Val-MCA（ペプチド研究所）をジメチルスルホキシドにて 1 mM の濃度とする。
③ 酵素液：好中球エラスターゼ（Elastase from human leukocytes, Sigma-Aldrich）を 0.1 %（wt/vol）Briji35（Sigma-Aldrich）水溶液にて 1 mg/mL の濃度とする。

4.3 試験操作

① 酵素反応を行う 96 穴マイクロプレートを用意する。
② 試験試料を上記プレートに 50 μL 添加する。
③ 基質溶液を 0.2 M トリス塩酸緩衝液で 10 倍希釈し，上記プレートに 50 μL 添加する。
④ 酵素液を 0.2 M トリス塩酸緩衝液で 500 倍希釈し，上記プレートに 100 μL 添加する。
⑤ プレートを 37 ℃，暗所にて 1 時間インキュベートする。
⑥ マイクロプレートリーダー（SPECTRA MAX GEMINI，日本モレキュラーデバイス）を用いて，蛍光強度（Ex = 360 nm，Em = 460 nm）を測定する。
⑦ 試験試料非存在下（緩衝液のみ）の蛍光強度の値を C，試験試料存在下の蛍光強度の値を S とし，次式から試験試料による好中球エラスターゼ活性抑制率を算出する。

$$好中球エラスターゼ活性抑制率（\%）= (1 - (S/C)) \times 100$$

文　献
1) 本好捷宏ほか，粧技誌，**31**，190（1997）

第2章 細胞外マトリックス分解関連実験法

5 線維芽細胞由来エラスターゼ活性抑制作用の測定方法

京谷大毅

5.1 試験の原理

　線維芽細胞由来エラスターゼの酵素活性は合成基質スクシニル-L-アラニル-L-アラニル-L-アラニン p-ニトロアニリド（Suc-Ala-Ala-Ala-pNA）から，酵素反応により遊離する p-ニトロアニリンの吸光度を測定することにより評価する[1]。図1にフローチャートを示す。

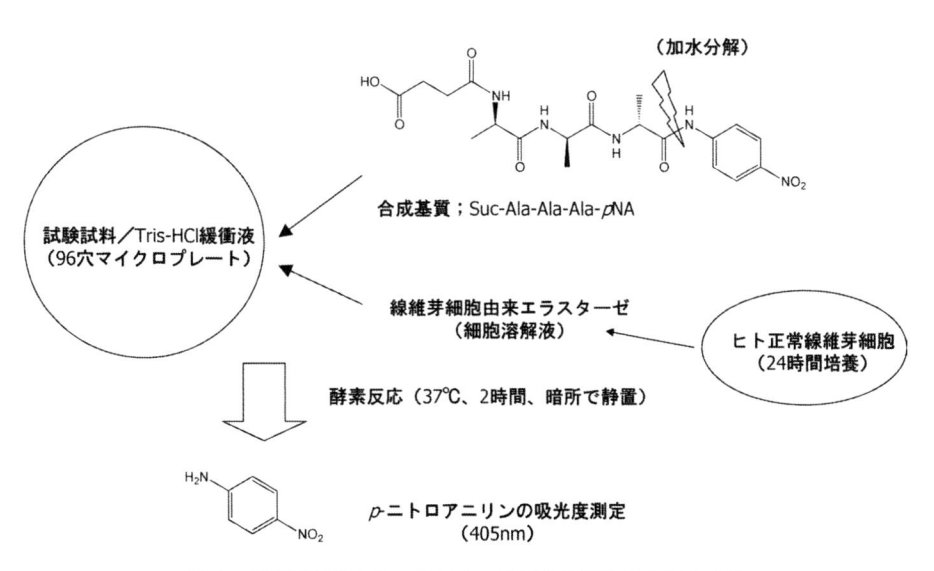

図1　線維芽細胞由来エラスターゼ活性抑制作用の測定方法

5.2 試薬調製

① 0.1 M トリス塩酸緩衝液：1 mM フッ化フェニルメチルスルホニル（PMSF）含有，pH 8.0
② 基質溶液：Suc-Ala-Ala-Ala-pNA（ペプチド研究所）を 0.1 M トリス塩酸緩衝液にて 5 mM の濃度とする。
③ 粗酵素液：線維芽細胞を PBS(－) で 1 回洗浄後，50 μL の 0.5 %（wt/vol）Triton X-100（Sigma-Aldrich）水溶液を添加し，室温下，30 分間静置することにより細胞を溶解する。これを線維芽細胞由来エラスターゼの粗酵素液として用いる。

5.3 細胞培養

① 細胞種：正常ヒト皮膚線維芽細胞（クラボウ）
② 細胞培養条件：5 % 牛胎児血清（ニチレイバイオサイエンス）含有 DMEM（日研生物医学研究所）培地を用いて，細胞培養用の 96 穴マイクロプレートに 2.0×10^4 cells/well の密度で播種し，24 時間培養を行う。

5.4 試験操作

① 酵素反応を行う 96 穴マイクロプレートを用意する。
② 試験試料を上記プレートに 25 μL 添加する。
③ 基質溶液を上記プレートに 50 μL 添加する。
④ 粗酵素液を上記プレートに 25 μL 添加する。
⑤ プレートを 37 ℃，暗所にて 2 時間インキュベートする。
⑥ マイクロプレートリーダー（VMAX，日本モレキュラーデバイス）を用いて，405 nm における吸光度を測定する。
⑦ 試験試料非存在下（緩衝液のみ）の吸光度の値を C，試験試料存在下の吸光度の値を S とし，次式から試験試料による線維芽細胞由来エラスターゼ活性抑制率を算出する。

$$線維芽細胞由来エラスターゼ活性抑制率（\%）=(1-(S/C)) \times 100$$

文　献
1) 京谷大毅ほか，日本香粧品科学会第 24 回学術大会講演要旨，81（1999）

第3章　DNA傷害関連実験法

1　コメットアッセイによるDNA損傷評価実験法

清水健司

1.1　試験の原理

コメットアッセイは種々の刺激によって生じる細胞内DNA損傷を，2本鎖DNA切断の程度を指標として検出する試験法として開発された[1]。

試験原理としては以下の通りである。細胞を，低ゲル化温度の寒天中に分散固定し，細胞膜を溶解した後に電気泳動を行う。DNAに損傷を受けることにより生じたDNA断片は，移動度が増し，顕微鏡下にて箒星のようなテイルが観察される（図1）。このテイル長を，画像解析システムにて計測することにより，DNA損傷の程度を判定することができる。

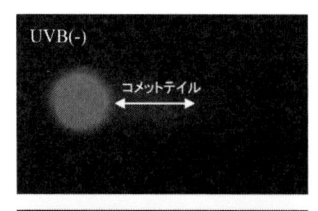

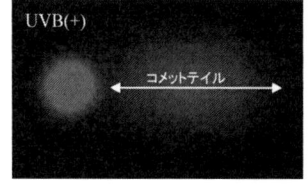

図1　コメットアッセイによるコメットテイル

1.2　試薬調製

① Hanks緩衝液（Ca^{2+}, Mg^{2+}未含有）(HBSS(−))：次に示す2種類の保存溶液をあらかじめ調製し，これらを溶液1 (25 ml)，溶液2 (80 ml) と精製水895 mlを混合して調製する。
・溶液1：7.0 gのNaHCO₃を秤量し，水に溶解して500 mlとする。
・溶液2：NaCl 80.0 g, KCl 4.0 g, Na₂HPO₄・2H₂O 0.6 g, glucose 10.0 g, KH₂PO₄ 0.6 gを秤量し，順番に水に溶解して800 mlとする。
② トリプシン溶液：PBS(−)（Ca^{2+}, Mg^{2+}未含有）に，0.01 %のEDTAおよび0.025 %のTrypsinの濃度で溶解して調製する。
③ 1 % Agarose：1 % agarose溶液を精製水で調製する。所定量のagaroseを精製水に分散後，加温し溶解する。用事調製とする。

④ 1% 低ゲル化温度 Agarose：1% low gelling tempereture agarose を精製水で調製する。所定量の low gelling tempereture agarose を精製水に分散後，加温し溶解する。溶解後，15 ml チューブに 1.2 ml ずつ検体数分を分注し，固化しないように 40 ℃浴槽にて保温する。
⑤ Lysis 溶液：NaCl 146.1 g，EDTA-2Na 37.2 g および Tris (hydroxymethyl) aminomethane 1.2 g を精製水に溶解後，NaOH にて pH 10 にした後，1,000 ml に調製しストック溶液とする。このストック溶液に，1% の N-laurylsarcosine，1% の Triton X-100 および 10% の DMSO の濃度で溶解した後，冷蔵庫で冷やした液を調製する。
⑥ 電気泳動溶液：300 mmol/l NaOH，1 mmol/l EDTA 水溶液を精製水で調製する。
⑦ 中和溶液：Tris hydrochloride 48.5 g を精製水に溶解して 1,000 ml に調製する。
⑧ 染色液：ethidium bromide 2 mg を 10 ml の精製水に溶解する。これを，さらに精製水にて 100 倍希釈した溶液を調製する。

1.3 細胞培養

① 細胞種：正常ヒト表皮細胞（NHEK）
② 培地：HuMedia KG2（倉敷紡績㈱，大阪，日本）

1.4 試験操作

① NHEK 分散液を 2.5×10^5 cells/ml の細胞密度で HuMedia KG2 を用いて調製する。十分に分散しながら 2 ml を直径 35 mm dish に添加する。
② 播種 24 時間後，所定濃度の試験試料を含有した HuMedia KG2 に交換し，24 時間培養する。
③ 24 時間培養後，細胞を HBSS(−) にて 2 回洗浄する。
④ 2 ml の HBSS(−) に培地を交換し，30 mJ/cm^2 の UVB(PHILIPS TL20W/12RS UV-B MEDICAL ランプ) を照射する。コントロールとして UVB 未照射細胞群を同条件にて調製する。
⑤ UVB 照射後，所定濃度の試験試料を含有した培地に交換し，2 時間培養する。
⑥ 加温溶解した 1% agarose を 50 ml チューブに移し，スライドガラスを漬けてスライドガラスの表面をプレコートする（写真 1）。
⑦ 紫外線照射後 2 hr 培養した細胞の培地を除き，トリプシン溶液を 1 ml 添加して細胞をはがした後，1%FBS 含有 PBS(−)(Ca^{2+}, Mg^{2+}未含有) を 1 ml 添加してトリプシン反応を停止する。
⑧ 細胞数密度をカウントし，細胞分散液の細胞密度を $2\sim3 \times 10^3$ cells/200 μl に PBS(−) を用いて調製する。
⑨ 加温溶解した 1% 低ゲル化温度の寒天 1.2 ml を分注した 15 ml チューブ（40 ℃浴槽で保温）に，細胞分散液を 200 μl 添加し分散する。

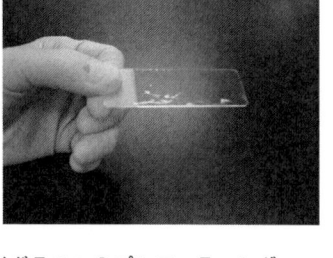

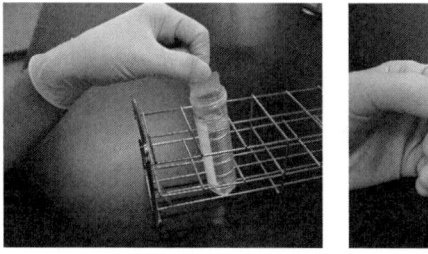

写真1　1% agarose のスライドガラスへのプレコーティング

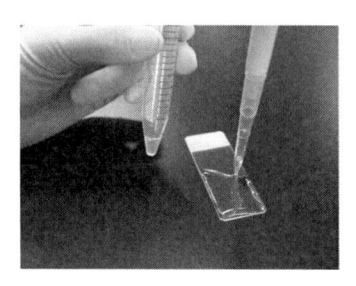

写真2　細胞分散 agarose のスライドガラス上への固化

⑩　細胞を分散させた1%低ゲル化温度の寒天1 ml を⑥で作成したスライドガラス上に均一に重層する。室温で静置し固化する（写真2）。
⑪　細胞を抱埋したスライドガラスを Lysis 溶液に浸し4℃にて1時間浸漬し，ゲル中で細胞膜を溶解する。
⑫　新鮮な電気泳動溶液にスライドガラスを5分間浸漬する操作を3回繰り返す。
⑬　水平型電気泳動槽中に電気泳動溶液を満たし，スライドガラスを浸し300 mA，25V で1時間泳動する。
⑭　電気泳動終了後，新鮮な中和溶液にスライドガラスを5分間浸漬する操作を3回繰り返す。
⑮　スライドガラスを染色液に浸漬しDNAを染色する。
⑯　染色したDNAのコメットテイルを蛍光顕微鏡（例：Axiovert 100，カールツァイス）で観察し，CCDカメラにてコンピュータに画像を取り込む。
⑰　画像解析システム（例：SCG 試験画像解析支援システム，ケイオー電子工業）にてコメットテイル長を計測する。

文　献

1) Singh, N.P., A simple technique for quantitation of low levels of DNA damage in individual cells. *Exp. Cell. Res.*, **175**, 184-191（1988）

第3章 DNA傷害関連実験法

2 UVBによるDNA傷害評価法（8-OHdG）

清水健司

2.1 試験の原理

8-OHdG（8-Hydroxydeoxyguanosine）は酸化反応により生じるDNA損傷である。一般的には8-OHdGはUVBおよびUVA，活性酸素種である一重項酸素，ヒドロキシラジカルによって産生される[1]。

細胞DNA中の8-OHdGは，細胞よりtotal DNAを回収した後，DNAをnucleaseP1およびphosphataseにて酵素処理し，ヌクレオシド単位に分解した後，ELISA法を用いて定量する。

2.2 試薬調製

① Hanks緩衝液（Ca^{2+}，Mg^{2+}未含有）（HBSS(−)）：次に示す2種類の保存溶液をあらかじめ調製し，これらを溶液1（25 ml），溶液2（80 ml）と精製水895 ml混合して調製する。
  ・溶液1：7.0 gの$NaHCO_3$を秤量し，水に溶解して500 mlとする。
  ・溶液2：NaCl 80.0 g，KCl 4.0 g，$Na_2HPO_4 \cdot 2H_2O$ 0.6 g，glucose 10.0 g，KH_2PO_4 0.6 gを秤量し，順番に水に溶解して800 mlとする。
② トリプシン溶液：PBS(−)（Ca^{2+}，Mg^{2+}未含有）に，0.01%のEDTAおよび0.025%のTrypsinの濃度で溶解して調製する。
③ DNA調製キット：Dneasy Blood & Tissue Kits（QIAGEN 69504）を使用する。
④ 200 mmol/l 酢酸ナトリウム（pH 4.8）：200 mmol/lの酢酸ナトリウム溶液と200 mmol/lの酢酸溶液を混合し，pH 4.8の水溶液を調製する。
⑤ Nuclease P1溶液：500 units/vialのNuclease P1（和光純薬工業 145-08221）に，精製水を500 μl添加し，ヌクレアーゼP1溶液（1 unit/μl）を調製する。
⑥ Alkaline phosphatase：Alkaline phosphatase（Sigma P6772）を1 mol/l Tris-HCl（pH 7.4）

にて 200 units/0.7 mL＝286 units/ml に希釈する。
⑦ 8-OHdG ELISA キット：高感度 8-OHdG Check（日研ザイル KOG-HS10E）を使用する。

2.3 細胞培養

① 細胞種：正常ヒト表皮細胞（NHEK）
② 培地：HuMedia KG2（倉敷紡績㈱：大阪，日本）

2.4 試験操作

① NHEK 分散液を $5×10^5$ cell/ml の細胞密度で HuMedia KG2 を用いて調製する。十分に分散しながら 2 ml を直径 35 mm dish に添加する。
② 播種 24 時間後，所定濃度の試験試料を含有した培地に交換し，24 時間培養する。
③ 細胞を HBSS(−) にて 2 回洗浄する。
④ 2 ml の HBSS(−) に培地を交換し，$50 mJ/cm^2$ の UVB(PHILIPS TL20W/12RS UV-B MEDICAL ランプ) を照射する。照射中は，短波長カットフィルター（朝日分光㈱）を用いて，300 nm 以下の波長をカットする。コントロールとして UVB 未照射細胞群を同条件にて調製する。
⑤ UVB 照射後，所定濃度の試験試料を含有した培地に交換し，1 時間または 6 時間培養する。
⑥ 細胞の培地を除き，トリプシン溶液を 0.5 ml 添加して細胞をはがした後，1 %FBS 含有 PBS (−) を 0.5 ml 添加してトリプシン反応を停止して細胞を回収する。
⑦ DNA 調製キット（Dneasy Blood & Tissue Kits（QIAGEN69504））を使用し，説明書に従い DNA を 200 μl の精製水に抽出する。
⑧ DNA 水溶液の 260 nm，320 nm における吸光度を分光光度計で測定し，下記の計算に従い DNA 水溶液の濃度を確認する。

　【DNA 濃度計算法】
　　DNA 濃度＝吸光度×50(μg/ml)×希釈率
　　（260 nm の吸光度 1.0 が DNA 50 μg/ml に相当）

⑨ 精製水を用いて DNA ＜ 200 μg を含む DNA 水溶液 145 μl を調製する。
⑩ 98 ℃で 2 分間加温した後，氷上で急冷し，5 分間静置する。
⑪ 200 mmol/l 酢酸ナトリウム（pH 4.8）15 μl，Nuclease P1 溶液を 5 μl（5 unit）加え，37 ℃で 30 分～1 時間インキュベートし，DNA の 3'-5'-ホスホジエステル結合を加水分解する。
⑫ 1 mmol/l Tris-HCl（pH 7.4）を 18 μl，alkaline phosphatase を 7 μl（2 unit）添加して，37 ℃にて 1 時間インキュベートし，5'-末端のリン酸基を加水分解する。
⑬ 加水分解した DNA を Microcon YM-10（日本 Millipore, catalog#42407）を用いて，14,000 rpm，

10分間遠心濾過し，除蛋白処理する。

⑭　50 µl のサンプルを 8-OHdG ELISA キット（高感度 8-OHdG Check）の ELISA プレート各ウェルに分注して 8-OHdG 量を定量する．ELISA 操作は，添付説明書に従い実施し，反応停止後，マイクロプレートリーダーを使用して 450 nm における吸光度を測定する．

⑮　キットに添付されている 8-OHdG 標準液の測定結果を基に，標準曲線を作成し，試験試料中の 8-OHdG の濃度を計算する．

文　献

1) Kasai H, Crain PF, Kuchino Y, Nishimura S, Ootsuyama A, Tanooka H, Formation of 8-hydroxyguanine moiety in cellular DNA by agents producing oxygen radicals and evidence for its repair., *Carcinogenesis.*, **7**, 1849-1851 (1986)

第4章 ヒトボランティアを用いた実験法

1 シワ改善評価法：日本香粧品学会ガイドライン準拠

山下由貴

1.1 試験の意義

　平成23年7月21日付で，厚生労働省より化粧品の効能の範囲の改正について通達があり，これにより，「乾燥による小ジワを目立たなくする」との項目が化粧品の効能として追加され，化粧品への表示・広告が可能となった。この効能を標ぼうするためには，日本香粧品学会の「新規効能取得のための抗シワ製品評価ガイドライン[1]」（以下，ガイドラインとする）に基づく試験またはそれと同等以上の試験を行い，効果を確認することが必須となっている。ガイドラインに記載されたシワ改善評価法は，効能の標ぼうを目的としたものに限らず，シワ評価の標準的な方法として認知されているものであり，シワ評価の実施にあたりこれらの評価法を理解することは重要である。

1.2 試料調製

　ガイドライン準拠のシワ改善評価試験においては，試験試料塗布群と，無塗布群を比較することとされている。被験者群を2群設定するか，あるいは左右両目尻のシワグレードがほぼ同等である被験者については，試験試料を半顔使用して塗布部位と無塗布部位の比較を行うことも可能である。試験試料の使用方法は用いる試料によりそれぞれ設定するが，被験者に強い負荷のかからない使用方法を設定することが大切である。

1.3 試験操作

(1) 被験者の選定
① 推奨する被験者は目尻に主としてシワグレード1～3[1]（図1）のシワを有する健常な男女と

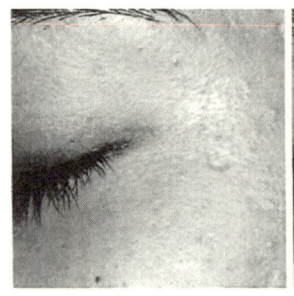

グレード1
・不明瞭な浅いシワが僅かに認められる

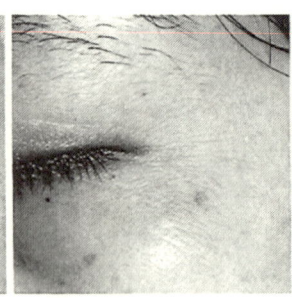

グレード2
・明瞭な浅いシワが僅かに認められる

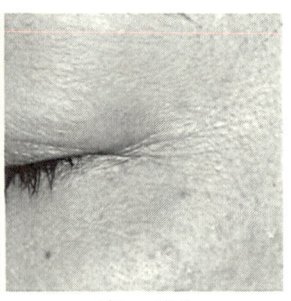

グレード3
・明瞭な浅いシワが認められる

図1

する。さらに詳細な条件はガイドラインの記載に従う。
② 下記の除外基準に該当するものは被験者から除外する。
・化粧品に対するアレルギーの既往症のある者
・「ホルモン補充療法」を受けている者
・妊娠中，授乳中の者
・被験部位に影響を与えるような美容医療の経験のある者
・その他，試験に関与する医師が適切でないと認める者
③ 被験者数は，効果を検出することができ，かつ統計的な処理により結果を論じることのできる人数を設定する。

(2) 試験条件の設定
① 試験期間は2週間以上を設定する。
② 試験項目は，試験サンプル塗布開始前および試験終了時における下記項目とする。
・同一部位の目視および写真撮影
・同一部位の機器測定による直接的なシワの三次元解析，あるいはシワレプリカの二次元または三次元解析
③ 測定に際して，一定の測定環境（温度・湿度・照明）を備える部屋を使用する。温度は20〜22℃，湿度は50±5％が望ましい。
④ 試験に際しては試験期間中同一の洗顔料にて洗顔を行い，最低15分間測定環境に馴化させた後に各種の測定を行う。

(3) 評価項目および方法
① 目視評価
目視評価は皮膚科専門医，あるいは皮膚科専門医と同等の臨床経験を有する皮膚科医，または

これらの医師の管理下でTrained Expert（シワの評価に熟達した研究者）が塗布前後のシワグレードを評価する。

1) 試験開始時，シワグレード標準写真[1]より試験開始時のスコアをつける。
2) 各測定時，試験開始時等の写真を参照しながらシワグレード標準写真[1]より各測定時のスコアをつける。
3) 各グレードの標準写真に当てはまらない場合は，その中間値あるいは1/4値のスコア導入も可能である。

② 写真評価
1) 「附則1. シワ写真撮影ガイドライン」に基づき，被験者の目尻を中心とした顔写真の撮影を行う。各測定回において，同一角度，同一照明条件で撮影を行うこととする。
2) 撮影した写真において，①目視評価の場合と同様に皮膚科医またはTrained Expertによるシワグレードの判定を行う。

③ 機器評価
「附則2. シワ測定法ガイドライン」に基づき，レプリカによる斜光照明を用いた二次元画像解析法，レプリカによる三次元解析法，*in vivo*（直接法）による三次元解析法のいずれかの方法にて，試験開始前および各測定時のシワの計測を行う。ここでは，レプリカによる三次元解析法について記載する。

1) レプリカ剤としてSILFLO（J&S Davis）等を用い，被験者の目の際から約5 mm離れた部位から10×10 mm以上の範囲（図2）でレプリカを採取する。
2) レプリカ自体に顔の輪郭などに伴う大きな湾曲が存在した場合には，レプリカの裏側から支持材（ガラス板など）をあてがい平坦化処理を行う。
3) PRIMOS（GFM社製）等の3次元解析装置を用い，レプリカより種々のパラメータを測定する。この際，試験試料の使用前後におけるシワの位置合わせが必要である。

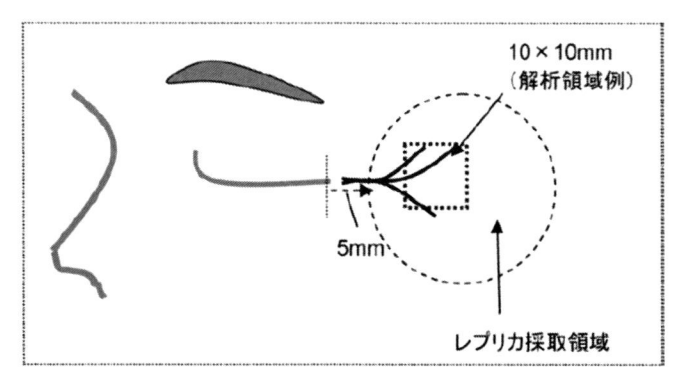

図2

4) シワのパラメータとしては下記がある。
　・シワ面積率（測定範囲に占める抽出されたシワの面積比率）
　・総シワ平均深さ（測定範囲内のシワの平均の深さ）
　・最大シワ平均深さ（解析範囲内で最も深いシワについての深さの平均）
　・最大シワ最大深さ（解析範囲内で最も深いシワについての最大の深さ）
　・シワ総体積（測定範囲内の個々のシワ体積の総和）

④ 被験者へのアンケート

使用中のトラブルや使用状況および有効性の確認のために被験者にアンケートを実施する。

(4) 有効性の解析

① 各評価項目の統計解析に先立ち，下記に該当する被験者は解析より棄却する。
　・使用回数が極端に少ないなど使用方法が不適切な場合
　・試験期間中に有害事象が観察された場合
　・その他併用薬剤の使用等でデータの信頼性が疑わしい場合

② 各評価項目に適した統計解析手法を用い，製剤塗布群および無塗布群の群間比較を行う。

③ 製剤塗布群において，無塗布群と比較して目視評価または写真評価で有意なシワ改善（$p<0.05$）が認められるか，あるいは無塗布群と比較して機器分析によるシワ解析パラメータの有意な改善（$p<0.05$）が認められる場合を有効性ありと判定する。

文　献

1) 抗老化機能評価専門委員会，日本香粧品学会誌，**30**（4），316-332（2006）

第Ⅳ編　活性酸素関連実験法

第1章　化学的実験法
第2章　生物学的実験法
第3章　ヒト角層細胞を用いた実験法

第1章　化学的実験法

1 ESRを用いたスーパーオキシドアニオン検出法／消去活性評価法

正木　仁

1.1　試験の原理

　ESRとはElectron Spin Resonanceの頭文字をとった略号であり，電子スピン共鳴法と呼ばれている。ESRは磁性を有する物質の状態を測定することができ，活性酸素のような不対電子を持つラジカルを測定することに用いられる。活性酸素は一般的に寿命が非常に短いことから，ESRにて直接，検出測定することは困難である。そこで，スピントラップ法と呼ばれる手法を用いて検出測定を行う。具体的にはヒポキサンチン（hypoxantine）を基質としたキサンチンオキシダーゼ（xanthine oxidase）の酵素反応によって産生したスーパーオキシドアニオンラジカルを，5,5-Dimethyl-1-pyrroline N-oxide（DMPO）をスピントラップ剤として用い安定化させて検出する。スーパーオキシドアニオンラジカルはDMPOにトラップされDMPO-OOHラジカルとなる。このラジカルをESRにて検出する[1]。

　試料のスーパーオキシドアニオンラジカルの消去作用を評価する場合には，試料添加によるシグナル強度の減少を指標とする。このとき，シグナル強度の外部標準としてMnOの3番目あるいは4番目のシグナルを用いる（図1）。

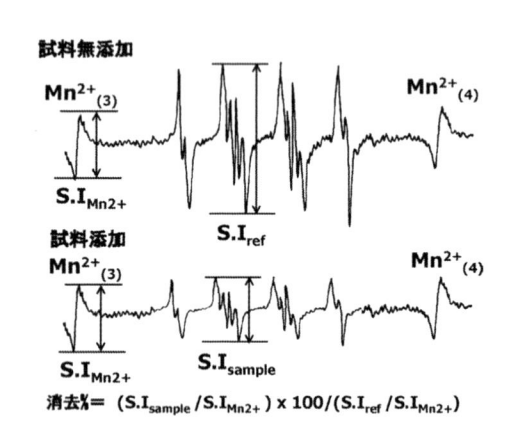

図1　スーパーオキシドアニオンラジカルのESRスペクトル

消去% = (S.I$_{sample}$/S.I$_{Mn2+}$) × 100/(S.I$_{ref}$/S.I$_{Mn2+}$)

1.2　試薬調製

① Hypoxantine溶液：ヒポキサンチン2.27 mgを10 mlの100 mMリン酸緩衝液（pH 7.4）に

溶解する。
② Diethylenetriamine-N,N,N',N'',N''-pentaacetic acid（DTPA）溶液：DTPA 21.6 mg を 10 ml の 100 mM リン酸緩衝液（pH 7.4）に溶解する。
③ Xanthine oxidase（XOD）溶液：XOD（Sigma 25 unit/3.3 ml）10 μl を 1 ml の 100 mM リン酸緩衝液（pH 7.4）に溶解する。
④ 5,5-Dimethyl-1-pyrroline N-oxide（DMPO）溶液：DMPO を 4 倍に精製水にて希釈する。

1.3 試験操作

① ESR スペクトロメーターの調整を行う。
② 外部標準として MnO を用いる。Mn^{2+} の 3 番目と 4 番目のシグナルが測定スペクトルの両端に検出されるように磁場を調整する。
③ 各試薬を以下の容量および順序でエッペンチューブに添加する（図 2）。

100 mM リン酸緩衝液（pH 7.4）80 μl, Hypoxanthine 溶液 50 μl, DTPA 溶液 30 μl, DMPO 溶液 10 μl, 試料 or 100 mM リン酸緩衝液（pH 7.4）20 μl を添加した後 XOD 50 μl を添加する。XOD 添加によりスーパーオキシドアニオンラジカルの産生が開始される。

図 2

④ すべての試薬と試料を添加後，ボルテックスミキサーにて混合し，ESR 測定用の扁平セルあるいはガラス製のキャピラリーに移す。これを ESR スペクトロメーターの測定部に設置し，測定を開始する。XOD 添加 1 分後に測定を開始する（スーパーオキシドアニオンラジカルは DMPO にトラップされ DMPO-OOH ラジカルとなるが，このラジカルも経時的に減衰することから，測定を XOD 添加後に一定の時間で開始する必要がある）。
⑤ スーパーオキシドアニオンラジカル消去活性は以下の式で求める。

$$消去\ \% = (S.I_{sample}/S.I_{Mn2+}) \times 100/(S.I_{ref}/S.I_{Mn2+})$$

$S.I_{sample}$：サンプル添加時のシグナル強度，$S.I_{ref}$：サンプル無添加時 I_{ref}

文 献
1) Masaki H, Atsumi T, Sakurai H, "Evaluation of superoxide scavenging activities of hamamelis extract and hamamelitannin", *Free Radic. Res. Commun.*, **19**, 333-340 (1993)

第 1 章　化学的実験法

2　スーパーオキサイド消去剤評価法 1 （チトクロム c 法）

笠　明美

2.1　試験の原理

　スーパーオキサイド消去能を測定する方法は多数あるが，チトクロム c 法は McCord と Fridovich が SOD を発見したときに用いた方法であり[1]，最も標準的な方法である。キサンチン - キサンチンオキシダーゼ系で発生させたスーパーオキサイド（O_2^-）をチトクロム c と反応させると，550 nm に吸収を持つ還元型チトクロム c へ変化する。試料を加えた時に O_2^- が消去されるとその吸光度変化が抑えられるため，その抑制率から O_2^- 消去能を測定する[1,2]。チトクロム c オキシダーゼやチトクロム c ペルオキシダーゼなど直接チトクロム c と反応する成分を含んでいるような試料など crude な試料の測定には向かない。

2.2　試薬および機器[1,2]

〈試薬〉

① 　0.06 mM　チトクロム c 水溶液
② 　0.3 mM　キサンチン（またはヒポキサンチン*）水溶液
③ 　300 mM　リン酸カリウム緩衝液（pH 7.8, 0.6 mM EDTA 含む）
④ 　キサンチンオキシダーゼ（XOD）**

〈機器〉

① 　分光光度計

　　＊キサンチンよりヒポキサンチンの方が溶解しやすい。
　　＊＊およそ 6×10^{-9} M だが，XOD の濃度設定は試験操作参照。

2.3 試験操作[1,2)]

① チトクロム c 水溶液，キサンチン水溶液，リン酸カリウム緩衝液をそれぞれ 0.5 m ずつ，精製水 1.0 mL および試料 0.3 mL を混合し，XOD 0.2 mL の添加で反応をスタートさせる。
② XOD の濃度設定：550 nm の吸光度変化を約 1.5 分連続記録し，その直線部より 1 分間の変化率を求める（Δ Abs550 nm）。異なる希釈率の XOD で Δ Abs550 nm を測定し，それがおよそ 0.025/min になるような希釈率を求める。
③ 試料の活性測定：②で求めた XOD 濃度において，濃度の異なる試料を加えたときの Δ Abs550 nm をそれぞれ求め，試料なしの変化率に対する減少率から各濃度の O_2^- 消去率を求める。
④ O_2^- を 50％消去するのに要する試料濃度 IC_{50} を求める。

2.4 試験例（試薬 SOD のスーパーオキサイド消去能）

試料として試薬 SOD の各濃度における O_2^- 消去率を測定し，IC_{50} を求めた。
① XOD の濃度設定のために，100，250，500 倍に希釈して 550 nm における吸光度を 2 分間測定し，1 分間あたりの吸光度変化を求めたところ，250 倍希釈で 0.027 となった（図 1）。
② XOD 希釈率を 250 倍とし，試料 0.16，0.4，1.6 μg/ml として反応溶液を調整し，550 nm の吸光度を 2 分間測定し，1 分間あたりの吸光度変化を求めた。
③ 試料なしの吸光度変化に対する減少率から O_2^- 消去率を求めた。
④ 50％消去するのに要する試料量 IC_{50} を求めたところ 1.0 μg/ml となった（図 2）。

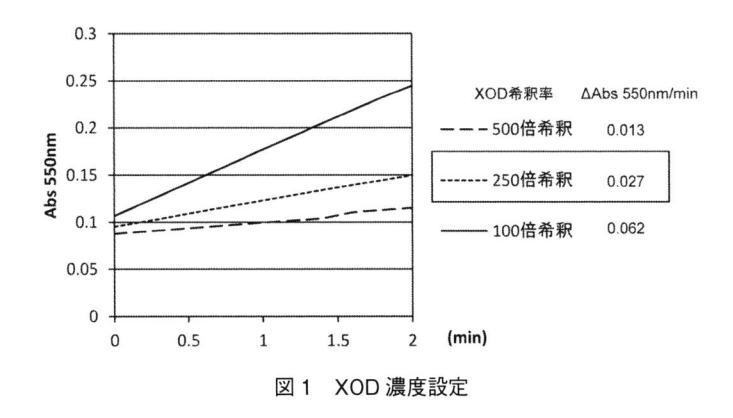

図 1 XOD 濃度設定

試料濃度	ΔAbs550nm/min	消去率
1.6µg/ml	0.0112	59.4%
0.4µg/ml	0.0188	31.7%
0.16µg/ml	0.0262	4.8%

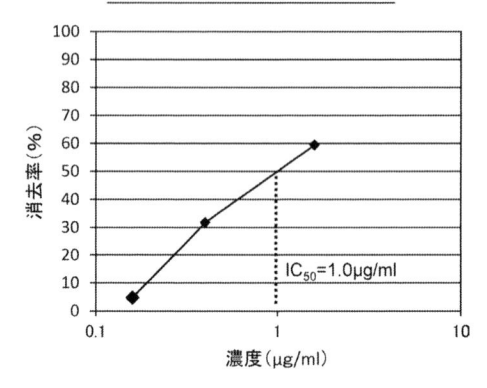

図2　試料濃度と O_2^- 消去率

文　献

1) McCord, JM. and Fridovich, I., Superoxide Dismuase, *J Biol Chem*, **244**（**22**）, 6049-6055（1969）
2) 大柳善彦著, SODと活性酸素調節剤, 日本医学館（1989）

第1章 化学的実験法

3 スーパーオキサイド消去剤評価法 2 (NBT 法)

笠 明美

3.1 試験の原理

スーパーオキサイド消去能を測定する方法として,チトクロム c 法と並んでよく使われるのが NBT 法である。キサンチン‐キサンチンオキシダーゼ系により発生させた O_2^- により NBT を還元し生成したフォルマザンの量を 560 nm で測定する。試料添加によるフォルマザン生成量の減少率から O_2^- 消去能を得る。NBT はチトクロム c より生体試料中の他の酵素の影響を受けにくいので crude な試料の測定も可能である[1]。今成らの方法は,$CuCl_2$ を加えて反応を停止させ 560 nm の吸収を一定に保つように改良されており,多数の試料を簡単に測定することが可能である[2]。

3.2 試薬および機器[2]

〈試薬〉

① 0.05 M　炭酸ナトリウム緩衝液(pH 10.2)
② 0.75 mM　NBT 水溶液
③ 3.0 mM　キサンチン(またはヒポキサンチン)水溶液
④ 3.0 mM　EDTA 水溶液
⑤ 0.15 w/v%　BSA 水溶液(フォルマザンの溶解補助剤として)
⑥ 6 mM　$CuCl_2$ 水溶液(反応停止剤として)
⑦ キサンチンオキシダーゼ(濃度設定は試験操作参照)
⑧ 試料

〈機器〉

① 分光光度計

3.3 試験操作[2]

① 炭酸ナトリウム緩衝液 2.4 mL，NBT，キサンチン，EDTA，BSA さらに各濃度の試料溶液を（対照は蒸留水を）それぞれ 0.1 mL ずつ加える。
② 25℃で 10 分間保つ。
③ XOD 0.1 mL を加えて反応を開始。
（あらかじめ，試料なし（対照）で XOD 濃度を振り同じ操作を行い，Abs560 nm が 0.20-0.23 になるように XOD 濃度を設定しておく。）
④ 25℃で 20 分間反応。
⑤ $CuCl_2$ 0.1 mL を加えて反応を停止する。
⑥ Abs560 nm を測定する。
⑦ 対照の Abs560 nm に対する減少率から O_2^- 消去率を求める。
⑧ 試料濃度の対数に対して消去率をプロットし，消去率が 50％ となる試料量 IC_{50} を求める。そのために試料濃度は消去率が 50％ を挟むように設定する。

3.4 実験例（植物エキスのスーパーオキサイド消去能比較）

植物エキス A，B のスーパーオキサイド消去能を比較する。
① XOD の濃度を設定する。XOD の適当な希釈系列を作り，試料を添加せずに上の試験操作を行った。Abs560 nm が 0.20-0.23 くらいになる濃度として 350 倍希釈に設定した。
② 各植物エキス 1％，0.5％，0.1％希釈物を試料とし，XOD 350 倍希釈液を添加し反応を開始した。
③ 20 分後に反応を止め Abs560 nm を測定した。試料の着色があるため，各試料に対して XOD なしの時の値を差し引いた（A−B）。試料を添加しない時の値に対する減少率から O_2^- 消去率を算出した。
④ O_2^- を 50％消去するのに必要な濃度 IC_{50} を求めた（表1）。

表1 NBT 法によるスーパーオキサイド消去能比較例

	試料濃度	20 分後の Abs560 nm (A)	XOD なし (B)	(A)−(B)	消去率	IC_{50}
試料なし		0.1927	0.0075	0.1852		
植物エキス A	1.00％	0.0415	0.0161	0.0254	86.3％	
	0.50％	0.0694	0.011	0.0584	68.5％	0.24％
	0.10％	0.1434	0.0079	0.1355	26.8％	
植物エキス B	1.00％	0.0676	0.0213	0.0463	75.0％	
	0.50％	0.0877	0.0135	0.0742	59.9％	0.33％
	0.10％	0.1553	0.0076	0.1477	20.2％	

文　献

1) Beauchamp, C. and Fridovich, I., *Analytical Biochemistry* **44**, 276-287 (1971)
2) 今成登志男ら，医学のあゆみ **101**, 496-497 (1977)

第 1 章　化学的実験法

4 スーパーオキサイド消去剤評価法 3（NBT 法を用いた活性染色）

笠　明美

4.1　試験の原理

　スーパーオキサイド消去能測定法である NBT 法の大きな特徴は，スーパーオキサイド発生系をリボフラビン－光照射系に変更して，活性染色に応用出来る点である。アクリルアミドゲル中で電気泳動させたゲルに NBT とリボフラビンを含ませて光を照射すると O_2^- が発生し，SOD のない部分にのみフォルマザンが形成されて SOD 活性のある部分が白く抜けることを利用して評価する[1,2]。

4.2　試薬および機器[1]

〈反応溶液〉
① 2.45 mM　NBT
② 2.8 mM　リボフラビン
③ 28 mM　TEMED
④ 36 mM　リン酸カリウム緩衝液（pH 7.8）

〈その他試薬および機器〉
① 7％アクリルアミドゲル
② 電気泳動用試薬
③ 電気泳動用装置
④ 蛍光灯

4.3　試験操作

① 試料の SOD 溶液を 7％アクリルアミドゲルを用いて電気泳動により分離する。

② SOD活性染色用に切り取ったゲルを,反応溶液中に遮光下30分浸漬する.
③ リン酸カリウムバッファーで洗浄した後,15〜20分間蛍光灯の光にあてる.
④ SOD活性のある部分が白く抜けることで活性を検出できる.

4.4 試験例(キレート剤によるSODの失活)

① 準備

キレート剤として1 mM DDC (diethyldithiocarbamate) または1 mM DTPA (dietylenetriamine pentaacetic acid) と5 mg/mL SOD溶液をそれぞれ混合し37℃にて1時間保温した後,7%アクリルアミドゲルの半分に蛋白検出用,残りの半分にSOD活性染色用としてサンプルをアプライし,native PAGEを行った.その後ゲルを半分に切り,CBB染色により蛋白検出した.

② 活性染色

SOD活性染色用に切り取ったゲルを,反応溶液中に遮光下30分浸漬した.
↓
リン酸カリウムバッファーで洗浄した後,15〜20分間蛍光灯の光にあてた.
↓
SODはその活性中心にある金属がキレートされることにより,活性を失うことが確認された(図1).

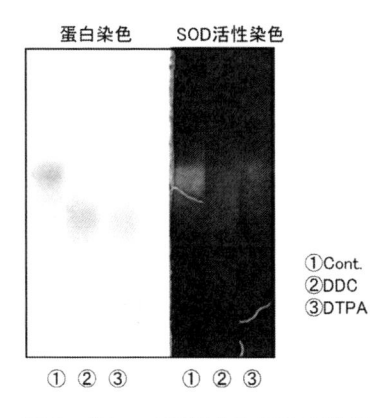

図1 キレート剤によるSODの失活

文献

1) Beauchamp, C. and Fridovich, I., *Analytical Biochemistry* **44**, 276-287 (1971)
2) 大柳善彦著,SODと活性酸素調節剤,日本医学館,p95-114 (1989)

第 1 章　化学的実験法

5 | 吸光度変化の測定によるカタラーゼ活性の測定

笠　明美

5.1　試験の原理

　過酸化水素は，スーパーオキサイドがSODにより分解された際に生成する活性酸素であり，比較的安定なため，生体内で発生すると細胞膜を通過して拡散することが知られている。また，過酸化水素自体は反応性が高くないが，金属イオンの存在により容易に分解し反応性に富むヒドロキシラジカルを生成するため，ヒドロキシラジカルの前駆体として酸化障害を考える上で重要である。したがって，生体内ではSODの反応により生成した過酸化水素をカタラーゼにより消去することで，初めて活性酸素を無毒化したことになる。
　過酸化水素は紫外部に吸収を有するため，カタラーゼにより過酸化水素が分解されて減少する紫外部の吸光度変化によりカタラーゼ活性を測定することができる[1]。

5.2　試薬および機器

〈試薬〉

15 mM 過酸化水素水（50 mM リン酸緩衝液（pH 7.0）で調整）

試料

〈機器〉

① 恒温槽
② 温度調節付き分光光度計

5.3 試験操作[1~4]

① 15 mM 過酸化水素水の調整

　過酸化水素は 200 nm から 400 nm にかけて吸収があるが，特定波長における極大吸収を持たない。したがって，ある程度吸収が大きい 210～240 nm の吸光度において測定しやすい濃度に設定すればよく，10～22.5 mM を用いている報告もある。過酸化水素水は保存安定性がよくないため，吸光度が一定領域に入るように調整して条件を一定にするとよい。

② 25℃でプレインキュベーション

　20℃や 25℃のほか，37℃で測定している報告もある。

③ 240 nm の吸光度変化を測定

　3 mL 過酸化水素水に 400 μL 試料を加え，ただちに分光光度計にて 2 分間吸光度変化を測定する。過酸化水素の吸収がある程度大きい 210～240 nm で，測定系中に妨害が少ない波長を選択すればよく，240 nm のほかにも 230 nm の吸光度を測定している例もある。

④ 1 分あたりの吸光度変化量を求め，過酸化水素消去能を比較する。

　カタラーゼによる過酸化水素の分解は直線的に起こる。同条件で試薬カタラーゼによる過酸化水素の分解速度を測定し，濃度を振って検量線を作成すると，測定回が異なる試料の効果を比較することもできる。

文　献

1) Beers, RF. and Sizer, IW., *J Biol Chem*, 195, 133-140（1952）
2) Moysan, A. *et al. J Invest Dermatol*, 100, 692-698（1993）
3) 大柳善彦著，SOD と活性酸素調節剤，日本医学館，pp 761-764（1989）
4) 川村尚久，活性酸素実験プロトコール，谷口直之監修，秀潤社，pp102-104（1994）

第1章 化学的実験法

6 ESRを用いたヒドロキシラジカル検出法／消去活性評価法

正木 仁

6.1 試験の原理

　ESRとはElectron Spin Resonanceの頭文字をとった略号であり，電子スピン共鳴法と呼ばれている。ESRは磁性を有する物質の状態を測定することができ，活性酸素のような不対電子を持つラジカルを測定することに用いられる。活性酸素は一般的に寿命が非常に短いことから，ESRにて直接，検出測定することは困難である。そこで，スピントラップ法と呼ばれる手法を用いて検出測定を行う。具体的にはH_2O_2をFe^{2+}存在下，フェントン反応によってヒドロキシラジカルを発生させる。生成したヒドロキシラジカルを5,5-Dimethyl-1-pyrroline N-oxide（DMPO）をスピントラップ剤として用い安定化させて検出する。ヒドロキシラジカルはDMPOにトラップされDMPO-OHラジカルとなる。このラジカルをESRにて検出する[1]。

　試料のヒドロキシラジカルの消去作用を評価する場合には，試料添加によるシグナル強度の減少を指標とする。このとき，シグナル強度の外部標準としてMnOの3番目あるいは4番目のシグナルを用いる（図1）。

消去％＝ （S.I$_{sample}$ / S.I$_{Mn2+}$） × 100 / （S.I$_{sample}$ / S.I$_{Mn2+}$）

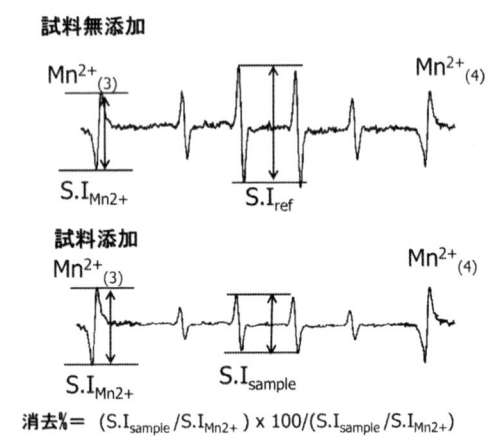

図1　ヒドロキシラジカルのESRスペクトル

6.2 試薬調製

① 0.1 mM Fe(ClO$_4$)$_2$/6H$_2$O：3.6 mgのFe(ClO$_4$)$_2$/6H$_2$Oを10 mlの精製水にて溶解する。さらに精製水にて10倍に希釈する。

② 0.1 mM H_2O_2：30% H_2O_2 を精製水にて1,000倍に希釈する．希釈溶液の230 nm における吸光度を測定し，モル吸光係数 e = 0.081 mM^{-1}cm^{-1} を用いて，最終濃度を0.1 mM に調整する．
③ 5,5-Dimethyl-1-pyrroline N-oxide（DMPO）：DMPO は精製水にて4倍希釈する．

6.3 試験操作

① ESR スペクトロメーターの調整を行う．
② 外部標準として MnO を用いる．Mn^{2+} の3番目と4番目のシグナルが測定スペクトルの両端に検出されるように磁場を調整する．
③ 各試薬を以下の容量および順序でエッペンチューブに添加する（図2）．

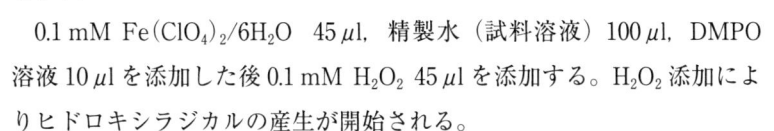

0.1 mM Fe(ClO$_4$)$_2$/6H$_2$O 45 μl，精製水（試料溶液）100 μl，DMPO 溶液 10 μl を添加した後 0.1 mM H_2O_2 45 μl を添加する．H_2O_2 添加によりヒドロキシラジカルの産生が開始される．

図2

④ すべての試薬と試料を添加後，ボルテックスミキサーにて混合し，ESR 測定用の扁平セルあるいはガラス製のキャピラリーに移す．これを ESR スペクトロメーターの測定部に設置し，測定を開始する．H_2O_2 添加1分後に測定を開始する（ヒドロキシラジカルは DMPO にトラップされ DMPO-OH ラジカルとなるが，このラジカルも経時的に減衰することから，測定を H_2O_2 添加後に一定の時間で開始する必要がある）．
⑤ ヒドロキシラジカル消去活性は以下の式で求める．

$$消去\% = (S.I_{sample} / S.I_{Mn2+}) \times 100 / (S.I_{ref} / S.I_{Mn2+})$$

S.I$_{sample}$：サンプル添加時のシグナル強度，S.I$_{ref}$：サンプル無添加時 I$_{ref}$

文 献

1) Masaki H, Atsumi T, Sakurai H, "Hamamelitannin as a new potent active oxygen scavenger", *Phytochem.*, **37**, 337-343 (1994)

第1章 化学的実験法

7 ESRを用いたペルオキシラジカル検出法／消去活性評価法

正木 仁

7.1 試験の原理

ESRとはElectron Spin Resonanceの頭文字をとった略号であり，電子スピン共鳴法と呼ばれている。ESRは磁性を有する物質の状態を測定することができ，活性酸素のような不対電子を持つラジカルを測定することに用いられる。活性酸素は一般的に寿命が非常に短いことから，ESRにて直接，検出測定することは困難である。そこで，スピントラップ法と呼ばれる手法を用いて検出測定を行う。具体的には *tert*-butylhydroperoxide を methemoglobin 存在下，ペルオキシラジカルを発生させる。生成したペルオキシラジカルを 5,5-Dimethyl-1-pyrroline N-oxide（DMPO）をスピントラップ剤として用い安定化させて検出する。ペルオキシラジカルは DMPO にトラップされ DMPO-OOBu ラジカルとなる。このラジカルを ESR にて検出する[1]。

試料のペルオキシラジカルの消去作用を評価する場合には，試料添加によるシグナル強度の減少を指標とする。このとき，シグナル強度の外部標準として MnO の 3 番目あるいは 4 番目のシグナルを用いる（図1）。

消去% = (S.I$_{sample}$/S.I$_{Mn2+}$) x 100/(S.I$_{sample}$/S.I$_{Mn2+}$)

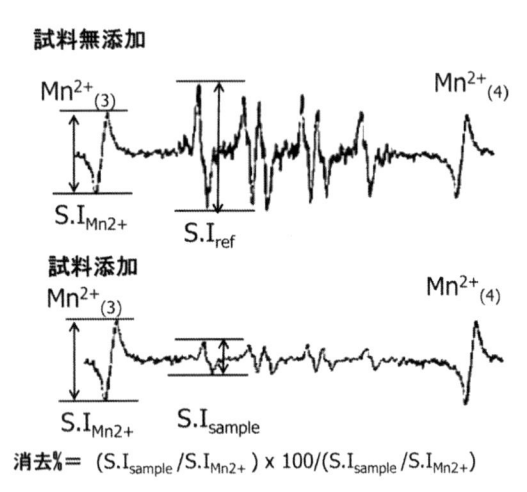

図1 ペルオキシラジカルの ESR スペクトル

7.2 試薬調製

① Methemogloblin（MetHb）：2.5 mg の MetHb を 5 mM リン酸緩衝液（pH 7.4）10 ml に溶

解する。

② Diethylenetriamine-N,N,N',N'',N''-pentaacetic acid（DTPA）：1.7 mg の DTPA を 5 mM リン酸緩衝液（pH 7.4）10 ml に溶解する。

③ t-Butylhydroperoxide（BHP）：1 ml の BHP を 3.4 ml の EtOH に溶解する。これをさらに 3.4 ml の 5 mM リン酸緩衝液（pH 7.4）に溶解し，5 mM リン酸緩衝液（pH 7.4）にて 10 倍希釈する。

④ 5,5-Dimethyl-1-pyrroline N-oxide（DMPO）：DMPO を精製水にて 4 倍希釈する。

7.3 試験操作

① ESR スペクトロメーターの調整を行う。
② 外部標準として MnO を用いる。Mn^{2+} の 3 番目と 4 番目のシグナルが測定スペクトルの両端に検出されるように磁場を調整する。
③ 各試薬を以下の容量および順序でエッペンチューブに添加する（図2）。
　MetHb 45 μl，DTPA 45 μl，精製水（試料溶液）50 μl[注1]，DMPO 溶液 10 μl を添加した後 BHP 45 μl を添加する。BHP 添加によりペルオキシラジカルの産生が開始される。

図2

④ すべての試薬と試料を添加後，ボルテックスミキサーにて混合し，ESR 測定用の扁平セルあるいはガラス製のキャピラリーに移す。これを ESR スペクトロメーターの測定部に設置し，測定を開始する。H_2O_2 添加 1 分後に測定を開始する（ペルオキシラジカルは DMPO にトラップされ DMPO-OOR ラジカルとなるが，このラジカルも経時的に減衰することから，測定を BHP 添加後に一定の時間で開始する必要がある）。
⑤ ペルオキシラジカル消去活性は以下の式で求める。

　　消去 % ＝（S.I$_{sample}$／S.I$_{Mn2+}$）×100／（S.I$_{ref}$／S.I$_{Mn2+}$）
　　S.I$_{sample}$：サンプル添加時のシグナル強度，S.I$_{ref}$：サンプル無添加時 I$_{ref}$

注1）　試料が脂溶性の場合は 1 %SDS を用いて分散する。

文　献
1) Masaki H, Atsumi T, Sakurai H, "Peroxyl radical scavenging activities of hamamelitannin in chemical and biological systems", *Free Radic. Res.*, **22**, 419-430（1995）

第 1 章　化学的実験法

8　ESR を用いた一重項酸素検出法／消去活性評価法

正木　仁

8.1　試験の原理

　ESR とは Electron Spin Resonance の頭文字をとった略号であり，電子スピン共鳴法と呼ばれている。ESR は磁性を有する物質の状態を測定することができ，活性酸素のような不対電子を持つラジカルを測定することに用いられる。活性酸素は一般的に寿命が非常に短いことから，ESR にて直接，検出測定することは困難である。そこで，スピントラップ法と呼ばれる手法を用いて検出測定を行う。具体的にはヘマトポルフィリンを光増感剤として用い，UVA 照射により一重項酸素を発生させる。生成した一重項酸素を 2,2,6,6-tetra methyl piperidone hydrocloride（TMPO）をスピントラップ剤として用い安定化させて検出する。一重項酸素は TMPO にトラップされ TMPO ラジカルとなる。このラジカルを ESR にて検出する[1]。

　試料の一重項酸素の消去作用を評価する場合には，試料添加によるシグナル強度の減少を指標とする。このとき，シグナル強度の外部標準として MnO の 3 番目あるいは 4 番目のシグナルを用いる（図1）。

消去％＝ (S.I$_{sample}$/S.I$_{Mn2+}$) × 100/(S.I$_{sample}$/S.I$_{Mn2+}$)

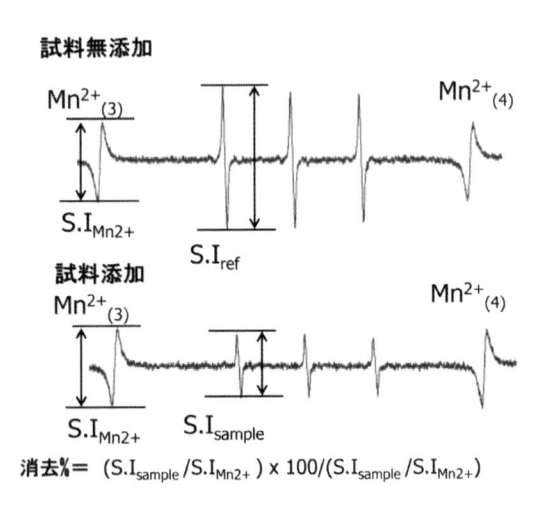

図1　一重項酸素の ESR スペクトル

8.2　試薬調製

① 200 mM 2,2,6,6-tetra methyl piperidone hydrocloride（TMPD）：384 mg の TMPD を 10 ml

の 100 mM Tris/HCl 緩衝液（pH 8.0）にて溶解する。

② 0.2 mM Hematoporphyrin（HP）：1.34 mg の HP を 10 ml の 100 mM Tris/HCl 緩衝液（pH 8.0）にて溶解する。

8.3 試験操作

① ESR スペクトロメーターの調整を行う。
② 外部標準として MnO を用いる。Mn^{2+} の3番目と4番目のシグナルが測定スペクトルの両端に検出されるように磁場を調整する。
③ 各試薬を以下の容量および順序でエッペンチューブに添加する（図2）。
④ 100 mM Tris/HCl 緩衝液（pH 8.0）50 μl，精製水（試料溶液）50 μl，HP 溶液 50 μl を添加した後 TMPO 50 μl を添加する。

図2

⑤ すべての試薬と試料を添加後，ボルテックスミキサーにて混合し，ESR 測定用の扁平セルあるいはガラス製のキャピラリーに移す。これを ESR スペクトロメーターの測定部に設置し，UVA を照射する[注1]。
⑥ 照射終了後，測定を開始する。
⑦ 一重項酸素消去活性は以下の式で求める。

$$消去\% = (S.I._{sample}/S.I._{Mn2+}) \times 100/(S.I._{ref}/S.I._{Mn2+})$$

$S.I._{sample}$：サンプル添加時のシグナル強度，$S.I._{ref}$：サンプル無添加時 I_{ref}

注1）UVA の照射はリキッドガイド付キセノンランプを光源として用いる。UVA エネルギーに依存して一重項酸素発生量は異なるため，予備試験によって照射量をあらかじめ設定する。

文 献

1) Masaki H, Atsumi T, Sakurai H, "Hamamelitannin as a new potent active oxygen scavenger", *Phytochem.*, **37**, 337-343（1994）

第 1 章 化学的実験法

9 一重項酸素消去剤評価法 1 （近赤外領域の発光の検出）

笠 明美

9.1 試験の原理

　一重項酸素は安定な基底状態の三重項酸素と電子の数は同じであるが，空の π 軌道を持つために反応性に富み，求電子的な性質を持つことから他の活性酸素とは異なった反応性を示す。一重項酸素の検出には捕捉剤や消去剤を用いた方法があるが，これらはいずれも特異性及び感度を共に満たすものではない。その中で，原理的に最も信頼性の高い方法といわれてきたものが，励起状態にある一重項酸素が基底状態に遷移する際に発生する近赤外発光を直接観測する物理的方法である[1~3]。

　一重項酸素消去剤の評価には一重項酸素を実験的に発生させる必要がある。メチレンブルー，ローズベンガル，エオシンなどの色素やポルフィリン類などを用い，光増感反応により発生させるのが一般的である。実際には，光増感剤をレーザー光で励起し，そのエネルギーにより基底状態の三重項酸素から一重項酸素を発生させる。一重項酸素の寿命は極めて短くすぐに基底状態の酸素になるため，このとき発生する 1,268 nm の発光を検出する（図1）。

　1,268 nm における発光強度は一重項酸素発生量に比例する。光増感剤と試料の混合液にレーザー光を照射した場合，発生した一重項酸素が試料により消去されると 1,268 nm の発光強度が減少する。そこで，試料有無での発光強度を比較することで一重項酸素消去能を測定することができる。一重項酸素消去能が高い物質は一重項酸素との反応性が高いことを意味するため，一重項酸素消去能を評価するだけでなく，一重項酸素による酸化障害を評価することもできる。

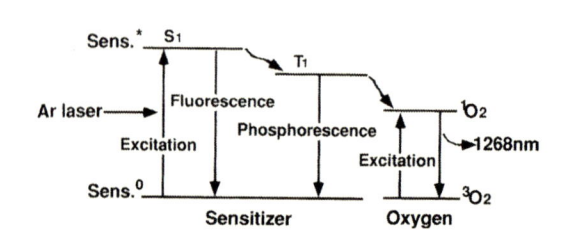

図1　測定原理

9.2 試験操作（実験例：αトコフェロールの一重項酸素消去能測定）

① ローズベンガル（例）のエタノール溶液に514.5 nmのArレーザー200 mWを照射し，一重項酸素の発光強度を測定する（I_0）（図2）。
② そこに各濃度の試料（例：αトコフェロール）を加えたときの一重項酸素発光強度を測定する（I_q）。
③ 試料各濃度に対して，発光強度の比I_0/I_qをプロットする（図3）。
④ Stern-Volmerの式 $I_0/I_q = 1 + K_q \tau [q]$ より反応速度定数 K_q を求める[3]。
　ただし，τ は溶媒中の寿命，$[q]$ は試料濃度。

各溶媒中の一重項酸素の寿命は異なるが（表1），この方法により求められた反応速度定数は溶媒に依存しない。図3の場合，エタノール中の寿命が10〜15 μsであるため，$K_q = 4,183.3/10 \sim 15 \times 10^{-6} = 2.8 \sim 4.2 \times 10^{-8} M^{-1}s^{-1}$ と求められる。

表1　各溶媒中での一重項酸素の寿命[4]

溶媒	寿命（μs）
水	1.4〜3.3
エタノール	10〜15
メタノール	6〜8
クロロホルム	47〜76
重水	31〜36

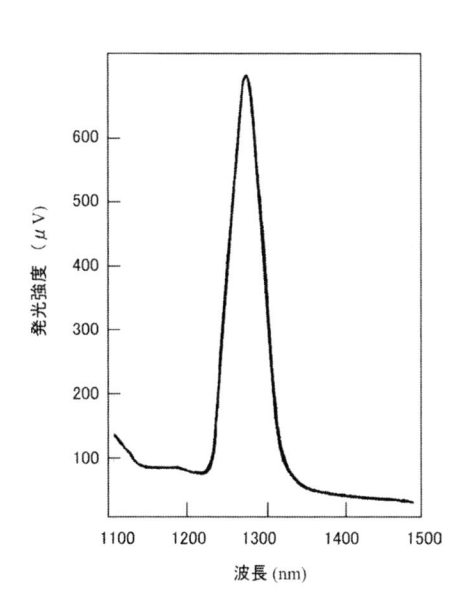

図2　ローズベンガルの一重項酸素発生スペクトル

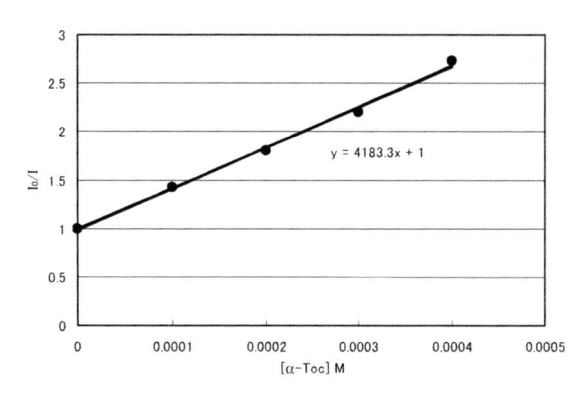

図3　αトコフェロールによる一重項酸素消去

文　献

1) 長野哲雄ほか，フリーラジカルの臨床，**7**, p.35（1994）
2) 斎藤烈ほか，活性酸素と発光，日本医学館，p.37（1990）
3) T. Nagano et al. Chem. Pharm. Bull, **42**（11）, 2291-2294（1994）
4) Wilkinson, F., Brummer, JG., J, Physical and Chemical Reference Data, **10**, 809-999（1981）

第1章 化学的実験法

10 一重項酸素消去剤評価法2 （一重項酸素との反応性生物を測定する方法）

笠　明美

10.1 試験の原理

　一重項酸素は空のπ軌道を持つため，電子に富む基を持つ分子と容易に反応する。

　光増感反応により発生させた一重項酸素と生体成分との反応性は詳しく研究されており[1]，アミノ酸の中ではヒスチジン，トリプトファン，メチオニン，システイン，チロシンの5つと反応することがわかっている。また，多くのタンパクとの反応性も調べられ，例えば一重項酸素による酵素の失活にどのアミノ酸の分解が関わっているか等が報告されている。

　脂質との反応性については，一重項酸素はリン脂質やトリグリセライドの不飽和脂肪酸と高い反応性を有し，エン反応によりヒドロペルオキシドを生成する。ラジカル連鎖反応によりおこる不飽和脂肪酸の自動酸化は，不飽和結合の数に応じて増える活性メチレン基の数に依存して著しく反応性が高くなるが，一重項酸素による反応は不飽和結合の数にほとんど依存しない。オレイン酸やコレステロールのように二重結合を一つしか持たない脂質からでも容易にヒドロペルオキシドが生成する（表1）。

　また，一重項酸素の反応生成物はラジカル反応による生成物と区別することができる。それを利用して，ヘマトポルフィリンとコレステロールを含むリポソーム膜の光酸化反応においてTypeIIのヒドロペルオキシドが生成していることが確認されている[1]。

表1　一重項酸素と脂質の反応性[3]

基質	反応速度定数（$M^{-1}s^{-1}$）
methyl oleate	1.3×10^5
methyl linoleate	2.2×10^5
methyl linolenate	2.9×10^5
squalene	$2.8 \sim 5.6 \times 10^6$
cholesterol	6.6×10^4

このような，一重項酸素の反応特異性をもとに，一重項酸素との反応生成物の測定を一重項酸素消去剤の評価法に応用することができる。

スクワレンは一重項酸素との反応速度定数が極めて大きく，一重項酸素によるスクワレン過酸化物の生成抑制度合いにより，一重項酸素消去能を評価することができる。スクワレンの一重項酸素による過酸化物は化学発光検出器を用いた HPLC で分離，定量されているが[2]，その定量値が過酸化物価と良い相関が取れていることが報告されていることから，過酸化物価を測定することにより簡単に一重項酸素との反応生成物を定量することができる。

10.2 試薬および機器

① ヨウ化カリウム溶液：蒸留水にヨウ化カリウムを飽和させた（遮光保存，用時調製）。
② 混合溶剤：クロロホルム／酢酸／エタノールを 4：4：1 に混合した（遮光保存，用時調製）。
③ 標準溶液：ヨウ素酸カリウム 16 mg を精秤し蒸留水を加えて 100 ml とした。
④ UVA 照射器

10.3 試験操作[4,5]

① 5 mM スクワレンと 5 μM ヘマトポルフィリンのエタノール溶液に試料を加え（ブランクはエタノール）シャーレに移し，ソーラーシミュレーターを用い UVA 2 mW/cm^2 を 10 分間照射した。
② 反応溶液を 0.2 mL サンプリングし，25 μL ヨウ化カリウム飽和溶液，25 mL 混合溶剤を加える。
③ 30 分間暗所で反応
④ I_3^- に由来する Abs.359 nm を測定し，紫外線照射前からの吸光度の変化を測定する。
吸光度変化の抑制率から一重項酸素抑制能を算出する。
（過酸化物量（POV 値）を求めるときは，ヨウ素酸カリウムを標準試料としたときの検量線を用いる。）

注1）標準溶液のヨウ素酸カリウムおよび過酸化物からは以下の反応によりヨウ素が遊離される。
$$IO_3^- + 5I^- + 6H^+ \rightarrow 3I_2 + 3H_2O$$
$$ROOH + 2I^- + 2H^+ \rightarrow ROH + I_2 + H_2O$$
$$I_2 + I^- \leftrightarrow I_3^-$$

10.4 試験例（βカロチンによる一重項酸素消去能）

ヘマトポルフィリンを光増感剤として紫外線を照射するとスクワレン過酸化物が生成した。このとき一般的な抗酸化剤であるBHTでは過酸化脂質生成を抑制することはできなかったが、一重項酸素消去剤であるβカロチンでは濃度依存的に抑制することができた（図1）。

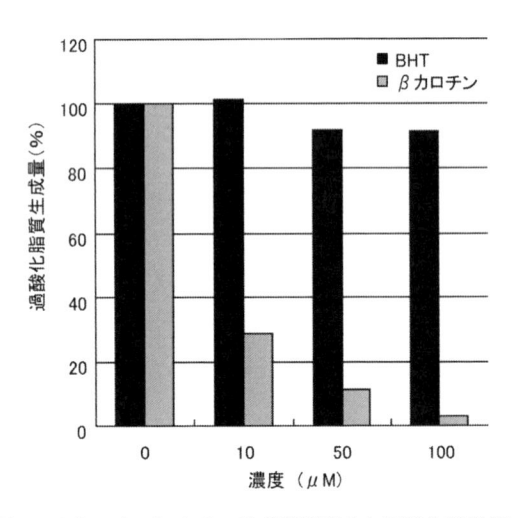

図1　βカロチンによる一重項酸素消去と過酸化脂質抑制

文　献
1) C. Straight *et al., Singlet oxygen*, IV, p91-144, CRC Press（1985）
2) 河野善行ほか, 油化学, **42**(3), p44（1993）
3) F. Wilkinson *et al., J. Phys. Chem. Ref. Data*, **10**(4), 958（1981）
4) 笠　明美ほか, 日本香粧品科学会誌, **19**(1)（1995）
5) M. Hicks *et al., Analytical Biochemistry*, **99**, 249-253（1979）

第 1 章　化学的実験法

11 | DPPH ラジカルを用いたラジカル除去能測定法

笠　明美

11．1　測定原理

　フリーラジカルとは不対電子を持っている原子，分子のことをいい，スーパーオキサイドやヒドロキシラジカルのほかに脂質ラジカルなどがある。フリーラジカルの不対電子は反応性に富み，脂質やタンパクを攻撃し連鎖的に酸化反応を促進する。したがって，このような酸化連鎖反応を遮断するフリーラジカル除去剤の開発が求められている。

　ラジカル除去能を測定する方法として，安定なフリーラジカルα, α-diphenyl-β-picrylhydrazyl（DPPH・）を用いる方法がある。DPPH・溶液は 517 nm の吸収を持ち紫色を呈するが，非ラジカル体に変換するとその吸収が減少し黄色となる。そこで，この吸光度の減少度合いからラジカル除去能を評価することができる[1,2]。ラジカル除去能が大きいと色の変化も大きく効果が一目でわかる。

11．2　試薬および機器

〈反応溶液〉

① 0.1 M 酢酸緩衝液（pH 5.5）　　　1 mL
② エタノール　　　　　　　　　　1 mL
③ 0.5 mM DPPH エタノール溶液　0.5 mL

　注 1）水溶性の試料は酢酸緩衝液に，油溶性の試料はエタノールに溶かして加える。これより小スケールで行うこともできる。

〈機器〉

① 分光光度計またはマイクロプレートリーダー

11.3 実験操作

① 各濃度の試料とDPPH溶液以外の反応溶液を混合し*)，DPPH溶液を加えて反応を開始させる。
② 室温に30分静置した後の517 nmにおける吸光度(A)を測定する。
③ 試料各濃度におけるラジカル除去率を求める。試料を添加しないブランクの517 nmにおける吸光度(B)から吸光度(A)の変化率がラジカル除去率となる。

　　ラジカル除去率（%）＝(B − A)/B×100**)

この時，除去率が50%を挟むように濃度設定する。

④ 試料濃度の対数に対して除去率をプロットし，除去率が50%となる試料濃度 IC_{50} を求め，ラジカル除去能を比較する***)。

　*) 24穴プレートなどを用いてマイクロプレートリーダーにより吸光度測定を行えば，一度に多量の試料測定が行える。また，見た目にも効果が分かりやすい。
　**) 試料の517 nmにおける吸収が無視できない場合は，試料の色を考慮してラジカル除去率を求める。
　　　ラジカル除去率(%)＝(B − A + C)/B×100
　　　　A：試料＋DPPHの30分後の吸光度
　　　　B：DPPHのみ（試料なし）の吸光度
　　　　C：試料のみ（DPPHなし）の吸光度
　***) ラジカル除去能の相対的比較をする場合は，IC_{50} を求めなくても同一濃度におけるラジカル除去率で簡便に比較することもできる。

11.4 試験例（ヘスペリジン誘導体のDPPH除去能）

ヘスペリジン誘導体のラジカル除去能をDPPHを用いて測定し IC_{50} を求めた。

表1 ヘスペリジン誘導体のDPPH除去能

ヘスペリジン誘導体最終濃度（%）	0.025	0.05	0.1	0.2
ラジカル除去率（%）	36.2	48.2	59.0	66.5

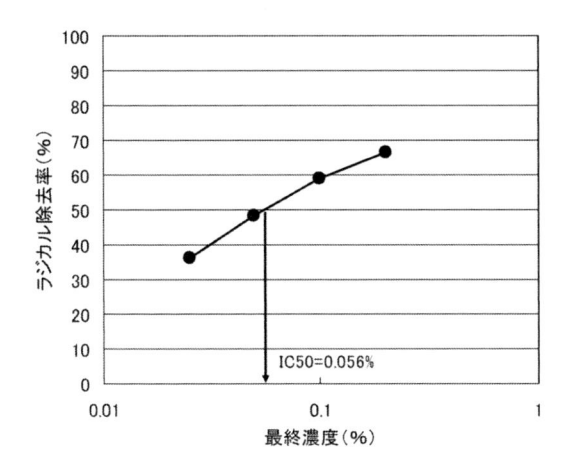

図1 ヘスペリジン誘導体のDPPH除去能

文 献

1) 内山　充, 鈴木康男, 福沢健治, 薬学雑誌, **88** (6), 678-683 (1968)
2) 福沢健治, 寺尾純二共著, 脂質過酸化実験法, 廣川書店, p.79-80 (1990)

第 1 章　化学的実験法

12 糖化反応生成物生成阻害作用の評価法

清水健司

12.1　試験の原理

　グルコースなどの還元糖はカルボニル基を有するため，生体蛋白のアミノ基や脂質と非酵素的に反応する。この反応は，糖化反応と呼ばれ，アマドリ転位物が生成するまでの前期段階の反応と，その後の，酸化・脱水・縮合などの後期反応を経て advanced glycation end products（AGEs）が最終産物として生成する。この AGEs 生成過程をグルコースとウシ血清アルブミン（BSA）と混合し，37℃でインキュベートすることで再現し，試験試料の共存有無による差異を評価する。生成した AGEs 量の検出は，AGEs が生成割合と比例して特定波長の蛍光強度（Ex 370 nm/Em 440 nm）を増加することが知られていることから，蛍光強度を指標として測定する[1]。なお，最終糖化産物のうち，ピラリン，カルボキシメチルリジン（CML）などは，蛍光を示さないことが確認されている。AGEs 量の検出は，酵素免疫測定法（ELISA キット），高速液体クロマトグラフ法（HPLC），液体クロマトグラフータンデム質量分析法（LC/MS/MS）等を適宜選択して測定することも可能である。

12.2　試薬調製

　Ca^{2+}，Mg^{2+} 未含有リン酸緩衝液（PBS（−））：精製水 1 l に対し，NaCl 8.0 g，KCl 0.2 g，$Na_2HPO_4・12H_2O$ 2.9 g および KH_2PO_4 0.2 g の割合で混合し，オートクレーブにて滅菌。
D-グルコース：国産化学㈱
Bovine serum albumin（BSA）：RIA grade（SIGMA-Aldrich, Inc）

12.3 試験操作

① D-グルコース 3.0 g と BSA 1.6 g を 10 ml の PBS（−）に溶解する。
② 溶液を 0.45 μm のフィルターにてろ過滅菌する。
③ 所定濃度の試験試料をろ過した溶液に溶解し，96 well に 100 μl ずつ分注する。
④ ラップでフタをし，37℃にて 1ヶ月間インキュベーションする。同様に調製した混合試料を −80℃にて冷凍保存し，陰性コントロール群とする。
⑤ 1ヶ月後，新しい 96 well マイクロプレートに各反応液 20 μl と精製水 180 μl を混合して 10 倍希釈して分注する。
⑥ 蛍光（Ex 370 nm/Em 440 nm）を測定する。
⑦ 糖化反応抑制は陰性コントロール（−80℃インキュベート）の試料未処理の蛍光値を 100 とした場合の百分率で表す。

備 考

本反応で生成する AGEs のうち，主要な構造体であり，生体における主要な抗原性を示すとされている CML は非蛍光性であることから，蛍光測定では検出されない。CML を検出するには，特異的抗体を用いた ELISA 法等による検出が推奨される。

文 献

1) Masaki H, Okano Y, Sakurai H, Generation of active oxygen species from advanced glycation end-products（AGEs）during ultraviolet light A（UVA）irradiation and a possible mechanism for cell damaging, *Biochim Biophys Acta.*, **1428**, 45-56（1999）

第 1 章　化学的実験法

13　カルボニルタンパク質生成阻害作用の評価法

水谷多恵子

13.1　試験の原理

　露光部の角層には，酸化タンパク質の一種であるカルボニルタンパク質が多く含まれており[1]，角層のカルボニルタンパク質の生成には，太陽光曝露などの外的因子が関与することが示唆される。

　また角層のカルボニルタンパク質の増加は，角層の透明感の低下や[2]，水分保持機能の低下[3]をもたらすことが知られている。そのため，角層のカルボニルタンパク質の増加を抑制することは，美容的にも，皮膚生理学的にも重要であると考えられる。

　本試験は，テープストリップ法により採取した角層に，in vitro において UVA を照射することで，角層のカルボニルタンパク質の生成を促進させることに基づく。UVA の照射下で角層からは活性酸素が生成し，その結果，角層細胞中のタンパク質が酸化され，角層のカルボニルタンパク質も増加する[4]。角層への試験試料の適用により，UVA 照射後の角層のカルボニルタンパク質の増加が抑制された場合，試験試料が UVA 照射により生じる活性酸素を消去する，あるいは酸化生成物を介したカルボニルタンパクの生成を阻害する作用を有することが示唆される。

　角層のカルボニルタンパク質は，カルボニルタンパク質中のアルデヒド基と反応特異性の高いヒドラジド誘導体（Fluorescein-5-thiosemicarbazide）によって修飾し，蛍光画像観察によって得られた画像の画像解析により相対値で評価する[1]。

13.2　試薬調製

　0.1 mol/L MES-Na バッファー（pH 5.5）：0.1 mol/L の 2-morpholinoethane sulfonic acid（MES）を NaOH で pH 5.5 に調製する。

　FTSC 溶液：Fluorescein-5-thiosemicarbazide（FTSC）をジメチルホルムアミドに溶解し 20

mmol/L としたものを，0.1 mol/L MES-Na バッファー（pH 5.5）で 1,000 倍希釈して使用する（終濃度 20 μmol/L）。

13.3 試験操作

① 皮膚表面を洗浄後，セロハンテープ（ニチバン株式会社）を用いたテープストリッピングによって角層を採取する。対象部位を非露光部位とすると，比較的均質な角層細胞が採取可能である。
② 角層を採取したテープを 7.5 mm×7.5 mm などの一定面積に細断する。
③ 角層が付着したテープの面を，スライドガラスに貼付し，テープの裏面から圧力をかけて密着させる。このときスライドガラスは 2 枚（UVA 照射用と未照射用）を一対で用意し，試験試料の数に応じて，細断したテープを貼付する。
④ テープを貼付したスライドガラスをキシレンに一晩浸漬し，セロハンとテープの粘着剤を除去することで，角層をスライドガラスに転写する。
⑤ バックグラウンドの低下を目的として，角層を転写したスライドガラスを新たなキシレンに 1 時間浸漬する。
⑥ スライドガラスを風乾し，キシレンを完全に除去する。
⑦ スライドガラスの角層表面に，一定量の試験試料を滴下する。コントロールには，試料の溶媒のみを滴下する。水溶性試料では 50% BG などを溶媒に用いることにより，試料の蒸発を防ぐことができる。
⑧ 片方のスライドガラスを用いて，試料を滴下した角層に UVA を 10 J/cm^2 照射する。もう一方のスライドガラスは遮光し，UVA を照射しない。
⑨ UVA を照射した角層のスライドガラスと UVA 未照射の角層のスライドガラスを，湿潤箱に移し，37℃，遮光下にて 48 時間インキュベートをする。
⑩ ろ紙などを用い角層に滴下した試料を注意深く吸い取った後，スライドガラスを洗浄して試料を除去する。水溶性試料は精製水によって洗浄し，油溶性試料はエタノールもしくはキシレンを用いて洗浄する。
⑪ スライドガラスを風乾後，0.1 mol/L MES-Na バッファー（pH 5.5）に室温にて 3 分間浸漬する。
⑫ FTSC 溶液にスライドガラスを浸漬し，室温，遮光下にて 1 時間反応させる。
⑬ 精製水によって FTSC 溶液を十分に洗浄後，風乾させる。
⑭ 蛍光顕微鏡にて観察をし，画像を取得する。
⑮ 得られた画像から，画像解析ソフトを用いて角層細胞の付着した面積を抽出し，角層細胞面積当たりの平均輝度をカルボニルタンパク質レベル（相対値）として算出する。

図1 試験手順の概要

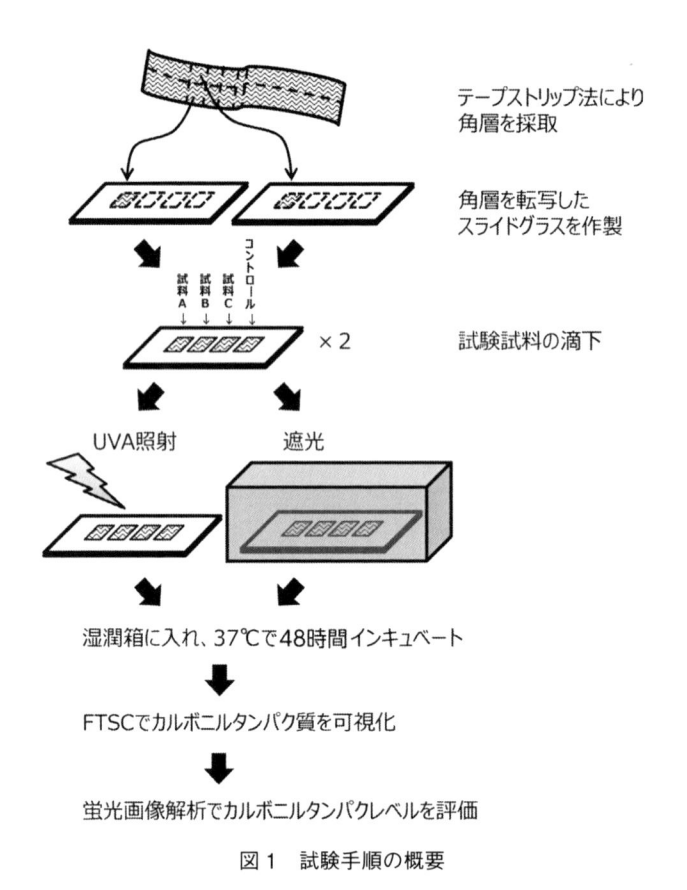

⑯ 試験試料を滴下した角層におけるUVA照射後のカルボニルタンパク質レベルの増加を，コントロールと比較することで，試験試料のカルボニルタンパク質生成阻害作用を評価する。

文 献
1) H. Fujita *et al.*, *Skin Res. Technol.* **13**, 84-90 (2007)
2) 岩井一郎ほか，日本化粧品技術者会誌 **42**, 16-21 (2008)
3) I. Iwai and T Hirao, *Skin Pharmacol Physiol.* **21**, 269-273 (2008)
4) 角田聖ほか，第74回SCCJ研究討論会講演要旨集 30-31 (2014)

第 2 章　生物学的実験法

1　過酸化水素による細胞傷害評価法

清水健司

1．1　試験の原理

過酸化水素による細胞傷害をニュートラルレッド法（NR 法）にて細胞生存率を測定することにより評価する。

1．2　試薬調製

① NR 液（ニュートラルレッド液）：ニュートラルレッド（3-アミノ-7 ジメチルアミノ-2-メチルフェノジンハイドロクロライド）33 mg を精製水 10 ml に溶解する。培地にて希釈し，最終濃度を 33 mg/l に各培地を用いて調整する。

② Hanks 緩衝液（Ca^{2+}，Mg^{2+} 未含有）（HBSS（−））：次に示す 2 種類の保存溶液をあらかじめ調製し，これらを溶液 1（25 ml），溶液 2（80 ml）と精製水 895 ml 混合して調製する。
  ・溶液 1：7.0 g の $NaHCO_3$ を秤量し，水に溶解して 500 ml とする。
  ・溶液 2：NaCl 80.0 g，KCl 4.0 g，$Na_2HPO_4 \cdot 2H_2O$ 0.6 g，glucose 10.0 g，KH_2PO_4 0.6 g を秤量し，順番に水に溶解して 800 ml とする。

③ Hanks 緩衝液（HBSS（+））：次に示す 3 種類の保存溶液をあらかじめ調製し，これらを溶液 1（25 ml），溶液 2（80 ml），溶液 3（10 ml）と精製水 885 ml 混合して調製する。
  ・溶液 1：7.0 g の $NaHCO_3$ を秤量し，水に溶解して 500 ml とする。
  ・溶液 2：NaCl 80.0 g，KCl 4.0 g，$MgSO_4 \cdot 7H_2O$ 2.0 g，$Na_2HPO_4 \cdot 2H_2O$ 0.6 g，glucose 10.0 g，KH_2PO_4 0.6 g を秤量し，順番に水に溶解して 800 ml とする。
  ・溶液 3：$CaCl_2$ 1.4 g を秤量し，水に溶解して 100 ml とする。

④ 過酸化水素溶液：Hanks 緩衝液に 30 % 過酸化水素溶液を 1,000 倍希釈し，波長 240 nm の吸光度を測定する。過酸化水素の濃度は，Abs. 240 nm のモル吸光係数 0.0397 l/(mmol・cm)

から算出する[1]。その後，試験濃度に，Hanks 緩衝液を用いて希釈する（NHEK の場合 HBSS(−)，NHDF の場合 HBSS(+) を用いる）。

1.3 細胞培養

① 細胞種：正常ヒト表皮細胞（NHEK）
② 培地：HuMedia KG2（倉敷紡績㈱：大阪，日本），HuMedia KB2（倉敷紡績㈱）
③ 細胞種：正常ヒト真皮線維芽細胞（NHDF）
④ 培地：5％FBS 含有 DMEM（Doulbecco's modified Eagle's Medium（DMEM）に牛胎児血清（FBS）を 5％添加する）

1.4 試験操作

① 各細胞分散液を各細胞密度（NHEK の場合 $3×10^5$ cells/ml，NHDF の場合 $2×10^5$ cell/ml）で各培地を用いて調製する（NHEK の場合 HuMedia KG2，NHDF の場合 5％FBS 含有 DMEM）。十分に分散しながら $100\,\mu l$ を 96-well プレートの各 well に添加する。
② 播種 24 時間後，所定濃度の試験試料を含有した培地に交換する。
③ 24 時間培養後，細胞を生理的緩衝液（NHEK の場合 HBSS(−)，NHDF の場合 HBSS(+)）にて 2 回洗浄する。
④ NHEK の場合 0.3～0.6 mmol/l，NHDF の場合 0.5～1.0 mmol/l の過酸化水素溶液 $100\,\mu l$ を添加し，2 時間培養する[注]。
　注）過酸化水素による細胞傷害の程度は，細胞の状態により変化するため，あらかじめ予備試験が必要。
⑤ 細胞を HBSS-/HBSS にて洗浄し，各培地にて 24 時間培養する（NHEK の場合 HuMedia KB2，NHDF の場合 5％FBS 含有 DMEM）。
⑥ NR 液を細胞に添加し，2 時間培養する。
⑦ 細胞を HBSS-/HBSS にて 2 回洗浄する。
⑧ 30％メタノール含有 1 mol/l HCl 溶液 $100\,\mu l$ を用いて，細胞内に取り込まれた NR を抽出する。
⑨ 細胞溶解液の吸光度を 550 nm および 650 nm にて測定し，その差（Abs. 550 nm-Abs. 650 nm）を NR 取り込みの吸光度とする。
⑩ 細胞生存率はコントロール（過酸化水素未処理細胞）の吸光度を 100 とした場合の百分率で表す。

文 献

1) Nelson DP, Kiesow LA., Enthalpy of decomposition of hydrogen peroxide by catalase at 25 degrees C (with molar extinction coefficients of H_2O_2 solutions in the UV), *Anal. Biochem.*, **49**, 474-478 (1972)

第 2 章 生物学的実験法

2 脂質過酸化物（t-Butyl hydroperoxide）による細胞傷害評価法

清水健司

2.1 試験の原理

　脂質過酸化物（t-Butyl hydroperoxide）による細胞傷害をニュートラルレッド法（NR 法）にて細胞生存率を測定することにより評価する[1]。

2.2 試薬調製

① NR 液（ニュートラルレッド液）：ニュートラルレッド（3-アミノ-7 ジメチルアミノ-2-メチルフェノジンハイドロクロライド）33 mg を精製水 10 ml に溶解する。培地にて希釈し，最終濃度を 33 mg/l に各培地を用いて調整する。

② Hanks 緩衝液（Ca^{2+}，Mg^{2+} 未含有）（HBSS(−)）：次に示す 2 種類の保存溶液をあらかじめ調製し，これらを溶液 1（25 ml），溶液 2（80 ml）と精製水 895 ml 混合して調製する。
・溶液 1：7.0 g の $NaHCO_3$ を秤量し，水に溶解して 500 ml とする。
・溶液 2：NaCl 80.0 g，KCl 4.0 g，$Na_2HPO_4 \cdot 2H_2O$ 0.6 g，glucose 10.0 g，KH_2PO_4 0.6 g を秤量し，順番に水に溶解して 800 ml とする。

③ Hanks 緩衝液（HBSS(+)）：次に示す 3 種類の保存溶液をあらかじめ調製し，これらを溶液 1（25 ml），溶液 2（80 ml），溶液 3（10 ml）と精製水 885 ml 混合して調製する。
・溶液 1：7.0 g の $NaHCO_3$ を秤量し，水に溶解して 500 ml とする。
・溶液 2：NaCl 80.0 g，KCl 4.0 g，$MgSO_4 \cdot 7H_2O$ 2.0 g，$Na_2HPO_4 \cdot 2H_2O$ 0.6 g，glucose 10.0 g，KH_2PO_4 0.6 g を秤量し，順番に水に溶解して 800 ml とする。
・溶液 3：$CaCl_2$ 1.4 g を秤量し，水に溶解して 100 ml とする。

④ 脂質過酸化物溶液：HBSS(−)/(+) に所定濃度の t-Butyl hydroperoxide を添加し，t-BHP 溶液を用事調製する。

2.3 細胞培養

① 細胞種：正常ヒト表皮細胞（NHEK）
② 培地：HuMedia KG2（倉敷紡績㈱：大阪，日本），HuMedia KB2（倉敷紡績㈱）
③ 細胞種：正常ヒト真皮線維芽細胞（NHDF）
④ 培地：5％FBS 含有 DMEM（Doulbecco's modified Eagle's Medium（DMEM）に牛胎児血清（FBS）を5％添加する）

2.4 試験操作

① 各細胞分散液を各細胞密度（NHEK の場合 $3×10^5$ cells/ml，NHDF の場合 $2×10^5$ cell/ml）で各培地を用いて調製する（NHEK の場合 HuMedia KG2，NHDF の場合5％FBS 含有 DMEM）。十分に分散しながら 100 μl を 96-well プレートの各 well に添加する。
② 播種24時間後，所定濃度の試験試料を含有した培地に交換する。
③ 24時間培養後，細胞を生理的緩衝液（NHEK の場合 HBSS(−)，NHDF の場合 HBSS(+)）にて2回洗浄する。
④ 0.2〜0.5 mmol/l の脂質過酸化物溶液 100 μl を添加し，2時間培養する[注]。
　　注）脂質過酸化物による細胞傷害の程度は，細胞の状態により変化するため，あらかじめ予備試験が必要。
⑤ 細胞を HBSS(−)/HBSS(+) にて洗浄し，各培地にて24時間培養する（NHEK の場合 HuMedia KB2，NHDF の場合5％FBS 含有 DMEM）。
⑥ NR 液を細胞に添加し，2時間培養する。
⑦ 細胞を HBSS-/HBSS にて2回洗浄する。
⑧ 30％メタノール含有 1 mol/l HCl 溶液 100 μl を用いて，細胞内に取り込まれた NR を抽出する。
⑨ 細胞溶解液の吸光度を 550 nm および 650 nm にて測定し，その差（Abs. 550 nm-Abs. 650 nm）を NR 取り込みの吸光度とする。
⑩ 細胞生存率はコントロール（脂質過酸化物未処理細胞）の吸光度を100とした場合の百分率で表す。

文献

1) Masaki H, Atsumi T, Sakurai H, Peroxyl radical scavenging activities of hamamelitannin in chemical and biological systems, *Free Radic. Res.*, **22**, 419-430（1995）

第 2 章　生物学的実験法

3　一重項酸素による細胞傷害評価法

岡野由利

3.1　試験の原理

一重項酸素は活性酸素に分類され，生体ではリボフラビンやポルフィリンのような光増感剤とUVAによる光増感反応によって産生される。皮膚表面では皮膚常在菌やpropionibacterium acnesによって産生されるポルフィリンが光増感剤として働きアクネの状態を悪化させることが知られている[1]。

本評価系における一重項酸素は，ヘマトポルフィリン（Hp）とUVAにより産生する。Hp共存下で細胞にUVAを照射し，24時間培養後の細胞生存率をニュートラルレッド法（NR法）にて測定し，細胞傷害性を測定することによって，素材の一重項酸素クエンチング作用を評価する[2]。

3.2　試薬調製

① 300 pM Hematoporphyrin（Hp）溶液：ヘマトポルフィリン（Hp）17.96 mgを1 mLのDMSOに溶解し，30 mMのDMSO溶液を調製する。30 mMのHpのDMSO溶液をHanks緩衝液（NHEKの場合HBSS(−)，NHDFの場合HBSS(+)）にて希釈し，最終濃度300 pMに調製する。

② NR液（ニュートラルレッド液）：ニュートラルレッド（3-アミノ-7-ジメチルアミノ-2-メチルフェノジンハイドロクロライド）33 mgを精製水10 mLに溶解する。最終濃度が33 mg/Lになるように，各培地（NHEKの場合HuMedia KG2，NHDFの場合5%FBS含有DMEM）を用いて調製する。

③ Hanks緩衝液（Ca^{2+}，Mg^{2+}未含有）(HBSS(−))：次に示す2種類の保存溶液をあらかじめ調製し，これらを溶液1（25 mL），溶液2（80 mL）と精製水895 mLを混合して調製する。混合後，ろ過滅菌している。

- 溶液 1：7.0 g の NaHCO₃ を秤量し，水に溶解して 500 mL とする。
- 溶液 2：NaCl 80.0 g，KCl 4.0 g，Na₂HPO₄・2H₂O 0.6 g，glucose 10.0 g，KH₂PO₄ 0.6 g を秤量し，順番に水に溶解して 800 mL とする。

④ Hanks 緩衝液（HBSS(+)）：次に示す 3 種類の保存溶液をあらかじめ調製し，これらを溶液 1（25 mL），溶液 2（80 mL），溶液 3（10 mL）と精製水 885 mL を混合して調製する。混合後，ろ過滅菌して用いる。

- 溶液 1：7.0 g の NaHCO₃ を秤量し，水に溶解して 500 mL とする。
- 溶液 2：NaCl 80.0 g，KCl 4.0 g，MgSO₄・7H₂O 2.0 g，Na₂HPO₄・2H₂O 0.6 g，glucose 10.0 g，KH₂PO₄ 0.6 g を秤量し，順番に水に溶解して 800 mL とする。
- 溶液 3：CaCl₂ 1.4 g を秤量し，水に溶解して 100 mL とする。

3.3　細胞培養

① 細胞種：正常ヒト表皮細胞（NHEK）
② 表皮細胞用培地：HuMedia KG2（倉敷紡績㈱：大阪，日本），HuMedia KB2（倉敷紡績㈱）あるいは，
③ 細胞種：正常ヒト真皮線維芽細胞（NHDF）
④ 線維芽細胞用培地：Doulbecco's modified Eagle's Medium（DMEM）に牛胎児血清（FBS）を 5％となるよう添加する。DMEM のメーカーは問わない。

3.4　試験操作

① 各細胞分散液を各細胞密度（NHEK の場合 3×10^5 cells/mL，NHDF の場合 2×10^5 cell/mL）で各培地を用いて調製する（NHEK の場合 HuMedia KG2，NHDF の場合 5 %FBS 含有 DMEM）。十分に分散しながら 100 μL を 96-well プレートの各 well に添加する。

② 24 時間培養後，細胞を生理的緩衝液（NHEK の場合 HBSS(−)，NHDF の場合 HBSS(+)）にて 2 回洗浄する。

③ 洗浄液を 300 pM Hp 含有 HBSS(−)/HBSS(+) 溶液に交換し，Hp 共存下，5 から 15 J/cm² の UVA を照射する注)。

　注）Hp 共存下での UVA 照射による細胞傷害の程度は，細胞の状態により変化するため，あらかじめ予備試験によって細胞生存率が 70%程度になる線量を決定すること。

④ 照射後，細胞を HBSS(−)/HBSS(+) にて洗浄し，各培地にて 24 時間培養する（NHEK の場合 HuMedia KB2，NHDF の場合 5 %FBS 含有 DMEM）。

⑤ 100 μL の NR 液を細胞に添加し，2 時間培養する。

⑥ 細胞を 200 μL の HBSS(−)/HBSS(+) にて 2 回洗浄する。
⑦ 30 % メタノール含有 1 M HCl 溶液 100 μl を用いて細胞を充分に溶解し，細胞内に取り込まれた NR を抽出する。
⑧ 細胞溶解液の吸光度を 550 nm および 650 nm にて測定し，その差（Abs. 550 nm-Abs. 650 nm）を細胞に取り込まれた NR の吸光度とする。
⑨ 細胞生存率はコントロール（UVA 未照射細胞）の吸光度を 100 とした場合の百分率で表す。

※素材の細胞への処理は評価しようとする作用の目的によって，一重項酸素曝露前，曝露中共存，あるいは曝露後とする。

文　献

1) Ryu A, Arakane K, Koide C, Arai H, Nagano T, Squalene as a target molecule in skin hyperpigmentation caused by singlet oxygen, *Biol. Pharm. Bull.*, **32**, 1504-9（2009）
2) Maskai H, Atsumi T, Sakurai H, Hamamelitannin as a new potent active oxygen scavenger, *Phytochem.*, **37**, 337-343（1994）

第2章　生物学的実験法

4 UVBによる細胞傷害評価法

岡野由利

4.1 試験の原理

UVBは細胞内の活性酸素産生を誘導し酸化ストレスを亢進することにより細胞傷害を惹起する[1]。また，細胞内DNAに光反応によりcylrobutane pyrimidine dimerや6-4付加体を生成しDNAを損傷させる[2]。その結果，皮膚老化の促進や皮膚癌の発生を誘導する。

本評価系ではUVBにより惹起される細胞傷害をニュートラルレッド法（NR法）にて細胞生存率を測定し，それを指標とすることによって，素材のUVBによる細胞傷害緩和作用を評価する[3]。

4.2 試薬調製

① NR液（ニュートラルレッド液）：ニュートラルレッド（3-アミノ-7-ジメチルアミノ-2-メチルフェノジンハイドロクロライド）33 mgを精製水10 mLに溶解する。培地にて希釈し，最終濃度を33 mg/Lになるように，各培地を用いて調製する。

② Hanks緩衝液（Ca^{2+}，Mg^{2+}未含有）（HBSS(−)）：次に示す2種類の保存溶液をあらかじめ調製し，これらを溶液1（25 mL），溶液2（80 mL）と精製水895 mLを混合して調製する。混合後，ろ過滅菌して用いる。

・溶液1：7.0 gの$NaHCO_3$を秤量し，水に溶解して500 mLとする。
・溶液2：NaCl 80.0 g，KCl 4.0 g，Na_2HPO_4・$2H_2O$ 0.6 g，glucose 10.0 g，KH_2PO_4 0.6 gを秤量し，順番に水に溶解して800 mLとする。

③ Hanks緩衝液（HBSS(+)）：次に示す3種類の保存溶液をあらかじめ調製し，これらを溶液1（25 mL），溶液2（80 mL），溶液3（10 mL）と精製水885 mLを混合して調製する。混合後，ろ過滅菌して用いる。

- 溶液1：7.0 g の NaHCO₃ を秤量し，水に溶解して 500 mL とする。
- 溶液2：NaCl 80.0 g，KCl 4.0 g，MgSO₄・7H₂O 2.0 g，Na₂HPO₄・2H₂O 0.6 g，glucose 10.0 g，KH₂PO₄ 0.6 g を秤量し，順番に水に溶解して 800 mL とする。
- 溶液3：CaCl₂ 1.4 g を秤量し，水に溶解して 100 mL とする。

4.3 細胞培養

① 細胞種：正常ヒト表皮細胞（NHEK）
② 表皮細胞用培地：HuMedia KG2（倉敷紡績㈱：大阪，日本），HuMedia KB2（倉敷紡績㈱）
あるいは，
③ 細胞種：正常ヒト真皮線維芽細胞（NHDF）
④ 線維芽細胞用培地：Doulbecco's modified Eagle's Medium（DMEM）に牛胎児血清（FBS）を5％となるよう添加する。DMEM のメーカーは問わない。

4.4 試験操作

① 各細胞分散液を各細胞密度（NHEK の場合 3×10^5 cells/mL，NHDF の場合 2×10^5 cell/mL）で各培地を用いて調製する（NHEK の場合 HuMedia KG2，NHDF の場合5％FBS含有 DMEM）。十分に分散しながら 100 μL を 96-well プレートの各 well に添加する。
② 24時間培養後，細胞を生理的緩衝液（NHEK の場合 HBSS(−)，NHDF の場合 HBSS(+)）にて2回洗浄する。
③ 洗浄液を新しい HBSS(−)/HBSS(+) に交換し，10から25 mJ/cm² の UVB を照射する[注]。
   注）UVB 照射による細胞傷害の程度は，細胞の状態により変化するため，あらかじめ予備試験によって細胞生存率が70％程度になる線量を決定すること。
④ 照射後，細胞を HBSS(−)/HBSS(+) にて洗浄し，各培地にて24時間培養する（NHEK の場合 HuMedia KB2，NHDF の場合5％FBS含有 DMEM）。
⑤ 100 μL の NR 液を細胞に添加し，2時間培養する。
⑥ 細胞を 200 μL の HBSS(−)/HBSS(+) にて2回洗浄する。
⑦ 30％メタノール含有1 M HCl 溶液 100 μL を用いて細胞を充分に溶解し，細胞内に取り込まれた NR を抽出する。
⑧ 細胞溶解液の吸光度を 550 nm および 650 nm にて測定し，その差（Abs. 550 nm-Abs. 650 nm）を細胞に取り込まれた NR の吸光度とする。
⑨ 細胞生存率はコントロール（UVB 未照射細胞）の吸光度を 100 とした場合の百分率で表す。

※素材の細胞への処理は評価しようとする作用の目的によって，UVB 曝露前あるいは曝露後とする。

文　献

1) R Masaki H, Atsumi T, Sakurai H, Detection of hydrogen peroxide and hydroxyl radicals in murine skin fibroblasts under UVB irradiation, *Biochem. Biophys. Res. Commun.*, **206**, 474-479 (1995)
2) Wolf P, Yarosh DB, Kripke ML, Effects of sunscreens and a DNA excision repair enzyme on ultraviolet radiation-induced inflammation, immune suppression, and cyclobutane pyrimidine dimer formation in mice, *J. Invest. Dermatol.*, **101**, 523-7 (1993)
3) Masaki H, Atsumi T, Sakurai H, Protective activity of hamamelitannin on cell damage of murine skin fibroblasts induced by UVB irradiation, *J. Dermatol. Sci.*, **10**, 25-34 (1995)

第 2 章 生物学的実験法

5 細胞内活性酸素レベルの低下評価法

水谷多恵子

5.1 試験の原理

　細胞内における活性酸素の生成は，主にミトコンドリアの代謝に由来し，ミトコンドリア内膜に存在する電子伝達系を構成するタンパク質複合体の一部が，活性酸素生成部位となっている[1]。これらに対し，細胞には活性酸素レベルの上昇を抑える抗酸化システムが機能しており，代謝によって生じる活性酸素を消去して，定常状態のレドックスバランスを維持している[2]。

　本試験は，定常状態にある細胞内のレドックスバランスに対する試験試料の作用を，細胞内の活性酸素レベルを測定する蛍光プローブによって評価する方法である。試験では，活性酸素との反応により蛍光を発するプローブである 2',7'-dichlorodihydrofluorescein（H_2DCF）をアセチル化することで細胞への浸透性を向上させた 2',7'-dichlorodihydrofluorescein diacetate（H_2DCFDA）を用いる。細胞内に浸透した H_2DCFDA は，細胞内エステラーゼによりアセチル基が加水分解された後，細胞内の活性酸素によって酸化されてはじめて蛍光を発する[3,4]。そのため，蛍光強度の測定により細胞内の活性酸素レベルを評価することができる。

5.2 試薬調製

① ハンクス緩衝液：Ca^{2+}, Mg^{2+} 不含ハンクス緩衝液（HBSS（−））もしくは Ca^{2+}, Mg^{2+} 含有ハンクス緩衝液（HBSS（＋））を調製する。細胞種に応じて適切なハンクス緩衝液を使用する。NHEK の場合は HBSS（−）を用い，NHDF の場合は HBSS（＋）を使用する。

・HBSS（−）：次に示す 2 種類の保存溶液をあらかじめ調製し，これらの溶液 1（25 mL），溶液 2（80 mL）と精製水 895 mL を混合して調製する。

溶液 1：7.0 g の $NaHCO_3$ を秤量し，精製水に溶解して 500 mL とする。

溶液 2：NaCl 80.0 g，KCl 4.0 g，$Na_2HPO_4 \cdot 2H_2O$ 0.6 g，グルコース 10.0 g，KH_2PO_4 0.6 g

を秤量し，順番に精製水に溶解して 800 mL とする。
- HBSS（+）：次に示す 3 種類の保存溶液をあらかじめ調製し，これらの溶液 1（25 mL），溶液 2（80 mL），溶液 3（10 mL）と精製水 885 mL を混合して調製する。

  溶液 1：7.0 g の $NaHCO_3$ を秤量し，精製水に溶解して 500 mL とする。

  溶液 2：NaCl 80.0 g，KCl 4.0 g，$MgSO_4・7H_2O$ 2.0 g，$Na_2HPO_4・2H_2O$ 0.6 g，グルコース 10.0 g，KH_2PO_4 0.6 g を秤量し，順番に精製水に溶解して 800 mL とする。

  溶液 3：$CaCl_2$ 1.4 g を秤量し，精製水に溶解して 100 mL とする。

② H_2DCFDA 溶液：2',7'-dichlorodihydrofluorescein diacetate（H_2DCFDA, DCFH-DA）をジメチルスルホキシドに溶解し 20 mmol/L としたもの（凍結保存可能）を，ハンクス液にて 1,000 倍希釈して使用する（終濃度 20 μmol/L）。

③ Triton X-100 溶液：0.5% Triton X-100 溶液を精製水にて調製する。

④ タンパク質定量キット：BCA Protein Assay Reagent Kit（サーモフィッシャーサイエンティフィック株式会社）

5.3 細胞培養

① 細胞種

  本試験は，次の細胞種に対して実施可能であるが，これらの細胞種に限られるものではない。
  - 正常ヒト表皮細胞（normal human epidermal keratinocyte, NHEK）
  - 正常ヒト真皮線維芽細胞（normal human dermal fibroblast, NHDF）

② 培地
  - NHEK 用培地：HuMedia KG2（倉敷紡績株式会社）
  - NHDF 用培地：Dulbecco's modified Eagle's Medium（DMEM）にウシ胎児血清（FBS）を 5%添加する（5% FBS 含有 DMEM）。

5.4 試験操作

① 96 穴マイクロプレートに細胞種に適した培地を用いて細胞を播種し，24 時間培養する。播種時の細胞密度は，NHEK の場合 $3×10^4$ cells /well，NHDF の場合 $2×10^4$ cells /well を目安とする。

② 所定濃度の試験試料を含む培地に交換して，24 時間培養を継続する。

③ 培地を除去し，100 μL のハンクス緩衝液にて細胞を 1 回洗浄する。

④ 100 μL の H_2DCFDA 溶液に置き換え，45 分間培養を継続し，細胞内にプローブを取り込ませる。

⑤ H₂DCFDA 溶液を除去し，100 μL のハンクス緩衝液にて細胞を 1 回洗浄することで，細胞外のプローブを除去する。

⑥ 100 μL のハンクス緩衝液を加え，蛍光プレートリーダーにて Ex/Em 485/530 nm の蛍光強度を測定する。

⑦ ハンクス緩衝液を除去し，100 μL の Triton X-100 溶液を加えて細胞を溶解後，BCA Protein Assay Reagent Kit を用いて細胞溶解液の総タンパク質量を定量する。

⑧ 単位タンパク質あたりの蛍光強度を算出し，試料無処理（コントロール）との相対比較によって，試験試料の細胞内活性酸素レベルに対する作用を評価する。

文 献

1) M. Saraste, *Science* **283**, 1488-1493（1999）
2) H. Sies, *Exp Physiol.* **82**, 291-295（1997）
3) DA Bass et al., *J Immunol.* **130**, 1910-1917（1983）
4) AR Rosenkranz et al., *J Immunol Methods.* **156**, 39-45（1992）

第 2 章　生物学的実験法

6　細胞内活性酸素測定―UVB 照射時の細胞内過酸化水素の検出

清水健司

6.1　試験の原理

　細胞内の活性酸素種は，過酸化水素反応性蛍光プローブ 2',7'-dichlorodihydrofluorescein diacetate（DCFH-DA）を用いて測定する。DCFH-DA は細胞膜浸透性プローブであり，細胞内でエステラーゼにより加水分解された後，細胞内ペルオキシダーゼと過酸化水素との反応により蛍光を発する[1,2]。

　細胞を溶解後，蛍光強度を測定することにより細胞内の過酸化水素量を計測することができる。

6.2　試薬調製

① Hanks 緩衝液（Ca^{2+}，Mg^{2+} 未含有）（HBSS(−)）：次に示す 2 種類の保存溶液をあらかじめ調製し，これらを溶液 1（25 ml），溶液 2（80 ml）と精製水 895 ml 混合して調製する。

・溶液 1：7.0 g の $NaHCO_3$ を秤量し，水に溶解して 500 ml とする。

・溶液 2：NaCl 80.0 g，KCl 4.0 g，$Na_2HPO_4・2H_2O$ 0.6 g，glucose 10.0 g，KH_2PO_4 0.6 g を秤量し，順番に水に溶解して 800 ml とする。

② Hanks 緩衝液（HBSS(+)）：次に示す 3 種類の保存溶液をあらかじめ調製し，これらを溶液 1（25 ml），溶液 2（80 ml），溶液 3（10 ml）と精製水 885 ml 混合して調製する。

・溶液 1：7.0 g の $NaHCO_3$ を秤量し，水に溶解して 500 ml とする。

・溶液 2：NaCl 80.0 g，KCl 4.0 g，$MgSO_4・7H_2O$ 2.0 g，$Na_2HPO_4・2H_2O$ 0.6 g，glucose 10.0 g，KH_2PO_4 0.6 g を秤量し，順番に水に溶解して 800 ml とする。

・溶液 3：$CaCl_2$ 1.4 g を秤量し，水に溶解して 100 ml とする。

③ 20 µmol/l 2',7'-dichlorodihydrofluorescein diacetate（DCFH-DA）：DMSO にて 20 mmol/l の DCFH-DA ストック溶液を調製し，冷凍保存する。HBSS にてストック溶液を 1,000 倍希釈し

た溶液を試験毎に用事調製する。

④ Triton X-100溶液：精製水にて0.5％のTritonX-100溶液を用事調製する。

6.3 細胞培養

① 細胞種：正常ヒト表皮細胞（NHEK）
② 培地：HuMedia KG2（倉敷紡績㈱：大阪，日本），HuMedia KB2（倉敷紡績㈱）
③ 細胞種：正常ヒト真皮線維芽細胞（NHDF）
④ 培地：5％FBS含有DMEM（Doulbecco's modified Eagle's Medium（DMEM）に牛胎児血清（FBS）を5％添加する）

6.4 試験操作

① 各細胞分散液を各細胞密度（NHEKの場合$3×10^5$ cells/ml，NHDFの場合$2×10^5$ cell/ml）で各培地を用いて調製する（NHEKの場合HuMedia KG2，NHDFの場合5％FBS含有DMEM）。十分に分散しながら$100\,\mu l$を96-wellプレートの各wellに添加する。
② 播種24時間後，所定濃度の試験試料を含有した培地に交換する。
③ 24時間培養後，細胞を生理的緩衝液（NHEKの場合HBSS(−)，NHDFの場合HBSS(+)）にて2回洗浄する。
④ $20\,\mu mol/l$ DCFH-DA溶液を$100\,\mu l$添加し，30分インキュベートしDCFH-DAを細胞に取り込ませる。
⑤ 細胞をHBSS(−)/HBSS(+)にて2回洗浄する。
⑥ $100\,\mu l$のHBSS(−)/HBSS(+)に培地を交換し，$50～200\,mJ/cm^2$のUVB（PHILIPS TL20W/12RS UV-B MEDICALランプ）を照射する。照射中は，短波長カットフィルター（朝日分光㈱）を用いて，300 nm以下の波長をカットする。コントロールとしてアルミ箔にて，UVBを遮蔽したUVB未照射細胞群を同条件にて調製する。
⑦ 照射5分後，細胞をHBSS(−)/HBSS(+)にて1回洗浄する。
⑧ 細胞を，Triton X-100溶液$100\,\mu l$にて溶解し，直後に蛍光強度（Ex. 485 nm/Em. 530 nm）を測定する。
⑨ 同時に細胞溶解液の総タンパク量をBCA Protein Assay Reagent Kitを用いて定量する。
⑩ 単位タンパク当たりの蛍光強度を算出し，UVB照射による細胞内活性酸素の増加を比較する。

文　献

1) Rosenkranz AR, Schmaldienst S, Stuhlmeier KM, Chen W, Knapp W, Zlabinger GJ., A microplate assay for the detection of oxidative products using 2',7'-dichlorofluorescin-diacetate., *J. Immunol. Methods*, **156**, 39-45（1992）
2) Bass DA, Parce JW, Dechatelet LR, Szejda P, Seeds MC, Thomas M., Flow cytometric studies of oxidative product formation by neutrophils: a graded response to membrane stimulation., *J. Immunol.*, **130**, 1910-1917（1983）

第2章 生物学的実験法

7 過酸化水素暴露細胞の過酸化水素消去評価法

水谷多恵子

7.1 試験の原理

過酸化水素は，細胞内で生じる活性酸素種のうち，最も長寿命である事に加え，UVAの曝露や二価鉄の存在下において細胞傷害性が極めて高いヒドロキシラジカルに開裂することが知られている。そのため，細胞内の過酸化水素を消去する作用は，生体内における酸化レベルの亢進を抑制する上で重要であると考えられる。

本試験は，過酸化水素を曝露した細胞における，試験試料による過酸化水素の消去作用を，細胞内の活性酸素レベルを測定する蛍光プローブによって評価する方法である。過酸化水素の検出には，活性酸素との反応により蛍光を発するプローブである2',7'-dichlorodihydrofluorescein（H_2DCF）をアセチル化することで細胞への浸透性を向上させた2',7'-dichlorodihydrofluorescein diacetate（H_2DCFDA）を用いる。細胞内に浸透したH_2DCFDAは，アセチル基が細胞内エステラーゼにより除去された後，細胞内の活性酸素によって酸化されるとはじめて蛍光を発する[1,2]。過酸化水素を細胞に曝露すると，過酸化水素が速やかに細胞内に浸透し，細胞内の活性酸素レベルを亢進させる。試験試料の前処理によって，過酸化水素に曝露した細胞内の活性酸素レベルの増加が抑制された場合，試験試料は直接的もしくは細胞内の抗酸化システムに作用することにより，細胞内の過酸化水素を消去する作用を有することが示唆される。

7.2 試薬調製

① ハンクス緩衝液：Ca^{2+}，Mg^{2+}不含ハンクス緩衝液（HBSS（−））もしくはCa^{2+}，Mg^{2+}含有ハンクス緩衝液（HBSS（＋））を調製する。細胞種に応じて適切なハンクス緩衝液を使用する。NHEKの場合はHBSS（−）を用い，NHDFの場合はHBSS（＋）を使用する。

・HBSS（−）：次に示す2種類の保存溶液をあらかじめ調製し，これらの溶液1（25 mL），溶

液2（80 mL）と精製水895 mLを混合して調製する。

溶液1：7.0 gのNaHCO₃を秤量し，精製水に溶解して500 mLとする。

溶液2：NaCl 80.0 g，KCl 4.0 g，Na₂HPO₄・2H₂O 0.6 g，グルコース 10.0 g，KH₂PO₄ 0.6 gを秤量し，順番に精製水に溶解して800 mLとする。

・HBSS（+）：次に示す3種類の保存溶液をあらかじめ調製し，これらの溶液1（25 mL），溶液2（80 mL），溶液3（10 mL）と精製水885 mLを混合して調製する。

溶液1：7.0 gのNaHCO₃を秤量し，精製水に溶解して500 mLとする。

溶液2：NaCl 80.0 g，KCl 4.0 g，MgSO₄・7H₂O 2.0 g，Na₂HPO₄・2H₂O 0.6 g，グルコース 10.0 g，KH₂PO₄ 0.6 gを秤量し，順番に精製水に溶解して800 mLとする。

溶液3：CaCl₂ 1.4 gを秤量し，精製水に溶解して100 mLとする。

② H₂DCFDA溶液：2',7'-dichlorodihydrofluorescein diacetate（H₂DCFDA, DCFH-DA）をジメチルスルホキシドに溶解し20 mmol/Lとしたもの（凍結保存可能）を，ハンクス液にて1,000倍希釈して使用する（終濃度20 μmol/L）。

③ 500 μmol/L過酸化水素溶液：30%過酸化水素溶液を，ハンクス液によって1,000倍希釈後，240 nmにおける吸光度を測定する。240 nmにおける過酸化水素の分子吸光係数 0.0394 L/（mmol・cm）[3] よりモル濃度を算出し，ハンクス液によって適宜希釈をして500 μmol/L過酸化水素溶液を調製する。

④ Triton X-100溶液：0.5% Triton X-100溶液を精製水にて調製する。

⑤ タンパク質定量キット：BCA Protein Assay Reagent Kit（サーモフィッシャーサイエンティフィック株式会社）

7.3　細胞培養

① 細胞種

本試験は，次の細胞種に対して実施可能であるが，これらの細胞種に限られるものではない。

・正常ヒト表皮細胞（normal human epidermal keratinocyte, NHEK）
・正常ヒト真皮線維芽細胞（normal human dermal fibroblast, NHDF）

② 培地

・NHEK用培地：HuMedia KG2（倉敷紡績株式会社）
・NHDF用培地：Dulbecco's modified Eagle's Medium（DMEM）にウシ胎児血清（FBS）を5%添加する（5%FBS含有DMEM）。

7.4 試験操作

① 96穴マイクロプレートに細胞種に適した培地を用いて細胞を播種し,24時間培養する。播種時の細胞密度は,NHEKの場合 3×10^4 cells/well,NHDFの場合 2×10^4 cells/well を目安とする。

② 所定濃度の試験試料を含む培養液に交換して,24時間培養を継続する。

③ 培地を除去し,100 μL のハンクス液にて細胞を1回洗浄する。

④ 100 μL の H_2DCFDA 溶液に置き換え,45分間培養を継続し,細胞内にプローブを取り込ませる。

⑤ H_2DCFDA 溶液を除去し,100 μL のハンクス液にて細胞を1回洗浄することで,細胞外のプローブを除去する。

⑥ 500 μmol/L 過酸化水素溶液を 100 μL 加え,蛍光プレートリーダーにて Ex/Em 485/530 nm の蛍光強度を継時的に測定する(30分〜2時間)。

⑦ 蛍光強度を測定後,500 μmol/L 過酸化水素溶液を除去し,100 μL のハンクス液にて細胞を1回洗浄する。

⑧ 100 μL の Triton X-100 溶液を加えて細胞を溶解後,BCA Protein Assay Reagent Kit を用いて細胞溶解液の総タンパク質量を定量する。

⑨ 単位タンパク質あたりの蛍光強度を算出し,試料無処理(コントロール)との相対比較によって,試験試料の過酸化水素消去作用を評価する。

文　献
1) DA Bass *et al.*, *J Immunol.* **130**, 1910–1917 (1983)
2) AR Rosenkranz *et al.*, *J Immunol Methods.* **156**, 39–45 (1992)
3) DP Nelson, LA Kiesow, *Anal Biochem.* **49**, 474–478 (1972)

第3章 ヒト角層細胞を用いた実験法

1 角層細胞のカタラーゼ活性測定法

山下由貴

1.1 試験の原理

皮膚には酸化ストレスを軽減するための様々な抗酸化物資や酵素が存在する。カタラーゼは代表的な抗酸化酵素の一種であり，皮膚への紫外線曝露等で生じる過酸化水素を分解する。皮膚のカタラーゼ活性は紫外線照射により減少すること[1]，年齢により減少する傾向があること[2]が報告されている。角層中のカタラーゼ活性をテープストリッピングによる採取した角層細胞より非侵襲的に測定することで，酸化ストレスの簡便な指標として用いることが可能である。採取した角層を過酸化水素と2時間反応させ，残存する過酸化水素をアミノアンチピリン法により測定する。過酸化水素は，4-アミノアンチピリン，フェノールの存在下，ペルオキシダーゼの触媒反応により紅色キノン色素（550 nm）を生成する。この吸光度を測定することによって残存している過酸化水素量が算出できる。これを角層と反応させた過酸化水素量より差し引くことで，過酸化水素の消去量を求める。同時に過酸化水素と反応させた角層タンパク量を測定し，単位時間および単位タンパク量あたりの過酸化水素の消去量をカタラーゼ活性とする[2]。

1.2 試薬調製

4-アミノアンチピリン（和光純薬工業㈱）：1.76 mM となるよう PBS（-）にて調製する。

フェノール（和光純薬工業㈱）：11.4 mM となるよう PBS（-）にて調製する。

ペルオキシダーゼ（和光純薬工業㈱）：2.0 U/mL となるよう PBS（-）を用いて調製する。

過酸化水素（H_2O_2）（和光純薬工業㈱）：5 μL の過酸化水素を PBS（-）50 mL に溶解し，過酸化水素の 240 nm のモル吸光係数（$\varepsilon = 0.041$）を用いて 1 mM に調製する。

OPA reagent：Fluoraldehyde™ Reagent Solution（26025, PIERCE）

H_2O_2 standard solution（0, 0.5, 1.0 mM）

BSA standard solution（0, 50, 100 μg/mL）：ウシ血清アルブミン 10 mg/mL を調製し，8 M 水酸化カリウム水溶液を用いて 100 μg/mL と 50 μg/mL となるよう希釈する。

1.3　試験操作

〈過酸化水素消去量の測定〉

① テープ（セロテープ，ニチバン）を用いて被験部位の角層を採取し，採取したテープを 6 mm 径に切り抜き，1.5 mL チューブに移す。
② 検量線用に，空のテープも同様に 6 mm 径に切り抜き，1.5 mL チューブに移す。
③ 各々のサンプルが入ったチューブに 1 mM H_2O_2 を 250 μL ずつ加える。
④ 検量線用の空テープが入ったチューブに H_2O_2 standard solution を 250 μL ずつ加える。
⑤ 室温にて 2 時間振とうする。
⑥ 反応液 50 μL を 96 ウェルプレートに移し，4-アミノアンチピリン 35 μL，フェノール 35 μL およびペルオキシダーゼ溶液 10 μL を加え混合する。
⑦ 5〜15 分後，550 nm の吸光度を測定する。
⑧ チューブを 10,000 rpm，4℃にて 5 分間遠心する。
⑨ 上清を除き，チューブの蓋を開けたまま乾燥機にて一晩乾燥する。

〈タンパク量の測定〉

① BSA 検量線用に，空テープを 6 mm 径に切り抜き，1.5 mL チューブに移す。
② BSA standard solution を検量線のチューブに加える。
③ 乾燥したチューブに，8 M 水酸化カリウムを 200 μL ずつ加える。
④ チューブの蓋をしっかり閉め，100℃にて 8 時間加水分解処理を行う。
⑤ 冷却後，5 M 塩酸を 300 μL 加えて中和する。
⑥ チューブを 10,000 rpm，4℃にて 5 分間遠心する。
⑦ 反応液 100 μL を 96 ウェルブラックプレートに移し，OPA reagent 50 μL と混合する。
⑧ 5 分後，蛍光強度（Ex 365 nm，Em 450 nm）を測定する。

文　献

1) Yamada S. *et al.*, 24th IFSCC Congress, Osaka, October (2006)
1) Corstjens H. *et al.*, *Experimental Gerontology*, **42**, 924-929 (2007)

第 3 章　ヒト角層細胞を用いた実験法

2 ｜ 角層細胞の Galectin-7 の測定

石渡潮路

2.1　試験の原理

　テープストリッピング法により採取した角層細胞中のタンパク質量の測定は，外界からのストレスに応答して皮膚内で増加するバイオマーカーとして有用である。角層細胞に含まれるタンパク質について研究がなされてきたが[1,2]，その測定においては目的のタンパク質，測定系の特性によって適切な抽出方法を選択することが重要である。本評価系で測定する Galectin-7 は β ガラクトシドに特異的に結合するレクチンファミリーの一種で，表皮全層に発現しているタンパク質である[3]。角層細胞中の Galectin-7 は，アトピー性皮膚炎の皮疹部・無疹部とも健常人に比べ有意に多く，症状が改善するとともに減少することが認められている。また，角層細胞中の Galectin-7 量と経皮水分蒸散量が相関することから，角層細胞中の Galectin-7 量は皮膚バリア機能の指標の 1 つと考えられる[4]。

　本項では，テープストリッピング法により採取した角層細胞中の Galectin-7 量を ELISA 法にて測定する。本方法は，紫外線や界面活性剤の刺激により増加する Heat shock protein 27 や，Interleukin-1 receptor antagonist など他のバイオマーカーの測定にも応用可能である。

2.2　試薬

　角層細胞からのタンパク質の抽出バッファーは，目的タンパク質の抽出効率および測定方法への影響を考慮して選択する必要がある。ELISA 法にて Galectin-7 を測定する場合，下記のバッファーを用いることができる。

① 　RIPA バッファー

　25 mM Tris-HCl（pH 7.6），150 mM NaCl, 1% NP-40, 1% sodium deoxycholate, 0.1% sodium dodecyl sulfate

② T-PER バッファー
T-PER™ Tissue Protein Extraction Reagent（Thermo Scientific）

2.3 試験操作

(1) 角層細胞の採取ならびにタンパク質抽出
① 角層細胞採取部位を洗浄剤で洗浄し，水分を十分にふき取る。採取部位に塗布物が付着している場合，Galectin-7 の測定に影響を与える場合がある。
② 角質チェッカー（2.5×2.5 cm²）（アサヒバイオメッド社）を採取部位に貼付し，貼付面を皮膚に密着させた後，角質チェッカーを剥がし取る。
③ 2.0 ml のマイクロチューブに②で角層細胞を採取した角質チェッカー，ガラスビーズ（0.6φ 9粒），500 μL の抽出バッファーを入れる。
④ ③をボルテックスで30分間振とう，もしくはビーズ式破砕装置で4800 rpm，3 min 破砕処理を行い，角層細胞からタンパク質を抽出する。

(2) Galectin-7 量の測定
角層細胞抽出液中の Galectin-7 はウェスタンブロッティング法，ELISA 法などで検出することができる。ELISA 法による定量方法を記す。
① 96 well EIA プレートに PBS（－）で希釈した1次抗体 100 μL を入れ，25℃ 1晩インキュベートし，固層化する。
② 洗浄液 0.05% Tween20/PBS（－）で3回洗浄後，1%BSA/PBS（－）を 100 μL 入れ，室温で1時間ブロッキングを行う。
③ 洗浄液で3回洗浄後，角層細胞抽出液，スタンダード溶液を 100 μL 入れ，25℃，2時間反応させる。
④ 洗浄液で3回洗浄後，PBS（－）で希釈したビオチン標識2次抗体 100 μL を入れ，25℃，2時間反応させる。
⑤ 洗浄液で3回洗浄後，PBS（－）で希釈した 100 μL の streptavidin-HRP を入れ，25℃，20分反応させる。
⑥ 洗浄液で3回洗浄後，TMB（3,3',5,5'-tetramethyl-benzidene）基質溶液を添加し，25℃，20分反応させる。
⑦ 2N H_2SO_4 50 μL を添加し反応を停止，450 nm における吸光度を測定する。
⑧ 同様に測定したスタンダード溶液の吸光度より検量線を作成し，得られた角層細胞抽出液の吸光度より Galectin-7 量を算出する。

(3) Galectin-7 量の評価方法
角層細胞抽出液中の総タンパク質量を BCA 法，Bradford 法，Lowry 法など各タンパク質定

量法で定量する。抽出バッファーによって適切な測定試薬を選択する。T-PER，RIPAバッファーを用いて抽出した際にはBCA法にて測定可能である。角層の剥離量は皮膚状態などで異なるため，(2)で得られたGalectin-7量を総タンパク質量で割り返した，単位タンパク質量あたりのGalectin-7量を角層細胞中Galectin-7量とする。

文　献
1) Terui T *et al., Exp Dermatol* **7**, 327-334 (1998)
2) Yasuda C *et al., Exp Dermatol* **23** (**10**), 764-766 (2014)
3) Magnaldo T *et al., Dev Biol.* **68** (**2**), 259-271 (1995)
4) Mukai H *et al., Cosmetic Stage* **9** (**6**), 50-55 (2015)

第Ⅴ編 ニキビ関連実験法

第1章　*P. acnes* に対する実験法

第2章　培養細胞を用いた実験法

第1章 P. acnes に対する実験法

1 Propionibacterium acnes (P. acnes) 抗菌作用評価, 阻止円法

矢作彰一

1.1 試験の原理

　ざ瘡（アクネ）は毛包脂腺に形成される角質タンパクと脂質の混合物の蓄積に始まり，時に強い炎症を伴い，症状が進行した場合は瘢痕形成も認められる炎症性疾患の一つである。アクネの増悪の直接的な原因菌として Propionibacterium acnes（P. acnes）の関与が広く知られている。P. acnes は嫌気性桿菌であり，皮脂中のトリグリセライドを自身が産生するリパーゼによって資化することにより生育する。その際に遊離する脂肪酸によって惹起される過角化，および脂質過酸化物がアクネ進行の原因の一つとして理解されている。そのため，原因菌である P. acnes の生育をコントロールすることは，アクネ症状の緩和あるいは改善に重要であると考えられる。阻止円法とは，菌の生育が阻害されて形成されるエリアの径を測定することにより，薬剤に対する菌の感受性を評価する生育阻害試験法であるが[1]，P. acnes においても有用な評価法である。図1には，それぞれ阻止円法による P. acnes 生育阻害作用の評価例，およびその時の阻止円径の測定値を示す。阻止円の形成状態より，各薬剤に対する P. acnes の感受性の違いが観察される。

　阻止円法は試料が水溶性で培地内を拡散する場合は有効な手法であるが，それ以外の試料の場合は評価がしにくい。

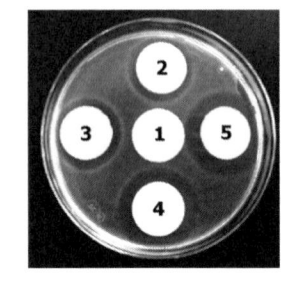

図1　阻止円法による薬剤の作用評価
1) 精製水, 2) 0.5% 薬剤 A, 3) 0.5% 薬剤 B, 4) 0.5% 薬剤 C, 5) 0.5% 塩化ベンザルコニウム

1.2 試薬調製

① 滅菌生理食塩水（0.9% 生理食塩水）：1Lの精製水に対して9gの割合で塩化ナトリウムを溶解させ，115℃にて15分間オートクレーブする。

② GAM寒天培地：1Lの精製水に対して52.5gの割合でGAM糖分解用半流動培地を添加し，115℃にて15分間オートクレーブする。プラスチックシャーレに分注し，固化させる。
③ GAM液体培地：1Lの精製水に対して59gの割合でGAMブイヨンを添加する。混和後に，試験管に対して10mLずつ分注して綿栓をする。115℃にて15分間オートクレーブする。
④ GAM糖分解用半流動培地：日水製薬㈱（東京，日本）
⑤ GAMブイヨン：日水製薬㈱
⑥ アネロパック・ケンキ：三菱ガス化学㈱（東京，日本）
⑦ 過酸化水素：和光純薬工業㈱（大阪，日本）
⑧ 塩化ベンザルコニウム：和光純薬工業㈱

1.3 細胞培養

① *P. acnes* を採集するため，小鼻など皮脂腺の密集する部位に白金耳あるいは綿棒等を強く擦りつけ，皮脂を採取する。
② 煮沸脱気した滅菌生理食塩水（0.9％塩化ナトリウム水溶液）10mLに滅菌白金耳にて掻き取った皮脂を分散させる。
③ 1mLの皮脂分散液を，要時調製したGAM寒天培地に均一に塗抹する。
④ 脱酸素剤（アネロパック）を入れた密閉チャンバー（図2）に皮脂を塗抹したGAM寒天培地を静置し，37℃にて2日間培養してコロニーを得る。
⑤ *P. acnes* の簡易同定を以下の方法にて行う。
・刺激臭の有無
・15％過酸化水素水溶液中での気泡の発生（カタラーゼ陽性反応）したコロニーの顕微鏡観察により，さく状の配列を呈する桿菌であることを確認。
・好気条件下にて培養することにより，繁殖不能であること。

※ *P. acnes* は酸素の存在により極度のストレスを受ける。そのため，作業は可能な限り手早く実施し，試薬・培地等も煮沸脱気して使用することが望ましい。

図2 ガスパック法による嫌気培養

1.4 試験操作

① 単一コロニーを掻き取り，10mLのGAM液体培地に懸濁する。
② アネロパックを入れた密閉チャンバーにGAM寒天培地を静置し，37℃にて2日間静置培養して *P. acnes* 懸濁培養液を得る。

③ 同液体培地にて 10^8〜10^9 cfu/mL に菌液を希釈する。
④ 0.5 mL を分取し，GAM 寒天培地に均一に塗抹する。
⑤ 直径 2 cm の滅菌ろ紙を準備する。
⑥ 滅菌ろ紙に対し，各 100 μL の試験試料を含浸させる。なお，陽性コントロールとしては塩化ベンザルコニウムを用いる。
⑦ 同寒天培地に，調製した試験試料を含浸させたろ紙を均等間隔に配置する（図1）。
⑧ 再度アネロパックを入れた密閉チャンバーに寒天培地を静置し，37℃にて2日間静置培養して P. acnes を生育させる。
⑨ 2日間培養後，ろ紙の周囲に形成された菌生育阻害エリアの直径から，ろ紙の直径を差し引くことにより，試験薬剤の生育阻害作用を評価する。

文 献
1) 慶田雅洋, 食品衛生学雑誌, 11 (5), 389-395 (1970)

第 1 章　P. acnes に対する実験法

2 | Propionibacterium acnes（P. acnes）最小発育阻止濃度（MIC）

矢作彰一

2.1　試験の原理

ざ瘡（アクネ）の緩和あるいは改善において，原因菌である P. acnes の生育をコントロールすることの重要性に関しては前項にて述べた。本稿では，嫌気性菌の最小発育阻止濃度（MIC）測定法[1]を応用した P. acnes の生育阻害作用評価法について述べる。本評価法は，P. acnes の生育阻害に必要とされる薬剤の濃度比較を目的とする点で，阻止円法とは用途が異なる。試験試料を段階的な濃度にて含有する MIC 試験用寒天培地を複数調製し，それぞれの寒天培地に対して菌液を均一に塗抹する。培養後における菌生育量を観察することにより，試験試料の MIC を判定する。

2.2　試薬調製

① 滅菌生理食塩水（0.9％生理食塩水）：1 L の精製水に対して 9 g の割合で塩化ナトリウムを溶解させ，115℃にて 15 分間オートクレーブする。

② GAM 寒天培地：1 L の精製水に対して 52.5 g の割合で GAM 糖分解用半流動培地を添加し，115℃にて 15 分間オートクレーブする。プラスチックシャーレに分注し，固化させる。

③ PRESERVATION MEDIUM（pH 7.0）：1 L の精製水に対して，42.6 g の TEP FERMENTATION SEMISOLD Agar，3.0 g の Glucose および 0.025％の Tween 80 を溶解する。115℃にて 15 分間オートクレーブする。

④ ペプトン水（pH 6.8）：1 L の精製水に対して，10 g の BBL™ Trypticas Peptone，5 g の NaCl，0.3 g の L-Cysteine HCl を溶解する。115℃にて 15 分間オートクレーブする。

⑤ McFarland 標準液濁度 #1.0[2]：1.0％塩化バリウム水溶液を 0.1 mL，1.0％硫酸水溶液を 9.9 mL の割合にて混合する。

⑥ MIC 試験用寒天培地（pH 6.8）：1 L の精製水に対して，15 g の BBL™ Trypticas Peptone, 3.0 g の BBL™ Yeast extract, 3.0 g の Heart extract, 2.0 g の NaCl, 2.0 g の K$_2$HPO$_4$, 0.3 g の L-Cysteine HCl, 15 g の Agar および 0.025 ％の Tween 80 を溶解する。115℃にて 15 分間オートクレーブする。プラスチックシャーレに分注し，固化させる。

⑦ GAM 糖分解用半流動培地：日水製薬㈱（東京，日本）

⑧ アネロパック・ケンキ：三菱ガス化学㈱（東京，日本）

⑨ 過酸化水素：和光純薬工業㈱（大阪，日本）

⑩ TEP FERMENTATION SEMISOLD Agar：栄研化学㈱（東京，日本）

⑪ BBL™ Trypticase Peptone：日本ベクトン・ディッキンソン㈱（東京，日本）

⑫ BBL™ Yeast extract：日本ベクトン・ディッキンソン㈱

⑬ Heart extract：日水製薬㈱

⑭ 塩化バリウム 2 水和物：和光純薬工業㈱

⑮ 硫酸：国産化学㈱（東京，日本）

2.3　細胞培養

① *P. acnes* を採集するため，小鼻など皮脂腺の密集する部位に白金耳あるいは綿棒等を強く擦りつけ，皮脂を採取する。

② 煮沸脱気した滅菌生理食塩水（0.9 ％塩化ナトリウム水溶液）10 mL に滅菌白金耳にて掻き取った皮脂を分散させる。

③ 1 mL の皮脂分散液を，要時調製した GAM 寒天培地に均一に塗抹する。

④ 脱酸素剤（アネロパック）を入れた密閉チャンバーに皮脂を塗抹した GAM 寒天培地を静置し，37℃にて 2 日間培養してコロニーを得る。

⑤ *P. acnes* の簡易同定を以下の方法にて行う。

・刺激臭の有無

・15 ％過酸化水素水溶液中での気泡の発生（カタラーゼ陽性反応）したコロニーの顕微鏡観察により，さく状の配列を呈する桿菌であることを確認。

・好気条件下にて培養することにより，繁殖不能であること。

　※ *P. acnes* は酸素の存在により極度のストレスを受ける。そのため，作業は可能な限り手早く実施し，試薬・培地等も煮沸脱気して使用することが望ましい。

2.4 試験操作

① 単離した *P. acnes* コロニーを PRESERVATION MEDIUM にて，37℃にて24時間前培養する。

② ペプトン水を用いて，McFarland 標準液濁度 #1.0 に相当する濁度に，目視にて *P. acnes* を希釈する。このときの生菌数濃度は $2～4×10^8$ cfu/mL に相当する。なお McFarland 濁度は *Escherichia coli* ATCC 25922 株で定義された単位であるが，便宜的に *P. acnes* の菌体数を統一するために用いる。試験薬剤を段階的に含有する MIC 試験用寒天培地に対して，調製した菌液を均一に塗抹する。

③ 脱酸素剤（アネロパック）を入れた密閉チャンバー内にて，37℃，48時間培養後における菌生育量を観察することにより，薬剤の MIC を判定する。

文 献

1) 嫌気性菌 MIC 測定法検討委員会，嫌気性菌の最小発育阻止濃度（MIC）測定法，*Chemotherapy*, **27**, 559-560（1979）
2) McFarland, J. 1907. The nephelometer: an instrument for estimating the number of bacteria in suspensions used for calculating the opsonic index for vaccines. *JAMA*, **49**, 1176-1178

第1章 *P. acnes* に対する実験法

3 *Propionibacterium acnes* (*P. acnes*) 増殖抑制効果，濁度法

矢作彰一

3.1 試験の原理

本評価法[1]は，*P. acnes* の生育を濁度測定により簡易的に評価する手法であり，ハイスループットでの作用スクリーニングに適している。*P. acnes* を液体培地にて一定の菌密度に調製した菌懸濁液に試験試料溶液を添加，培養する。その後，菌懸濁液の濁度を測定することにより *P. acnes* の生育阻害作用を評価する。

3.2 試薬調製

① 滅菌生理食塩水（0.9％生理食塩水）：1Lの精製水に対して9gの割合で塩化ナトリウムを溶解させ，115℃にて15分間オートクレーブする。
② GAM寒天培地：1Lの精製水に対して52.5gの割合でGAM糖分解用半流動培地を添加し，115℃にて15分間オートクレーブする。プラスチックシャーレに分注し，固化させる。
③ GAM液体培地：1Lの精製水に対して59gの割合でGAMブイヨンを添加する。混和後に，試験管に対して10 mLずつ分注して綿栓をする。115℃にて15分間オートクレーブする。
④ GAM液体培地：1Lの精製水に対して59gの割合でGAMブイヨンを添加する。混和後に，試験管に対して10 mLずつ分注して綿栓をする。115℃にて15分間オートクレーブする。
⑤ GAM糖分解用半流動培地：日水製薬㈱（東京，日本）
⑥ GAMブイヨン：日水製薬㈱
⑦ アネロパック・ケンキ：三菱ガス化学㈱（東京，日本）
⑧ 過酸化水素：和光純薬工業㈱（大阪，日本）

3.3 細胞培養

① P. acnes を採集するため，小鼻など皮脂腺の密集する部位に白金耳あるいは綿棒等を強く擦りつけ，皮脂を採取する。
② 煮沸脱気した滅菌生理食塩水（0.9％塩化ナトリウム水溶液）10 mL に滅菌白金耳にて掻き取った皮脂を分散させる。
③ 1 mL の皮脂分散液を，要時調製した GAM 寒天培地に均一に塗抹する。
④ 脱酸素剤（アネロパック）を入れた密閉チャンバーに皮脂を塗抹した GAM 寒天培地を静置し，37℃にて 2 日間培養してコロニーを得る。
⑤ P. acnes の簡易同定を以下の方法にて行う。

・刺激臭の有無
・15％過酸化水素水溶液中での気泡の発生（カタラーゼ陽性反応）したコロニーの顕微鏡観察により，さく状の配列を呈する桿菌であることを確認。
・好気条件下にて培養することにより，繁殖不能であること。

※ P. acnes は酸素の存在により極度のストレスを受ける。そのため，作業は可能な限り手早く実施し，試薬・培地等も煮沸脱気して使用することが望ましい。

3.4 試験操作

① 単離した P. acnes を GAM 液体培地に懸濁し，一昼夜前培養する。
② 同液体培地を用いて，O.D.＝620 nm における菌液の濁度を 0.100 に調製し，96 well プレートに 148.5 μL ずつ分注する。
③ 1.5 μL の試験試料溶液を添加し，脱酸素剤（アネロパック）を入れた密閉チャンバー内にて，37℃，30 時間培養する。
④ 培養後，マイクロプレートリーダーにて再度 O.D.＝620 nm における菌濁度を測定し，試験試料の作用を評価する。

文献
1) Dirl B., *et al.*, *IFSCC magazine*, **9** (3), 197-200 (2006)

第1章　P. acnes に対する実験法

4　Propionibacterium acnes (P. acnes) リパーゼ活性

矢作彰一

4.1　試験の原理

　P. acnes はリパーゼを産生することによって皮脂中のトリグリセライドを分解し，遊離脂肪酸を生成する。その主要な目的は，遊離する脂肪酸のうち菌体の生育に必要とされるオレイン酸を得るためであるとされている[1]。しかしながら，オレイン酸を含む複数の脂肪酸は毛孔壁表皮細胞に対して角化亢進作用を示し，結果として毛穴の閉塞をもたらす[2]。また，遊離脂肪酸から生じる脂質過酸化物が表皮細胞の障害を惹起し，漏出した走性因子の働きによって浸潤性細胞が患部に会合して炎症応答を加速すると考えられている。これらの過程を経て，アクネ患部の増悪がもたらされている。そのため，リパーゼ活性を阻害する薬剤はアクネ進行抑制に効果的であるとされる。評価は1990年に Monpezat らにより報告された蛍光擬似基質法の変法[3]にて行う。用いる蛍光基質およびその反応模式図は図1に示した。単離した P. acnes を液体培地にて前培養し，菌液を得る。菌体を遠心回収した後に緩衝液にて分散洗浄し，氷冷下において超音波破砕して粗酵素液を得る。粗酵素液に対して，リパーゼ擬似基質である 4-methylumbelliferyl-oleate（4-MUO），ならびに試験試料溶液を添加する。一定時間培養後，遊離した 4-methylumbelliferrone（遊

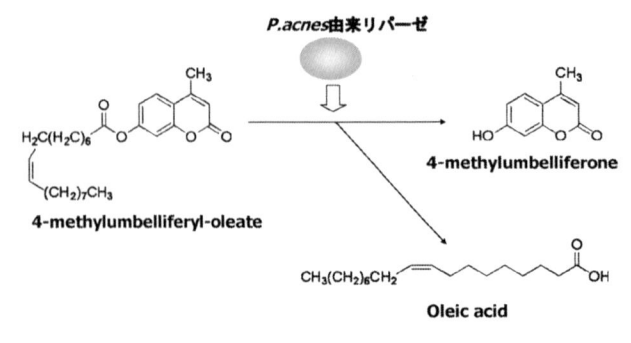

図1　反応模式図

離 4-MU）の蛍光強度を蛍光プレートリーダーにより測定する．蛍光強度は試薬添加直後と反応後の 2 点を測定する．遊離した 4-MU 量は 4-MU で作製した検量線から算出し，1 分間当たりの遊離 4-MU 量（pmol/min）としてリパーゼ活性を算出する．

4.2 試薬調製

① 滅菌生理食塩水（0.9％生理食塩水）：1 L の精製水に対して 9 g の割合で塩化ナトリウムを溶解させ，115℃にて 15 分間オートクレーブする．
② GAM 寒天培地：1 L の精製水に対して 52.5 g の割合で GAM 糖分解用半流動培地を添加し，115℃にて 15 分間オートクレーブする．プラスチックシャーレに分注し，固化させる．
③ 100 μM 4-methylumbelliferyl-oleate（4-MUO）：DMSO を用いて，50 mM の 4-MUO ストック溶液を作成する．ストック溶液を，50 mM Tris-HCl（pH 7.4）にて 100 μM に希釈する．
④ GAM 糖分解用半流動培地：日水製薬㈱（東京，日本）
⑤ アネロパック・ケンキ：三菱ガス化学㈱（東京，日本）
⑥ 過酸化水素：和光純薬工業㈱（大阪，日本）
⑦ 4-methylumbelliferyl-oleate：シグマアルドリッチ（セントルイス，アメリカ）
⑧ 4-methylumbelliferrone：シグマアルドリッチ

4.3 細胞培養

① P. acnes を採集するため，小鼻など皮脂腺の密集する部位に白金耳あるいは綿棒等を強く擦りつけ，皮脂を採取する．
② 煮沸脱気した滅菌生理食塩水（0.9％塩化ナトリウム水溶液）10 mL に滅菌白金耳にて掻き取った皮脂を分散させる．
③ 1 mL の皮脂分散液を，要時調製した GAM 寒天培地に均一に塗抹する．
④ 脱酸素剤（アネロパック）を入れた密閉チャンバーに皮脂を塗抹した GAM 寒天培地を静置し，37℃にて 2 日間培養してコロニーを得る．
⑤ P. acnes の簡易同定を以下の方法にて行う．

・刺激臭の有無
・15％過酸化水素水溶液中での気泡の発生（カタラーゼ陽性反応）したコロニーの顕微鏡観察により，さく状の配列を呈する桿菌であることを確認．
・好気条件下にて培養することにより，繁殖不能であること．

※ P. acnes は酸素の存在により極度のストレスを受ける．そのため，作業は可能な限り手早く実施し，試薬・培地等も煮沸脱気して使用することが望ましい．

4.4 試験操作

① 単離した P. acnes コロニーを白金耳にて釣菌し，ガラス管にて要時調製した嫌気性菌用 GAM 液体培地 10 mL に対して穏やかに混和する。
② キャップ後，脱酸素剤（アネロパック）を入れた密閉チャンバーに移し，嫌気条件下にて 37 ℃，48 時間静置培養する。
③ P. acnes 懸濁液 10 mL を遠心し，菌体を回収する（3,000 rpm，5 分間遠心）。
④ 50 mM Tris-HCl（pH 7.4）5 mL にて菌体を分散後，再遠心し菌体洗浄する（2 回）。
⑤ 50 mM Tris-HCl（pH 7.4）5 mL に再分散させる。
⑥ 氷冷下にて超音波破砕し，粗酵素液とする。
⑦ 粗酵素液タンパク量を測定し，タンパク量が 100 μg/mL になるように希釈する。
⑧ 96 well マイクロプレートに，以下を混合する。
 ・試験試料　　　　　　　　25 μL
 ・100 μM 4-MUO　　　　　25 μL
 ・粗酵素液（100 μg/mL）　 50 μL
⑨ 蛍光強度の初期値を測定する（Ex. 355 nm，Em. 460 nm）。
⑩ プレートをアルミ箔で覆い，37 ℃にて 30 分間インキュベーションする。
⑪ 酵素反応後の蛍光強度を測定する（Ex. 355 nm，Em. 460 nm）。
⑫ 4-MU で作成した検量線から，1 分間当たりの遊離 4-MU 量を求める。

文　献
1) 朝田康夫，皮膚と微生物—特にざ瘡との関連について，臨床皮膚，**29**, 437-448（1975）
2) Kellum RE. *et al.*, *Arch Dermatol.*, **97**（6），722-6（1968 Jun）
3) Monpezat T. L., *et al.*, *Lipids*, **25**, 661-664（1990）

第2章 培養細胞を用いた実験法

1 ハムスターおよびヒト皮脂腺の組織片培養法

赤松浩彦，長谷川靖司

1.1 試験の原理

　皮脂腺がどのような因子に影響を受けるかについては，以前よりハムスターなどの動物を用いた実験モデルにより研究が進められてきた。その結果，内分泌因子や紫外線などが皮脂腺に対して影響を及ぼすことが判明したが，動物実験であったため個々の因子が皮脂腺に対して直接どのような影響を及ぼすかについては明らかではなかった。そのような状況の中，我々は技術的に非常に難しいヒトの皮脂腺の組織片培養で得られた培養ヒト脂腺細胞を用いて，個々の内分泌因子の皮脂腺に及ぼす影響を細胞レベルで明らかにしてきた[1~6]。また，より簡単に培養脂腺細胞を得る手段としてハムスター由来皮脂腺の組織片培養を試み，得られた培養ハムスター脂腺細胞の性状が培養ヒト脂腺細胞の性状と類似することを明らかにし[7]，培養ヒト脂腺細胞とともに，この培養ハムスター脂腺細胞も用いて現在までにいくつかの新しい知見を得ている[8,9]。

　ヒトおよびハムスター由来培養脂腺細胞の特徴は，いうまでもなく細胞内で脂質を合成する点にある。培養ヒト脂腺細胞の写真と細胞増殖および脂質合成に関するデータを図1に，培養ハムスター脂腺細胞に関しては図2，3に示す。

　実験に培養ヒト脂腺細胞と培養ハムスター脂腺細胞，どちらの脂腺細胞を用いるかについては目的により異なる。しかし倫理上の問題からヒトの皮脂腺組織は入手が困難であり，また提供者の人種，性別，年齢，部位などによりその細胞の特性が異なることなどから，研究に利用することは難しいと考えられる。一方，ハムスターの皮脂腺組織は，ヒト皮脂腺と組織学および生理学的にも類似性が高いこと，また，安定的に性別，週齢，部位などを指定して入手することが可能であることから，ハムスター由来脂腺細胞の方が実験に用いやすく，事実，近年ではハムスター由来脂腺細胞が多くの研究に活用されている[8~11]。そこで本稿では，主にハムスターの皮脂腺の組織片培養法について記す。

第2章 培養細胞を用いた実験法

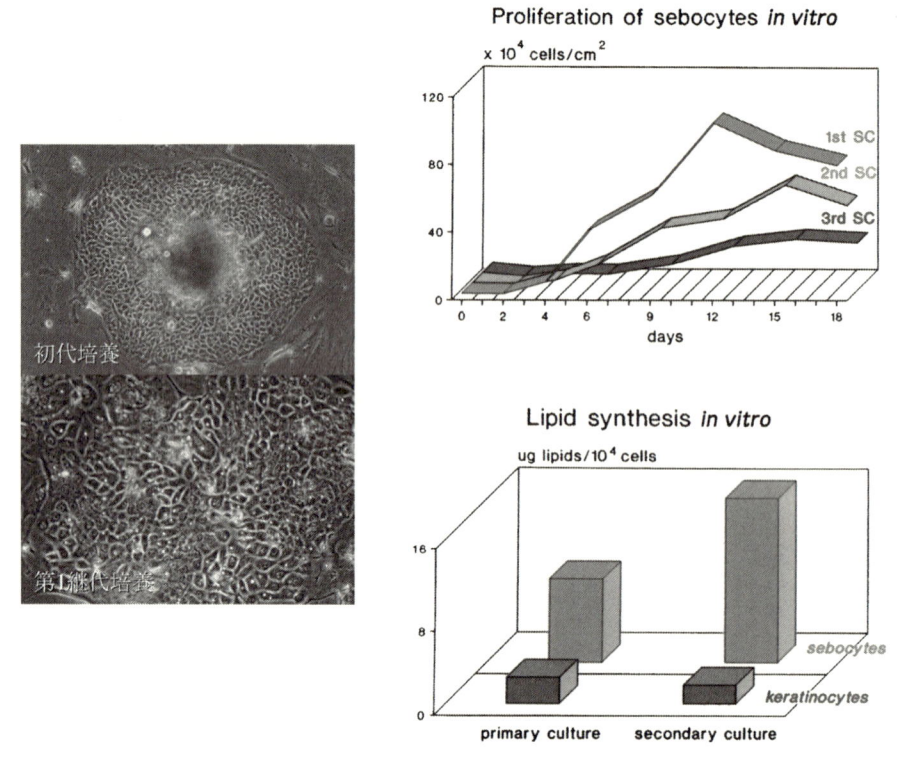

図1　培養ヒト脂腺細胞の細胞増殖および脂質合成

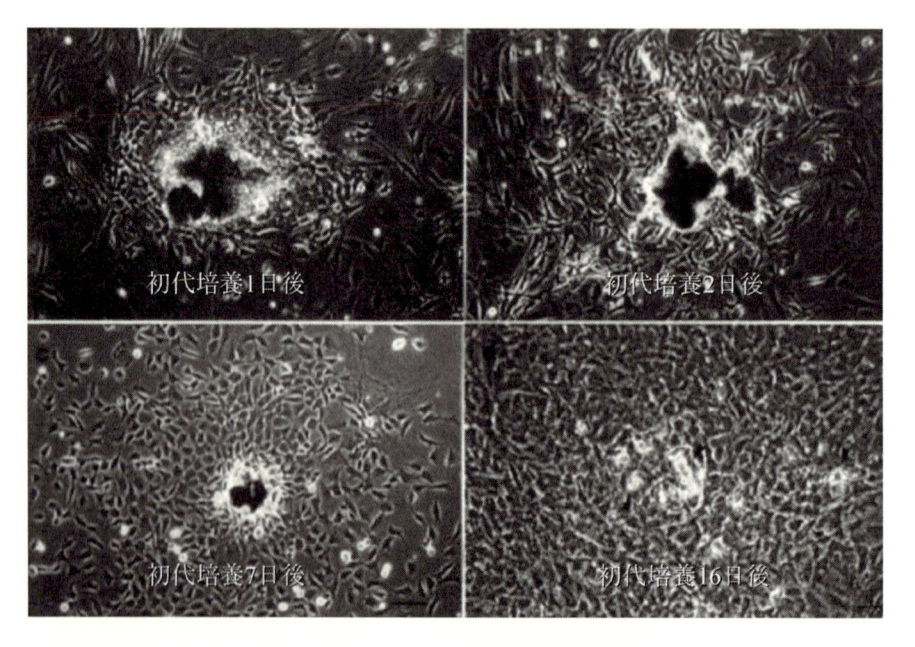

図2　培養ハムスター脂腺細胞の細胞増殖

242

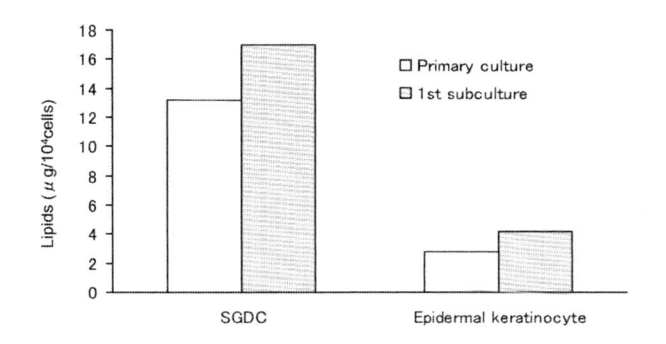

図3 培養ハムスター脂腺細胞（SGDC）の脂質合成

1.2 試薬調製

〈供試動物〉

ゴールデンハムスター，雄性，5週齢（日本SLC社）

〈実験器具〉

解剖用ハサミ，ピンセット，精密ピンセット，外皮用殺菌消毒剤，プラスチックディッシュ（φ60 mm），実体顕微鏡など。

〈培養液〉

① 皮脂腺組織用培地：Dulbecco's modified Eagle's medium（DMEM）に100 U/mL ペニシリンG，100 μg/mL ストレプトマイシンを添加した培地。

② 脂腺細胞用増殖培地：DMEM/F-12（1：1）培地に，8％ FBS，2％ヒト血清，100 U/mL ペニシリンG，100 μg/mL ストレプトマイシン，10 ng/mL EGF，3.4 mM L-グルタミンを添加した培地。各試薬ともに指定のメーカーはないが，血清や増殖因子などはロットチェックを行ってから使用することをお勧めする。

〈試薬〉

① リン酸緩衝生理食塩水（PBS(-)）：一般的に使用されている Ca^{2+}，Mg^{2+}-Free の PBS。

② 300 PU/mL Dispase 溶液：Dispase（合同酒精社製）を PBS(-) 緩衝液にて 300 PU/mL に希釈した溶液。

③ トリプシン/EDTA 溶液：トリプシン 0.25％，EDTA 0.01％を含む PBS(-) 緩衝液。

1.3 細胞培養

〈細胞種〉

初代ハムスター皮脂腺由来培養脂腺細胞

〈細胞培養条件〉

皮脂腺は上記プラスチックディッシュ（φ60 mm）および脂腺細胞用増殖培地を用いて37℃，5％CO_2条件下のインキュベーターにて静置培養を行う。静置培養を続けるとコロニー状の細胞集落が現れ，ある程度大きくなったらトリプシン/EDTA溶液により細胞をはがし，継代培養を行う。この時，細胞の播種数は約10,000個/cm^2を目処にディッシュに播種し，培地交換は1〜2日毎に行い，細胞が70〜80％コンフルエントになったらさらに継代培養を行う。なお，培養容器（プラスチックディッシュなど）に関しては，必要に応じて変更することは可能である（φ100 mmプラスチックディッシュ，Tフラスコなど）。

1.4 試験操作

① 外皮用殺菌消毒剤などを用いてハムスターの左右耳介部を殺菌消毒し，無菌操作により解剖用ハサミを用いて左右耳介部を摘出する。

② 摘出した両耳介部の周囲の毛や脂肪組織などを切除し，プラスチックディッシュもしくはプラスチック遠沈管などに皮脂腺組織用培地を適量入れ，耳介部を浸け置く（約3時間程度）。この時，耳介部がすべて浸かる状態にする。

③ その後，PBS(−)を用いて耳介部を洗浄し，水気を除去した後にφ60 mmプラスチックディッシュ上にて5×5 mm程度に細切する。

④ 細切した5×5 mm程度の各ブロックを改めて準備したφ60 mmプラスチックディッシュに移し，300 PU/mL Dispase溶液に約14時間，4℃で静置する。この時，表皮側を上に静置させ，Dispase溶液が表皮側に浸らない程度の液量にする（φ60 mmプラスチックディッシュに対して800〜1,000 μLを目安）。

⑤ Dispase処理後，実態顕微鏡下において精密ピンセットを用いて表皮を剥離し，皮脂腺の残った真皮側を，PBS(−)にて洗浄し，改めて準備したφ60 mmプラスチックディッシュに移し，少量の脂腺細胞用増殖培地に浸け馴染ませる。

⑥ 実体顕微鏡下にて，真皮側に見える毛穴を確認し，その周りを精密ピンセットにて押さえつけることで，皮脂腺のみを押し出すように回収する。

⑦ 回収した皮脂腺は，改めて準備した脂腺細胞用増殖培地を馴染ませたφ60 mmプラスチックディッシュ（約800〜1,000 μL/ディッシュが目安）に，植えるように静置させる。この時，皮脂腺がディッシュの底面から浮き上がらないように注意する。また，生着が悪いようであれ

ば，下記補足に記した対処方法として，プラスチックディッシュに 3T3 feeder layer[注1] またはコラーゲンコーティング処理[注2] を施す。

注1）3T3 feeder layer の作製

3T3 細胞をマイトマイシン C（1 mg/mL PBS ストック）を 1 ％加えた培地で 3～4 時間処理し，φ60 mm プラスチックディッシュ 1 枚に対して $2×10^5$ 個を播種し，生着させる。

注2）コラーゲンコーティング処理

φ60 mm プラスチックディッシュ 1 枚に対して I 型コラーゲンコート液（各種メーカーより販売されている）を適量（約 2 mL 程度）加えて 1～数時間静置する。その後，余分なコート液を吸引除去し，25℃以下の温度で乾燥させる（クリーンベンチの中でディッシュのふたをあけて放置することで乾燥させる。クリーンベンチ外で乾燥させた場合は，クリーンベンチ内で UV 滅菌を行う）。使用時に PBS(-) で十分洗浄し，余分なコート液を除去してから使用する。

⑧　ディッシュへの細胞の植え込み作業が終了後，37℃，5% CO_2 条件下のインキュベーターにて静置培養を行う。静置培養を開始してから 2 日間は，細胞の生着が弱いため極力顕微鏡による観察などは避け，ディッシュを揺らさないように心掛ける。また，静置培養を続けると，最初に馴染ませた脂腺細胞用増殖培地が乾いて不足してくるので，1～2 mL 程度の培地の追加を行う（通常 1～2 日後に培地の追加を行う）。この場合，細胞が剥がれないように注意して行う。なお，ある程度の細胞の生着および増殖が確認できたら，細胞をさらに増殖させるために継続して培地の交換を行う（2～3 日毎に交換する）。

⑨　静置培養を続けると，コロニー状の細胞集落が現れる。このコロニーがある程度の大きさ（目視で確認でき，5 mm 程度以上の大きさ）になるまで培養を続け，ある程度コロニーが大きくなったら，トリプシン /EDTA 溶液により細胞をはがし継代培養を行い細胞をさらに増殖させ，その後の脂質合成評価に用いる。

1.5　ヒトの皮脂腺の組織片培養法

ハムスターの皮脂腺の組織片培養法と基本的には同じである。以下に簡単にヒトの皮脂腺の組織片培養法を記す。

同意を得た提供者より採取した分層皮膚を細切し，2.4 U/ml ディスパーゼに 4℃，20 時間静置後，摂子にて皮脂腺とともに表皮を分離する。得られた表皮を 0.02 ％デオキシリボヌクレアーゼで 37℃，15 分間処理した後，実体顕微鏡下で皮脂腺を分離する（図 4）。そして得られた皮脂腺をマイトマイシン C で処理した 3T3 細胞による支持細胞を用いて培養する。

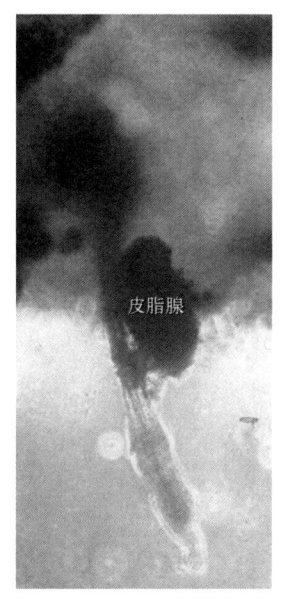

図 4　ヒト皮膚の毛包脂腺

文　献

1) Akamatsu H, Zouboulis ChC, Orfanos CE, Control of human sebocyte proliferation in vitro by testosterone and 5-alpha-dihydrotestosterone is dependent on the localization of the sebaceous glands., *J. Invest. Dermatol.*, **99**, 509-511（1992）
2) 赤松浩彦，的場容子，李　秀萍，堀尾　武，朝田康夫，5α-ダイハイドロテストステロンの皮脂腺の脂質生成に及ぼす影響について―培養ヒト脂腺細胞を用いて―，皮紀要，**90**，51-52（1995）
3) Akamatsu H, Zouboulis ChC, Orfanos CE, Spironolactone directly inhibits proliferation of cultured human facial sebocytes and acts antagonistically to testosterone and 5a-dihydrotestosterone in vitro., *J. Invest. Dermatol.*, **100**, 660-662（1993）
4) Zouboulis ChC, Korge B, Akamatsu H, Xia L, Schiller S, Gollnick H, Orfanos CE, Effects of 13-cis-retinoic acid, all-trans-retinoic acid, and acitretin on the proliferation, lipid synthesis and keratin expression of cultured human sebocytes in vitro., *J. Invest. Dermatol.*, **96**, 792-797（1991）
5) Zouboulis ChC, Akamatsu H, Stephanek K, Orfanos CE, Androgens affect the activity of human sebosytes in culture in a manner dependent on the localization of the sebaceous glands and their effect is antagonized by spiironolactone., *Skin Pharmacol.*, **7**, 33-40（1994）
6) 赤井容子，赤松浩彦，李　秀萍，伊藤　明，Christos C. Zouboulis，朝田康夫，遊離脂肪酸の皮脂腺に及ぼす影響について，日皮会誌，**104**，647-649（1994）
7) Ito A, Sakiguchi T, Kitamura K, Akamatsu H, Horio T, Establishment of a tissue culture system for hamster sebaceous gland, *Dermatology*, **197**, 238-244（1998）
8) 相原良子，岡野由利，赤松浩彦，松永佳世子，相沢　浩，尋常性痤瘡の発症機序における dehydroepiandrosterone の関与について，日皮会誌，**113**，1-8（2003）
9) Akitomo Y, Akamatsu H, Okano Y, Masaki H, Horio T, Effects of UV irradiation on the sebaceous gland and sebum secretion in hamsters, *J. Dermatol. Sci.*, **31**, 151-159（2003）
10) Sato T, Imai N, Akimoto N, Sakiguchi T, Kitamura K, Ito, A Epidermal growth factor and 1α, 25-dihydroxyvitamin D3 suppress lipogenesis in hamster sebaceous gland cells in vitro., *J. Invest. Dermatol.*, **117**, 965-970（2001）
11) Akimoto N, Sato T, Sakiguchi T, Kitamura K, Kohno Y, Ito A, Cell proliferation and lipid formation in hamster sebaceous gland cells., *Dermatology*, **204**, 118-123（2002）

第2章 培養細胞を用いた実験法

2 ハムスター皮脂腺由来培養脂腺細胞，脂質合成量の評価法

赤松浩彦，長谷川靖司

2.1 試験の原理

　ヒト皮脂の主要な脂質成分は遊離脂肪酸，スクアレン，ワックスエステル，トリグリセライドであり，これらは脂腺細胞で合成・分泌される。これに対し，ハムスターの脂腺細胞で合成される脂質は，大半が遊離脂肪酸とトリグリセライドであり，スクアレンは合成されない[1]。しかし，それ以外の機能はヒト脂腺細胞と類似していることから，ハムスターはこれまでに多くの皮脂腺の研究に用いられてきた[2〜5]。特にハムスターの皮脂腺は培養しやすく，その後の分化誘導などの操作についても簡便である点から，ハムスター皮脂腺由来培養脂腺細胞は皮脂腺の研究を始めるファーストステップに用いる手段として適していると考えられる。

　脂腺細胞は特徴として，未分化な状態から分化が進行するに従い，細胞内にトリグリセライドを主要成分とした脂肪滴を蓄積する。そのため，培養脂腺細胞を用いた研究では脂腺細胞の分化，特に脂質合成がターゲットとなり，これらを制御するメカニズムや素材の探索が主となる。例えば尋常性痤瘡（ニキビ）の発症要因の一つとして，脂腺細胞の分化亢進とそれに伴う脂質の過剰分泌が考えられている。培養脂腺細胞を用いて，この過程を制御する成分やメカニズムを見つけることができれば，脂腺細胞の分化や皮脂分泌をコントロールすることが可能な新しい機能性化粧品の開発に大きく貢献できる可能性がある。

　本稿では，脂腺細胞の分化や脂質合成を制御する素材探索のための，ハムスター皮脂腺由来培養脂腺細胞を用いた分化誘導法，および脂質合成量の評価法について紹介したい。なお，脂質合成量の測定に関しては，現在までに薄層クロマトグラフ法やガスクロマトグラフ法など多くの方法が行われているが，ここでは簡便性を考慮し，アゾ色素系であるオイルレッドO染色を利用した簡易的な脂質合成量の評価法について解説する。具体的には，アゾ色素は無極性かつ脂溶性であることから，細胞内の脂肪滴に取り込まれることで脂肪滴を赤く染色する。この時，合成された脂質量に応じて染色度合いが増減することから，この染色度合いを指標に脂腺細胞の分化状

態または脂質合成量について評価することができる。

2.2 試薬調製

〈試薬〉

① リン酸緩衝生理食塩水（以降，PBS(−) と記す）：一般的に使用されている Ca^{2+}，Mg^{2+}-Free の PBS。

② トリプシン/EDTA 溶液：トリプシン 0.25 %，EDTA 0.01 % を含む PBS(−) 緩衝液。

③ オイルレッド O 染色溶液：オイルレッド O 色素 0.3 mg を 100 mL のイソプロパノールで溶解させる（飽和溶液であるため残渣が残る）。これを原液として蒸留水で 60 % 溶液を作製し，ϕ 0.45 μm 濾過フィルターもしくは濾紙にて残渣を取り除く（用事調整にて 1～2 時間以内に使用する）。

④ 10 % ホルマリン溶液

⑤ 60 % および 100 % イソプロパノール：細胞の染色補助および洗浄用

⑥ 細胞数測定溶液：細胞数を測定する方法として，実際に細胞を剥離して細胞数を数える方法や，DNA を抽出し総 DNA 量を測定し，その量を細胞数の指標とする方法などが行われている。ここではより簡便な方法として，現在各メーカーより市販されている細胞数測定試薬について幾つか紹介する。例えば Cell Counting Kit-8（同仁化学），WST-8 キット（キシダ化学）などは，培地に添加するのみで細胞数を測定可能な試薬であり，本プロトコールにおいても細胞測定試薬としてメーカーは指定しないが，これら培養液に添加して細胞数を測定できる試薬を利用している。

2.3 細胞培養

〈細胞種〉

初代ハムスター皮脂腺由来培養脂腺細胞

〈実験器具〉

プラスチックディッシュ（ϕ 100 mm），24 well プレートなど。

〈培養液〉

① 脂腺細胞用増殖培地：DMEM/F-12（1:1）培地に，8 % FBS，2 % ヒト血清，100 U/mL ペニシリン G，100 μg/mL ストレプトマイシン，10 ng/mL EGF，3.4 mM L-グルタミンを添加した培地。

② 脂腺細胞用分化誘導培地：DMEM/F-12（1:1）培地に，8 % FBS，2 % ヒト血清，100 U/mL ペニシリン G，100 μg/mL ストレプトマイシン，3.4 mM L-グルタミンを添加した培地。各試

薬ともに指定のメーカーはないが，血清や増殖因子などはロットチェックを行ってから使用することをお勧めする。

〈細胞培養条件〉

細胞を増殖させる場合は，上記プラスチックディッシュ（φ100 mm）および脂腺細胞用増殖培地を用い，37℃，5%CO_2条件下のインキュベーターにて静置培養を行う。この時，細胞の播種数は約10,000個/cm^2を目処にディッシュに播種し，培地交換は1～2日毎に行う。細胞継代は，70～80%コンフルエントになったら継代を行い，評価に必要な細胞数まで継代培養を行うが，継代数の少ない細胞ほど脂質合成能は高いため，早い段階で評価に用いることをお勧めする。なお，培養容器（プラスチックディッシュなど）に関しては，必要な細胞数に応じて変更することは可能である（φ60 mmプラスチックディッシュ，Tフラスコなど）。次に細胞を分化させる場合は，脂腺細胞用分化誘導培地を用いる。十分コンフルエントな状態からさらに2～3日間継続して培養した細胞に対して，分化誘導培地に交換し分化誘導を開始する。37℃，5%CO_2条件下のインキュベーターにて静置培養を行い，分化誘導培地に交換してから約1週間で細胞内に脂肪滴を形成し始め，約2週間かけて脂質合成が進行する。

2.4　試験操作（図1）

〈分化誘導培養〉

① 先に脂腺細胞を培養し，必要な数まで増やしておく。

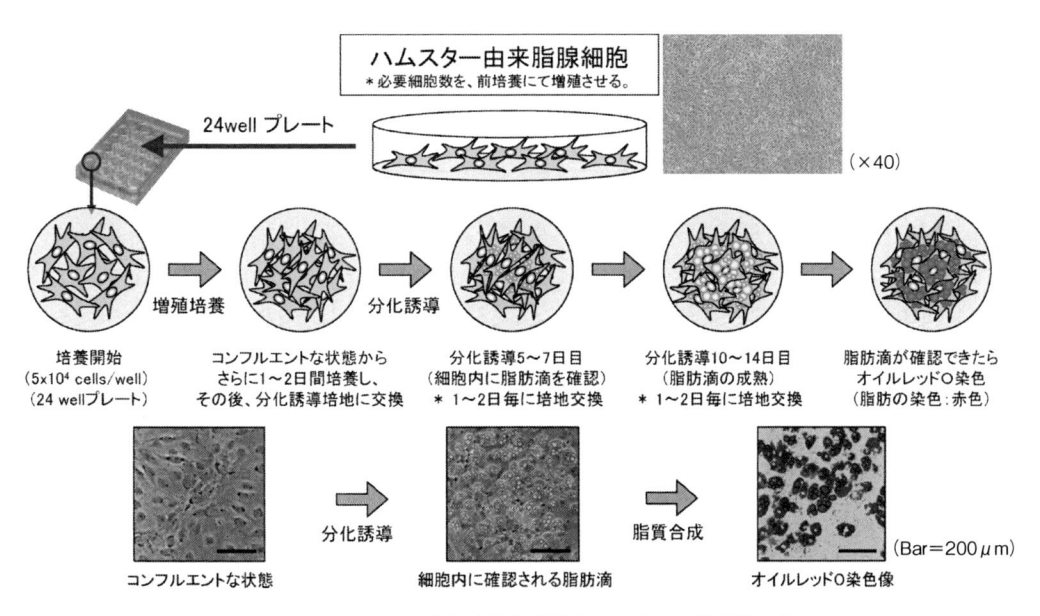

図1　ハムスター皮脂腺由来培養脂腺細胞の分化誘導工程

② ハムスター由来培養脂腺細胞を脂腺細胞用増殖培地に 100,000 cells/mL の濃度で懸濁し，24 well プレートに 500 μL/well ずつ播種する（最終濃度 50,000 cells/well）。分化や脂質合成を制御する素材の探索を行う場合は，評価したい素材の数に合わせて well 数を設定する。

③ プレートを 37 ℃，5 %CO_2 条件下のインキュベーターにて静置し 24 時間培養する。24 時間後顕微鏡観察を行い，細胞が生着していることを確認し新鮮培地（脂腺細胞用増殖培地）と交換する。

④ 細胞が十分コンフルエントな状態まで培養し，さらにそこから 2〜3 日間培養を継続させる。

⑤ 培地をこれまで使用してきた皮脂腺細胞用増殖培地から脂腺細胞用分化誘導培地へ交換する（1 well 当たり 500 μL）。分化誘導や脂質合成を制御する素材の探索を行う場合は，この段階から候補素材を脂腺細胞用分化誘導培地へ添加する。

⑥ 1〜2 日毎に新鮮培地（脂腺細胞用分化誘導培地または必要に応じて素材を添加する）と交換し，約 2 週間程度分化誘導培養を継続する。分化誘導培地に交換してから，約 1 週間で細胞内に脂肪滴を形成し始め，約 2 週間かけて脂質合成が進行する（脂肪滴が大きくなる）。

⑦ 脂腺細胞の分化が進行し脂質合成が見られたら，以下の細胞数測定と脂質定量を行う。

〈細胞数測定〉

① 市販の細胞数測定溶液を調整する（Cell Counting Kit-8（同仁化学），WST-8 キット（キシダ化学）など）。なお，必要量および添加量などは，各試薬の標準プロトコールに従う。

② 24 well プレートの各 well より培地を除去し，先に調整した細胞数測定溶液を添加し，30 分〜1 時間程度 37 ℃，5 %CO_2 条件下のインキュベーターにて静置する。

③ 各 well から上清 200 μL を 96 well プレートもしくは吸光度測定用のキュベットに移し，450 nm の波長にて吸光度を測定する（吸光度 A）。

〈脂質定量〉

① 細胞数測定が終了後，各 well の測定溶液を除去し，PBS(−) を 500 μL 添加・除去により洗浄を行う（この洗浄操作を 2 回行う）。

② 洗浄が完了した各 well に 10 % ホルマリン溶液を 500 μL 添加し，10 分間室温で静置する（細胞の固定）。細胞の固定の間は，作業者がホルマリンを吸引しないよう 24 well プレートのふたを閉め，換気などに注意する。

③ 細胞の固定が完了したら上清を除去し，PBS(−) を 500 μL 添加・除去により洗浄を行う（この洗浄操作を 2 回行う）。

④ 60 % イソプロパノールを 500 μL 添加し，1 分間室温で静置する（細胞の染色に用いるオイルレッド O 染色溶液が細胞に浸透しやすくするための操作）。

⑤ 上清を除去し，オイルレッド O 染色溶液を 300 μL 添加し，30 分〜1 時間室温で静置する（細胞の染色）。

⑥ 上清を除去し，60 % イソプロパノールを 500 μL 添加・除去により洗浄を行う（この洗浄操

作を2回行う)。この洗浄はアーチファクトな染色部を除くための操作であり，プレートを回すなどしてプレートの壁に付着した色素を極力除去することが重要である。しかし過剰な洗浄操作は，染色された脂肪滴からの色素も除去してしまう恐れがあるため，顕微鏡で確認しながら行うか，1回の洗浄操作を手早く行うことをお勧めする。

⑦ PBS(−)を500 μL添加する。この時点で細胞内の脂肪滴が赤く染色されていることを顕微鏡にて確認する。なお，顕微鏡画像が必要な場合はこの段階にて撮影を行う。

⑧ PBS(−)を除去し，色素抽出用の100%イソプロパノールを各wellに300 μL添加し，室温で5分間程度振とうする。この間赤い色素が100%イソプロパノールで抽出されていることを確認する。

⑨ 各wellから上清200 μLを96 wellプレートもしくは吸光度測定用のキュベットに移し，520〜540 nmの波長にて吸光度を測定する（吸光度B）。

〈細胞あたりの脂質合成量の比較〉

① 細胞数測定および脂質定量の各測定値から，以下の式により脂質合成量の比較を行う。

$$\text{吸光度 A：細胞数測定値}$$
$$\text{吸光度 B：脂質合成量測定値}$$
$$\text{細胞数あたりの脂質量} = \text{吸光度 B} / \text{吸光度 A}$$

② 脂質合成量は細胞数により増減するために，細胞数で補正した脂質量を算出し，細胞あたりの脂質合成量として比較する。なお，今回の評価方法は脂質の絶対量ではなく，相対量を比較したものであり，素材による脂腺細胞の分化や脂質合成の促進または抑制を相対的に評価する簡便な方法として紹介した。より詳細な脂質の組成や絶対量の測定に関しては，薄層クロマトグラフ法やガスクロマトグラフ法などを用いた方法を参考にして頂きたい。

文献

1) Ito A, Sakiguchi T, Sato K, Kitamura K, Akamatsu H, Horio T, Establishment of a tissue culture system for hamster sebaceous gland, *Dermatology*, **197**, 238-244 (1998)
2) Sato T, Imai N, Akimoto N, Sakiguchi T, Kitamura K, Ito A, Epidermal growth factor and 1α, 25-dihydroxyvitamin D3 suppress lipogenesis in hamster sebaceous gland cells in vitro, *J. Invest. Dermatol.*, **117**, 965-970 (2001)
3) Akimoto N, Sato T, Sakiguchi T, Kitamura K, Kohno Y, Ito A, Cell proliferation and lipid formation in hamster sebaceous gland cells., *Dermatology*, **204**, 118-123 (2002)
4) 相原良子，岡野由利，赤松浩彦，松永佳世子，相沢 浩，尋常性痤瘡の発症機序における dehydroepiandrosteroneの関与について，日皮会誌，**113**, 1-8 (2003)
5) Akitomo Y, Akamatsu H, Okano Y, Masaki H, Horio T, Effects of UV irradiation on the sebaceous gland and sebum secretion in hamsters, *J. Dermatol. Sci.*, **31**, 151-159 (2003)

第Ⅵ編　育毛剤実験法

第1章　生化学実験法

第2章　培養細胞を用いた実験法

第3章　培養器官を用いた実験法

第4章　ヒトでの有効性試験法

第1章 生化学実験法

1 皮脂腺に関連した5alpha-reductase阻害作用評価法

木曽昭典

1.1 試験の原理

　皮脂腺の機能は複数のホルモンによって支配されているが，なかでもその亢進に最も関与するのが男性ホルモン（Androgen）であり，代表的なものがTestosteroneである。Androgenは精巣や卵巣等で産生され，血液を介して標的組織に到達する[1]。標的組織でのAndrogen作用の発現には5 alpha-reductaseが必要であり，この酵素によりTestosteroneがより活性型の男性ホルモンであるDihydrotestosterone（DHT）等に変換される。この評価法では基質としてTestosteroneを用い，酵素反応によってTestosteroneから変換される成分の大半を占めるDHT及び3 alpha-androstanediol並びに残存するTestosteroneを測定するものである。試験方法としては酵素源として，ラット前立腺やヒト前立腺由来の酵素を用い，分析方法として薄層クロマトグラフィー（TLC）やラジオアイソトープ（RI）を用いる方法等があるが，それらの中でも最も簡略化された試験方法がこの方法である[2,3]。酵素源としては容易に入手可能なラット肝ホモジネートを用いるものである[4]。

　Androgenを活性型のDHTに変換させる酵素5 alpha-reductaseには2つのアイソザイムが存在し，至適pH：7で最大活性を示すものがType 1であり，皮脂腺にはこのタイプのアイソザイムが多く存在する[5~7]。また，至適pH：5で最大活性を示すType 2のアイソザイムがある。本試験は基質としてTestosteroneを，酵素源としてラット肝ホモジネート（S-9）を用い，pH 7で試験を行うことから，Type 1の5 alpha-reductaseが活性化された条件で評価を行うものである。

　この試験におけるTestosteroneは，酵素によってDHTをはじめとして図1のように分解あるいは変換される。

　Testosteroneから3 alpha-androstanediol及びDHTへの変換率を算出するために，予め各標準品のエタノール溶液をガスクロマトグラフィー分析し，これらの3化合物のピーク面積を求め

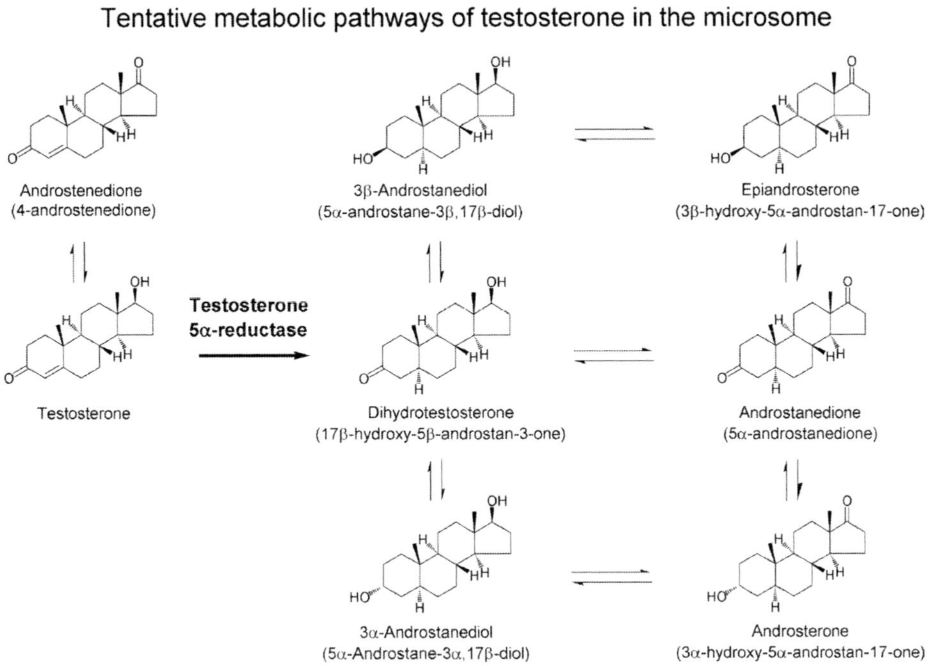

Tentative metabolic pathways of testosterone in the microsome

図1 Testosterone 5 alpha-reductase による Testosterone の変換成分[8]

表1 ガスクロマトグラムの成分名とリテンションタイム

No.	(min)	成分名
1.	9.1	3 alpha-Androstanediol (5 alpha-androstane-3 alpha, 17 beta-diol)
2.	11.7	Dihydrotestosterone (DHT；17 beta-hydroxy-5 beta-androstane-3-one)
3.	15.6	Testosterone

ておく．基質と S-9 の反応後の Testosterone, 3 alpha-androstanediol 及び DHT それぞれのピーク面積に対する相対比を式(1)より求める．その後，式(2)に従い，被験試料の変換率を求める．更に，この変換率を基に，Testosterone 5 alpha-reductase 活性阻害作用を式(3)に従って求める．

相対比 ＝ 被験試料のピーク面積 ／ 標準品のピーク面積　　　　　　　　　　(1)

変換率(%) ＝ (A ＋ B) ／ (A ＋ B ＋ C) × 100　　　　　　　　　　　　　(2)

　　A：3 alpha-androstanediol の相対比，B：DHT の相対比，C：Testosterone の相対比

Testosterone 5 alpha-reductase 活性阻害率(%) ＝ (1 － E ／ D) × 100　　　　(3)

　　D：空試験の変換率，E：被験試料の変換率

評価は市販の医薬品や作用を有することが知られている物質との活性強度の比較によって行う．一般的なガスクロマトグラムを図2に，成分のリテンションタイムを表1に示す．

第1章　生化学実験法

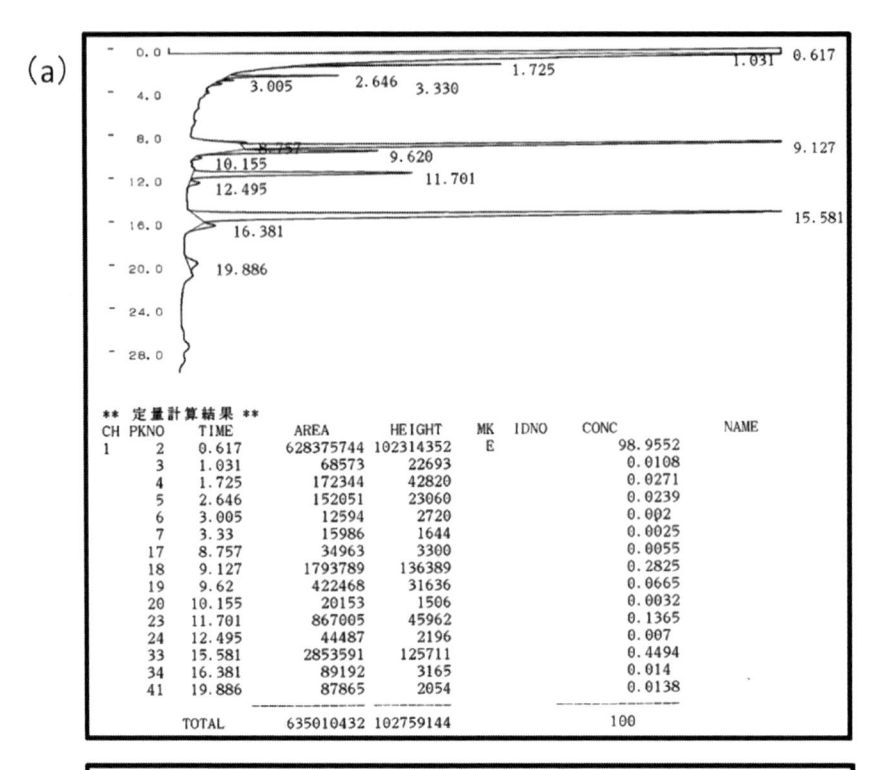

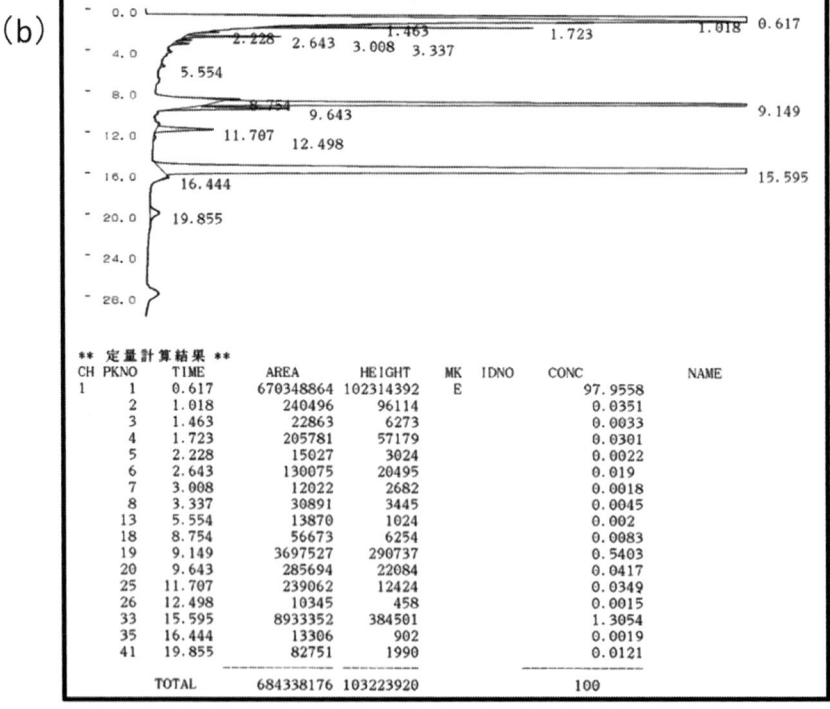

(a)

CH	PKNO	TIME	AREA	HEIGHT	MK	IDNO	CONC	NAME
1	2	0.617	628375744	102314352	E		98.9552	
	3	1.031	68573	22693			0.0108	
	4	1.725	172344	42820			0.0271	
	5	2.646	152051	23060			0.0239	
	6	3.005	12594	2720			0.002	
	7	3.33	15986	1644			0.0025	
	17	8.757	34963	3300			0.0055	
	18	9.127	1793789	136389			0.2825	
	19	9.62	422468	31636			0.0665	
	20	10.155	20153	1506			0.0032	
	23	11.701	867005	45962			0.1365	
	24	12.495	44487	2196			0.007	
	33	15.581	2853591	125711			0.4494	
	34	16.381	89192	3165			0.014	
	41	19.886	87865	2054			0.0138	
		TOTAL	635010432	102759144			100	

(b)

CH	PKNO	TIME	AREA	HEIGHT	MK	IDNO	CONC	NAME
1	1	0.617	670348864	102314392	E		97.9558	
	2	1.018	240496	96114			0.0351	
	3	1.463	22863	6273			0.0033	
	4	1.723	205781	57179			0.0301	
	5	2.228	15027	3024			0.0022	
	6	2.643	130075	20495			0.019	
	7	3.008	12022	2682			0.0018	
	8	3.337	30891	3445			0.0045	
	13	5.554	13870	1024			0.002	
	18	8.754	56673	6254			0.0083	
	19	9.149	3697527	290737			0.5403	
	20	9.643	285694	22084			0.0417	
	25	11.707	239062	12424			0.0349	
	26	12.498	10345	458			0.0015	
	33	15.595	8933352	384501			1.3054	
	35	16.444	13306	902			0.0019	
	41	19.855	82751	1990			0.0121	
		TOTAL	684338176	103223920			100	

図2　Testosterone 5 alpha-reductase 活性阻害作用評価時のガスクロマトグラフ例
(a)：Control（蒸留水），(b)：陽性対照物質（β-estradiol：6.25 μg/mL）

1.2 試薬調製

① 標準溶液：

3 alpha-Androstanediol（5 alpha-androstane-3 alpha, 17 beta-diol）

Dihydrotestosterone（DHT；17 beta-hydroxy-5 beta-androstane-3-one）

Testosterone

の標準液をそれぞれ約 1 mg 精秤し，エタノールで 1 mL となるように溶解し，等量混合したものを標準溶液とする。

② Testosterone 溶液：Testosterone 約 4.2 mg を精秤し，プロピレングリコールで 1 mL とする。

③ Tris-HCl 緩衝液（5 mmol/L）：2-Amino-2-hydroxymethyl-1,3-propanediol 30.3 mg を秤取し，精製水に溶解した後，1 mol/L HCl で pH 7.13 に調整し，精製水で 50 mL にメスアップする。

④ Nicotineamide adenine dinucleotide phosphate（NADPH）溶液：NADPH 約 10 mg を精秤し，Tris-HCl 緩衝液に溶解し，10 mL にメスアップする（用時調整）。

⑤ 被験試料溶液：被験試料を溶解可能なエタノール，精製水もしくはその混合物で調製する。

⑥ ラット肝ホモジネート（S-9）：凍結した S-9 を氷中にて溶解して使用する（用時調整）。

試薬および器具の購入メーカーを表 2 に示す。

表 2　試薬・器具の購入メーカー

試薬・器具	メーカー
3 alpha-Androstanediol（5 alpha-androstane-3 alpha, 17 beta-diol）	STERALOIDS
Dihydrotestosterone（DHT）	SIGMA
NADH, S-9（ラット肝ホモジネート）	オリエンタル酵母
Testosterone, 2-Amino-2-hydroxymethyl-1,3-propanediol, プロピレングリコール，塩化メチレン	和光純薬工業
Gas chromatography	島津製作所
DB-1701 column	ガスクロ工業

1.3 試薬調製

① ふた付き V 底 15 mL 試験管に Testosterone 溶液 20 μL，NADPH 溶液 825 μL を加えて混合し，水浴中 37℃に保温する。

② これに被験物質溶液 80 μL および S-9 75 μL を加え再び混合し，水浴中 37℃にて 60 分間反応させる。

③ 反応終了後，塩化メチレンを正確に 1 mL 添加し，激しく振とうして基質の Testosterone

とその反応生成物を抽出し，反応を止める。
④　これを1,600 gで10分間遠心分離して塩化メチレン層を分離し，その内300 μLを取り出し，気化させ，エタノールで溶解した後，表3の条件にてガスクロマトグラフィー分析を行う。
⑤　同様の方法で，被験試料を調製した溶媒を用いて空試験を行う。
⑥　あらかじめ標準溶液のエタノール溶液をガスクロマトグラフィー分析し，ピーク面積を求めておく。そのピーク面積に対する被験試料または空試験での反応後のピーク面積の相対比を基に，被験試料または空試験での変換率を求め，Testosterone 5 alpha-reductase活性阻害率を算出する。

表3　ガスクロマトグラフィーの分析条件

Model	Shimadzu GC-2010
Column	DB-1701（ϕ 0.53 mm × 30 m, film：1.0 μm）
Column temp.	240 ℃
Injection temp.	300 ℃
Detector	FID
Detect temp.	270 ℃
Injection volume	1 μL
Carrier gas	N_2
Flow rate	12 mL/min
Sprit rate	1：2

文　献
1) Pucci E *et al.*, *Genecol. Endocrinol.*, **11** (6), 411-433（1997）
2) Frederiksen D W *et al.*, *J. Biol. Chem.*, **246** (8), 2584-2597（1971）
3) Moore J R *et al.*, *J. Biol. Chem.*, **247** (3), 958-967（1972）
4) 井端泰夫，フレグランスジャーナル，**92**, 78-83（1988）
5) Andersson S *et al.*, *Proc. Natl. Acad. Sci. USA*, **87**, 3640-3644（1990）
6) Thiboutot D *et al.*, *J. Invest. Dermatol.*, **105**, 209-214（1995）
7) Chen W *et al.*, *J. Invest. Dermatol.*, **110**, 84-89（1998）
8) 岡野由利，化粧品の有用性，薬事日報社，102-124（2001）

第1章 生化学実験法

2 毛包毛乳頭のアルカリフォスファターゼ活性評価法

飯田真智子

2.1 試験の原理

アルカリフォスファターゼ（ALP）（EC 3.1.3.1）は，亜鉛金属酵素に属し，主にグリコシルホスファチジルイノシトール（GPI）アンカーを介して細胞膜上に存在する[1]。ALPは，アルカリ条件下でリン酸エステル化合物の加水分解酵素として働き，生体内のリン酸レベルおよびリン酸代謝を調節する[2]。また，ALPは，細胞膜のラフトに存在するほかのGPIアンカータンパク質と協調し，シグナル伝達や生体物質の輸送に関与する事が示唆されている[3～5]。

このようにALPの生理機能は多岐にわたるが[3～5]，一般に，再生中の組織や腫瘍などの増殖活性が盛んな組織において特に高い活性を示すことが報告されている[6～9]。毛包は，毛周期と呼ばれる再生周期にともなって，退縮と再生を繰り返す[10]。毛包では，特に毛乳頭において顕著なALP活性が検出されることが知られており，毛乳頭の局在を知るためのマーカーとして古くより利用されている[11,12]。さらに，ALP活性は毛乳頭の毛包誘導活性と関連することが多数報告されており，ALP活性は毛乳頭の毛包誘導活性の評価指標としても注目される[13]。また，ALP活性は，真皮鞘・皮脂腺・毛球部の胚芽細胞・バルジ領域のサイトケラチン15陽性細胞等においても検出されており[14]，その活性強度と発現パタンは毛周期を通じてドラスティックに変化することから，毛乳頭以外の毛包組織における役割も示唆されている[14]。

ALP活性検出には，ALPの基質である，Nitro-blue tetrazolium（NBT）/5-bromo-4-chloro-3'-indolyphosphate（BCIP）（図1）[15]，あるいは，Fast Red TR/Naphthol AS-MXを用いる（図2）[13,14]。ALPはアルカリ条件下で酵素活性を示すため，反応溶液のpHをアルカリ性（pH=9.5～10.0）に調整することが重要である。反応溶液が例えばpH=6.0，pH=7.0であると，ALP活性は検出されない。当然ながら，ALPは酵素であるため，その酵素活性を失活させないようサンプル調整することが重要である。したがって，組織標本作製時に通常用いられるホルマリンなどの固定液の使用は禁忌である。また，包埋時に有機溶媒を使用するパラフィン切片によるALP活性の検

表1 試薬・器具の購入メーカー

試薬・器具	メーカー
4-nitro blue tetrazolium（NBT）/ 5-bromo-4-chloro-3-indolylphosphate（BCIP）	Sigma-Aldrich
Naphthol AS-BI phosphate detection kit	Sigma-Aldrich
Levamisole hydrochloride	Sigma-Aldrich
Methyl green	Vector Laboratories
10 % 中性緩衝ホルマリン	Wako Pure Chemical Industries
O.C.T. Compound	Sakura Finetek
Tissue-Tek Cryomold	Sakura Finetek
APS（アミノシラン）コートスライドグラス	Matsunami Glass
カバーガラス	Matsunami Glass
封入剤（マウントクイック）	Daido Sangyo

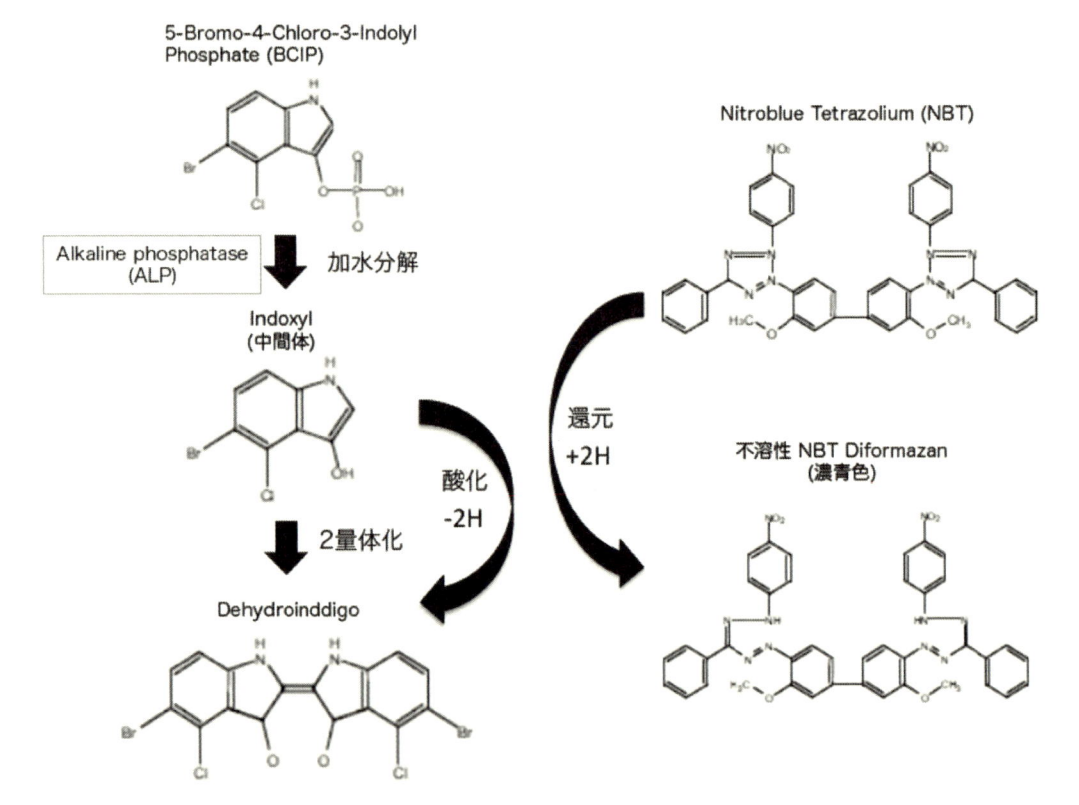

図1 Nitro-blue tetrazolium（NBT）/5-bromo-4-chloro-3'-indolyphosphate（BCIP）を用いたアルカリフォスファターゼ活性検出の原理

出も不可である。解剖により摘出した組織は，速やかに凍結包埋し，長期保存することなくALP活性を検出することが肝要である。また，ALPの阻害剤であるLevamisole溶液を加えたネガティブコントロールを準備することで，より信頼性の高い検出結果を得る事ができる。

260

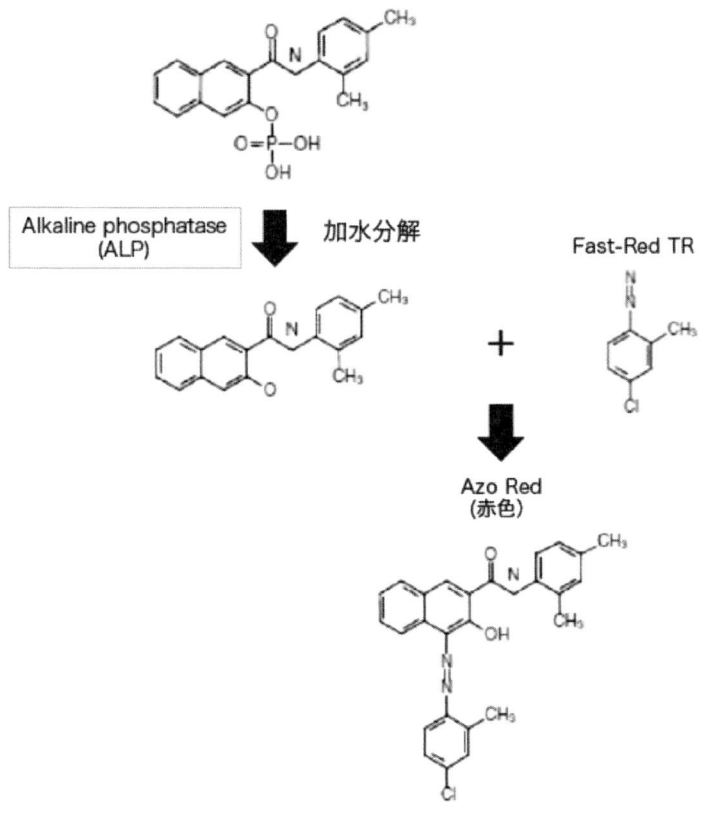

図2 Fast Red TR/Naphthol AS-MX を用いた
アルカリフォスファターゼ活性の検出原理

2.2 試薬調整

① 10x Calcium-magnesium free Dulbecco's phosphate buffered saline (PBS (−))：
 —NaCl 80.0 g （最終濃度 1,370.0 mM）
 —KCl 2.0 g （最終濃度 27.0 mM）
 —Na$_2$HPO$_4$・12H$_2$O 29.0 g （最終濃度 81.0 mM）
 —KH$_2$PO$_4$ 2.0 g （最終濃度 14.7 mM）
 上記を1Lの純水に溶解する。使用時に純水で1/10倍 (1×PBS (−)) に希釈して使用する。

② TN buffer (pH＝9.0)：
 —Tris aminomethane 12.1 g （最終濃度 0.1 M）
 —NaCl 5.9 g （最終濃度 0.1 M）
 上記を1Lの純水に溶解する。

③ 4-nitro blue tetrazolium（NBT）/5-bromo-4-chloro-3-indolylphosphate（BCIP）溶液：
　―NBT　　　　18.75 mg/ml
　―BCIP　　　　9.4 mg/ml
　上記の混合ストック溶液（67% DMSO（v/v））を1/50希釈となるようにTN bufferに溶解し，1 N NaOHでpH＝9.5に調整する（用事調整）。
④ Levamisole（5.0 mM）溶液：
　―Levamisol hydrochloride 120 mgを100 mlの③NBT/BCIP溶液に溶解する（用事調整）。
⑤ メチルグリーン溶液（1.0%（w/v））：
　―メチルグリーン1.0 gを純水100 mlに溶解し，濾過後に使用する。

2.3　試験操作

① アセトンを－20℃に冷却しておく。
② 解剖により単離した皮膚を，未固定のまま，速やかに凍結切片用包埋剤（例えば，Tissue-Tek® O.C.T. Compound, Sakura Finetek）に1分程度なじませる。未固定であるため，出来るだけ早く凍結のステップに進むことが肝要である。
③ ②の組織をO.C.T. Compoundを満たした凍結包埋容器（例えば，Tissue-Tek® Cryomold, Sakura Finetek）に包埋する。
④ 液体窒素を満たした容器中に，イソペンタン（2-Methylbutane）の入った一回り小さい容器を浮かべる。イソペンタンが冷却され白濁した所で，組織を包埋したCryomoldの底面を浸漬し凍結する。この時，Cryomoldの底面だけにイソペンタンが触れるようイソペンタンの量を調節する。
⑤ クライオスタットにて凍結切片を作製する。凍結切片をスライドグラスに取り，①で－20℃に冷却しておいたアセトン中で5分間固定する。
⑥ PBS（－）を満たした染色瓶などにスライドグラスを入れ，PBS（－）を交換しながらアセトンと組織周辺のO.C.T. Compoundを洗う。
⑦ スライドグラスをTN bufferに1分間浸漬する。
⑧ スライドグラスをNBT/BCIP溶液に浸漬し，暗所にて15～20分放置する。ALP活性は，濃青色として検出される。事前に，ALP検出強度と反応時間について検討しておくとよい（図3）[13]。ネガティブコントロールの作製には，NBT/BCIP反応液にALP特異的阻害剤であるLevamisoleを加えた溶液を使用する[13]。Levamisoleを加えた反応溶液において濃青色の反応産物が観察されなければ，得られた結果はALP活性を特異的に検出していると判断できる。
⑨ PBS（－）にて反応溶液を洗った後，10%中性ホルマリンにて後固定を行う（酵素反応を止める）。

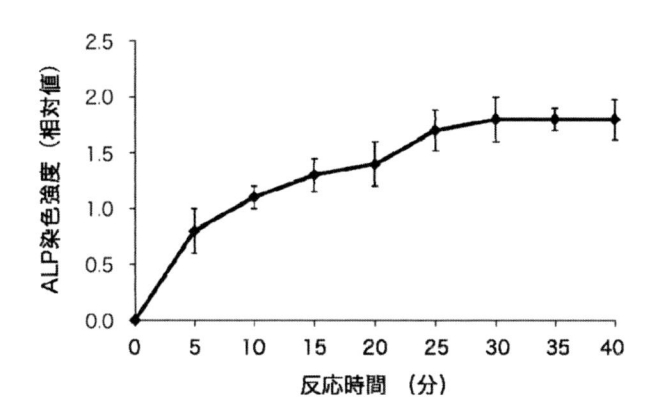

図3 ALP検出強度と反応時間

マウス頬髭毛包凍結切片（7μm）におけるALP検出強度と反応時間の一例を示す。ALP染色強度は，ImageJソフトウェア（Rasband, W.S., ImageJ, U. S. National Institutes of Health, Bethesda, Maryland, USA, http://imagej.nih.gov/ij/）により算出した。この場合，25分以降は，ほぼプラトーであるため，反応時間は25分以内とする。反応曲線は，組織の種類や切片の調整法によって変化するため，実際の標本を用いて事前に検討する必要がある。

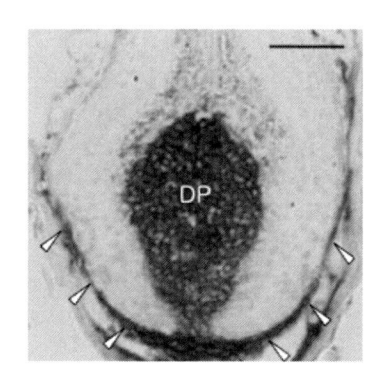

図4 マウス頬髭毛包毛乳頭におけるALP活性

成長期マウス頬髭毛包の毛球部におけるALP活性検出結果を示す。基質にはNitro-blue tetrazolium（NBT）/5-bromo-4-chloro-3'-indolyphosphate（BCIP）を用いた。毛乳頭（DP）において明瞭なALP活性（濃青色）が観察される。細胞膜が強染される。毛球部の周囲の真皮鞘（矢尻）においても明瞭なALP活性が観察される。Bar＝100μm
（Iida M., *et al., Dev. Growth Differ.*, **49**, 185（2007）[14]改変）

⑩ 1%メチルグリーンにて核染色を行う。染色時間は5～10分だが，組織によって異なるため顕微鏡で観察しながら最適な染色時間を検討する。

⑪ 100%エタノールにて余剰なメチルグリーン染色液を洗浄する。

⑫ 乾燥させた後，エタノールによる脱水，キシレンによる透徹のステップを経て封入する（図4）[14]。

そのほかの注意事項：

酵素活性の失活を防ぐため，⑤～⑪のステップの間切片を乾燥させないようにする。

文　献

1) Harris H., *Clin. Chim. Acta.*, **186**, 133（1990）
2) Whyte M. P., *Endocr. Rev.*, **15**, 439（1994）
3) Braccia A., *et al.*, *J. Biol. Chem.*, **278**, 15679（2003）
4) Damek-Poprawa M., *et al.*, *Biochemistry*, **45**, 3325（2006）
5) Krajewska W. M. & Maslowska I., *Cell Mol. Biol. Lett.*, **9**, 195（2004）
6) Kopf A. W., *AMA Arch. Derm.*, **75**, 1（1957）
7) Hahnel A. C., *et al.*, *Development*, **110**, 555（1990）
8) Hamilton T. A., *et al.*, *Proc. Natl. Acad. Sci. USA*, **76**, 323（1979）
9) Benham F. J., *et al.*, *Int. J. Cancer*, **27**, 637（1981）
10) Müller-Röver S., *et al.*, *J. Invest. Dermatol.*, **117**, 3（2001）
11) Hardy, M., *Am. J. Anat.*, **90**, 285（1952）
12) Paus R., *et al.*, *J. Invest. Dermatol.*, **113**, 523（1999）
13) McElwee K. J., *et al.*, *J. Invest. Dermatol.*, **121**, 1267（2003）
14) Iida M., *et al.*, *Dev. Growth Differ.*, **49**, 185（2007）
15) Brenan M. and Bath M. L., *J. Histochem. Cytochem.*, **37**, 1299（1989）

第 1 章　生化学実験法

3 培養毛乳頭細胞のアルカリフォスファターゼ活性評価法

飯田真智子

3.1　試験の原理

　毛乳頭は毛包誘導能を有する[1~6]。例えば，有毛部皮膚より単離した毛乳頭をもともと毛包のない表皮層あるいは毛包上皮層に移植すると新たに毛包器官が誘導される[1~6]。培養により，自己の毛乳頭細胞を毛包誘導能を失活させることなく増殖させることが出来れば，脱毛部への細胞移植による毛髪再生が期待される[1,7]。また，培養毛乳頭細胞は，毛包誘導活性を調節するような薬剤スクリーニングにも応用できる[4]。

　一方，培養毛乳頭細胞の毛包誘導活性は，継代数あるいは培養時間の累積にともなって減衰する[3,5~7]。培養毛乳頭細胞の毛包誘導活性を維持するには，表皮細胞をフィーダー細胞として共培養する方法，表皮細胞のコンディションドメディウム（馴化培地）を用いる方法，繊維芽細胞増殖因子（FGF2）の添加等が有効であることが報告されている[3,8]。

　生体の毛乳頭と同様（参照：「第1章2. 毛包毛乳頭のアルカリフォスファターゼ活性評価法」），培養下においても，毛包誘導活性を維持している毛乳頭細胞では，アルカリフォスファターゼ（ALP）活性が高いことが報告されている[3]。したがって，ALP 活性の検出は，培養毛乳頭細胞においても，その毛包誘導活性の状態を判断するひとつの指標として有効である[4]。

　培養毛乳頭細胞における ALP 活性の検出は，ALP の基質である，Nitro-blue tetrazolium（NBT）/5-bromo-4-chloro-3'-indolyphosphate（BCIP），あるいは，Fast Red TR/Naphthol AS-MX を用いて行う。ALP 活性検出の基本原理の詳細は，「第1章2. 毛包毛乳頭のアルカリフォスファターゼ活性評価法」を参照されたい。

第1章 生化学実験法

表1 試薬・器具の購入メーカー

試薬・器具	メーカー
Dulbecco's Modified Eagle Medium（DMEM）	Wako Pure Chemical Industries
Fibroblast growth factor-2	Gibco
Trypsin-EDTA	Gibco
4-nitro blue tetrazolium（NBT）/ 5-bromo-4-chloro-3-indolylphosphate（BCIP）	Sigma-Aldrich
Naphthol AS-BI phosphate detection kit	Sigma-Aldrich
Levamisole hydrochloride	Sigma-Aldrich
10%中性緩衝ホルマリン	Wako Pure Chemical Industries
O.C.T. Compound	Sakura Finetek
Tissue-Tek Cryomold	Sakura Finetek
APS（アミノシラン）コートスライドグラス	Matsunami Glass
カバーガラス	Matsunami Glass
封入剤（マウントクイック）	Daido Sangyo

3.2 試薬調整

① 10x Calcium-magnesium free Dulbecco's phosphate buffered saline（PBS（−））：
　—NaCl　　　　　　　80.0 g　（最終濃度 1,370.0 mM）
　—KCl　　　　　　　2.0 g　（最終濃度 27.0 mM）
　—Na$_2$HPO$_4$・12H$_2$O　29.0 g　（最終濃度 81.0 mM）
　—KH$_2$PO$_4$　　　　　2.0 g　（最終濃度 14.7 mM）
　上記を1Lの純水に溶解する。使用時に純水で1/10倍（1 × PBS（−））に希釈して使用する。

② TN buffer（pH＝9.0）：
　—Tris aminomethane　12.1 g　（最終濃度 0.1 M）
　—NaCl　　　　　　　5.9 g　（最終濃度 0.1 M）
　上記を1Lの純水に溶解する。

③ 4-nitro blue tetrazolium（NBT）/5-bromo-4-chloro-3-indolylphosphate（BCIP）溶液：
　—NBT　　　　18.75 mg/ml
　—BCIP　　　　9.4 mg/ml
　上記の混合ストック溶液（67% DMSO（v/v））を1/50希釈となるように TN buffer に溶解し，1 N NaOH で pH＝9.5 に調整する（用事調整）。

④ Levamisole（5.0 mM）溶液：
　—Levamisol hydrochloride 120 mg を 100 ml の③ NBT/BCIP 溶液に溶解する（用事調整）。

⑤ メチルグリーン溶液（1.0%（w/v））：
　—メチルグリーン 1.0 g を純水 100 ml に溶解し，濾過後に使用する。

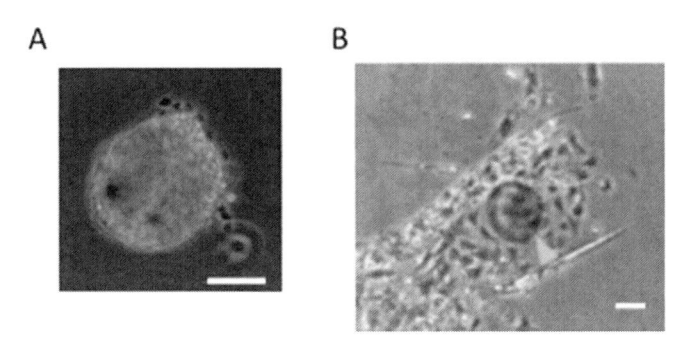

図1 マウス頬髭毛包から単離した毛乳頭の外植培養
A. マウス頬髭毛包から単離した毛乳頭。B. 外植した毛乳頭（矢尻）から這い出した毛乳頭細胞。Bars＝100μm

3.3 試験操作

ここでは，マウス頬髭毛包の毛乳頭を材料とした培養毛乳頭細胞における ALP 活性の検出法を記載する。ラット頬髭毛包の毛乳頭の培養方法に関しては文献[3]を，ヒト頭髪毛乳頭の培養方法に関しては，文献[9]などを参照されたい。

① アセトンを−20℃に冷却しておく。

② マウス頬髭皮膚を単離する。単離した頬髭皮膚を70％エタノールに数秒通した後，クリーンベンチ内で培地（Dulbecco's Modified Eagle Medium：DMEM）を満たしたシャーレに移す。以降，クリーンベンチ内での無菌作業とする。

③ クリーベンチに設置した実体顕微鏡下でマウス頬皮膚から髭毛包を単離する。毛包は，結合組織の中に埋まっている。鉤付きピンセットおよびメスを用いて，毛包間の結合組織を取り除き，毛包のみを露出させる。露出した毛包の根元をピンセットで挟み，頬の皮膚から単離する。毛周期によって ALP 活性強度および分布が異なるため，目的に応じた毛周期ステージの毛包を使用する[10,11]。

④ 単離した頬髭毛包の毛球部をメスで切断した後，毛球部のコラーゲン鞘を裏返すようにして毛乳頭を露出させる。毛乳頭以外の組織をメスやピンセットを用いて丁寧に取り除き，毛乳頭のみを単離する[10]（図1A）。

⑤ 単離した毛乳頭は，培養プラスチックシャーレに静置させ，10％ウシ胎児血清および Fibroblast growth factor-2（10 ng/ml）を含む Dulbecco's modified essential medium（DMEM）中でインキュベート（37℃，5% CO_2）する（外植培養）(図1)。

⑥ 毛乳頭細胞が増殖しながら培養シャーレに這い出す（図1B）。サブコンフルエントにて継代を行う。0.25％trypsin-EDTA 処理を行い，細胞を回収する。培養プラスチックシャーレ内にカバーガラスを沈め（ALP 染色時にアセトン固定を行うため，有機溶媒に耐性のあるガラス

上に細胞を播種する必要がある），その上に 2×10^5 cells/ 直径 10 cm 培養プラスチックシャーレとなるように細胞を播種する．

⑦ 1～数日後毛乳頭細胞が接着したカバーガラスを培地より取り出し，PBS（−）にて培地を洗った後，アセトンにて 5 分固定する．

⑧ アセトンで固定したカバーガラスを PBS（−）中に入れ，PBS（−）を交換しながらアセトンを洗う．

⑨ 毛乳頭細胞が接着したカバーガラスを TN buffer に 1 分間浸漬する．

⑩ スライドグラスを NBT/BCIP 溶液に浸漬し，暗所にて 15～20 分放置する．ALP 活性は，濃青色として検出される．事前に，ALP 検出強度と反応時間について検討しておくとよい（第 1 章 2. 毛包毛乳頭のアルカリフォスファターゼ活性評価法 図 3 を参照）．ネガティブコントロールの作製には，NBT/BCIP 反応液に ALP 特異的阻害剤である Levamisole を加えた溶液を使用する．

⑪ PBS（−）にて反応溶液を洗った後，10％中性ホルマリンにて後固定を行う（酵素反応を止める）．

⑫ 必要に応じて，核染色を行いエタノールによる脱水，キシレンによる透徹のステップを経て封入する．

そのほかの注意事項：
酵素活性の失活を防ぐため，ステップ⑪までは切片を乾燥させないようにする．

文　献

1) McElwee K. J., *et al.*, *J. Invest. Dermatol.*, **121**, 1267（2003）
2) Matsuzaki M., *et al.*, *Differentiation*, **60**, 287（1996）
3) Inamatsu M., *et al.*, *J. Invest Dermatol.*, **111**, 767（1998）
4) Aoi N., *et al.*, *Stem Cells Transl. Med.*, **1**, 615（2012）
5) Kishimoto *et al.*, *Proc. Natl. Acad. Sci. USA*, **96**, 7336（1999）
6) Jahoda CAB *et al. Nature*, **311**, 560（1984）
7) Higgins C. A., *et al.*, *Proc. Natl. Acad. Sci. USA*, **110**, 9679（2013）
8) Osada A., *et al.*, *Tissue Eng.*, **3**, 975（2007）
9) Ohyama M., *et al.*, *J Cell Sci.*, **125**, 4114（2012）
10) Iida M., *et al.*, *Differentiation*, **75**, 371（2007）
11) Iida M., *et al.*, *Dev. Growth Differ.*, **49**, 185（2007）

第2章　培養細胞を用いた実験法

1　ヒト毛包上皮系細胞の単離・培養と増殖を指標にした育毛剤評価実験法

岩渕徳郎

1.1　試験の原理

　育毛剤の探索方法として，以前はマウスを用いた評価方法がしばしば用いられてきた。現在でも，育毛剤探索や毛髪科学の基礎研究において，マウスを用いている例がかなり多い。しかし，育毛剤はヒトの頭髪を対象としたものであり，その研究・評価にはヒト頭髪由来の材料を用いるのが最も有効であることは疑いのないことであろう。よって，本項ではヒト頭髪由来の外毛根鞘細胞を用いた実験方法について解説する。

　毛包は皮膚付属器で上皮系細胞と間葉系細胞から構成される。両細胞が相互に作用し合うことによって毛包の器官形成が行われ，毛周期が制御されると考えられている[1,2]。近年，これらの細胞を単離・培養できるようになり，上皮-間葉相互作用の一端を in vitro で解析していくことが可能となった。本項では毛包の上皮系細胞の単離・培養などの実験法について解説する。なお姉妹本にも類似の内容が記載されているので参照されたい[3]。

　毛包の上皮系細胞は主に形態学から，外毛根鞘（outer root sheath, ORS），内毛根鞘（inner root sheath, IRS），毛幹（hair shaft），毛母（matrix）の4種に大別される（図1）[2]。毛包皮脂腺下部のバルジ領域に存在する上皮系幹細胞（epidermal stem cell）が分化・増殖し，これら4種の細胞系列を供給しているとされる[4]。毛母細胞は上皮系幹細胞が分化・増殖を行いながら毛球部下部に移動し，そこから反転して内毛根鞘および毛幹に分化・増殖している細胞を指し，主に「毛」になる細胞の意味で呼ばれることが多い[5]。

　毛包下部の内毛根鞘，毛幹および毛母には，ある程度分化した細胞のみが存在すると考えられており，これらの細胞の培養は困難である。しかし，外毛根鞘には上皮系幹細胞由来の未分化状態を保った細胞（transient amplifying cell：TA cell）が混在しており，この細胞は培養が可能である。よって，毛髪科学研究では外毛根鞘細胞を毛母細胞類似細胞として扱うことが多く，本細胞の増殖性を亢進させる物質は毛幹の成長促進効果が期待できる物質であると考えることがで

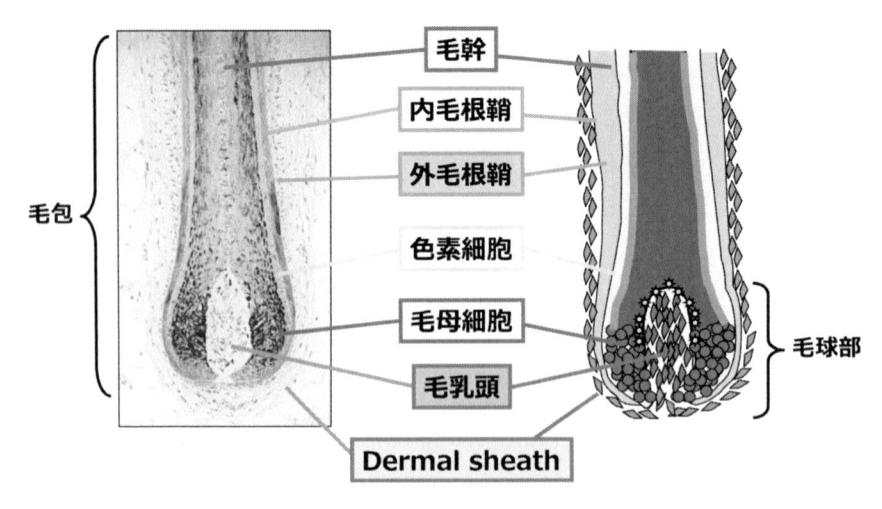

図1　毛包の構造（口絵参照）

きる。また，外毛根鞘は毛幹の根元を支えるような構造をしており，しっかりとした外毛根鞘はコシのある毛髪にとって重要であるとの考え方もなされている。

　本項では培養可能なこの未分化性を持った細胞を外毛根鞘細胞（ORS）とし，当該細胞の単離および培養方法について解説する。

1.2　試薬調製および使用器具

(1)　頭皮検体保存・輸送用培地，緩衝液

　ダルベッコの改変MEM（DMEM；Life Technologies）を使用するが，DMEMに限定されるものではない。本実験中，緩衝液としてカルシウムおよびマグネシウムを含まないリン酸緩衝液PBS（−）（pH 7.2-7.5）を使用する。なお，DMEMのメーカーは特に限定されない。

(2)　細胞アウトグロース用および通常培養用培地

　アウトグロース用および通常培養用としてEpiLife-HKGS（EpiLifeにsupplementであるHKGSを添加したもの；Life Technologies）。薬剤評価実験に使用する基礎培地としてEpiLife（HKGSを添加しないEpiLife；Life Technologies）。なお，培地は角化細胞培養用培地なら，後述の通り，Keratinocyte-SFM（Life Technologies）などでも良く，特にメーカーなどは限定されない。

(3)　Dermal sheath除去処理用培地

　1,000 U/mL dispase（三光純薬）と0.2％コラゲナーゼを含むPBS（−）を使用する。ディスパーゼは他社製でも問題ないが，活性単位に注意すること。

(4)　細胞剥離処理液とトリプシン反応停止液

　細胞剥離用として0.05％トリプシンと0.5 mM EDTAを含むPBS（−）を使用する。トリプシン反応停止用として，0.1％トリプシン阻害剤を使用する。トリプシン，EDTA，トリプシン

阻害剤はいずれも特にメーカー等は問わない。

(5) 細胞凍結用保存液

セルバンカー（無血清；ダイヤトロン）を使用する。

(6) 細胞増殖測定用試薬

アラマーブルー（TREK diagnostic systems）を使用する。

(7) 毛包採取用器具類

27ゲージの注射針，1mLディスポシリンジ，メスを使用する。

(8) 細胞アウトグロース用および培養用培養皿

コラーゲン（Type I）コーティングしたプラスチックディッシュ（マルチウェル培養皿も同様）を使用する。

1.3 試験操作

(1) ヒト毛包上皮系細胞の単離・培養（初代培養）

外毛根鞘細胞の単離・培養条件はItamiらの方法を基本に，適宜改変して行った[6,7]。

① インフォームドコンセントを得て外科手術の副産物として得られたヒト頭皮検体を使用する。検体採取後，速やかにDMEMに浸し冷蔵保温する。輸送等も冷蔵で行う。

② 得られた検体のサイズが大きい場合は，メスを使って作業しやすいサイズに適宜分割する。図2Aに頭皮検体の図を示した。図にあるように頭皮は上から表皮，真皮（白く見える），脂肪層（黄色部）の3層が見える。毛包を単離するには，図2Bに示したように，実体顕微鏡下でメスを用いて検体の真皮層（白色層）と脂肪層（黄色層）を分離する（赤点線）。図2Bの青色四角部分は実際に単離される毛包部分を示す。

③ 真皮層から切り離した脂肪層を上面から見た写真を図2Cに示した。真皮層の白色が残っているのが切り口の面，黒く見えるのが毛幹である。図2Dに赤丸で単離すべき毛包を示した。毛包は2～3個が隣接して存在する。

④ 毛幹の黒色と真皮層の白色の間に見える半透明の領域が結合組織性毛包（dermal sheath）である。この半透明部のすぐ外側の部分をピンセットで上から押えるように押すと毛包部分（毛幹からdermal sheathより構成される。図1参照）が少し上に出てくる。それをピンセットで静かに挟んで，脂肪層から引き抜くように毛包を単離する。単離した毛包を図2Eに示した。この時，毛包をピンセットで強く挟みすぎないように注意する。

⑤ 次に単離毛包（図2Eおよび図3A）の上部（図3B）と下部（毛球部，図3C）をメスで分割し，上部（図3B）だけを別ディッシュに移す。単離した毛包上部は最外層がdermal sheathで覆われているため，ここままでは外毛根鞘細胞はアウトグロースできない。なお，図3Cに示した毛包下部は別章で述べる毛乳頭の単離に使用する。

第 2 章　培養細胞を用いた実験法

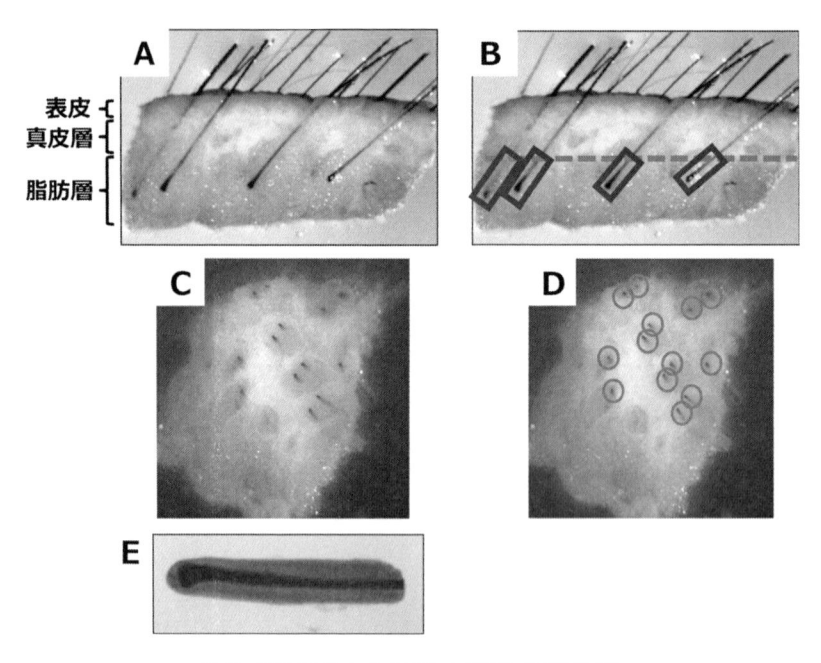

表皮
真皮層
脂肪層

図 2　頭皮検体からの毛包の単離（口絵参照）

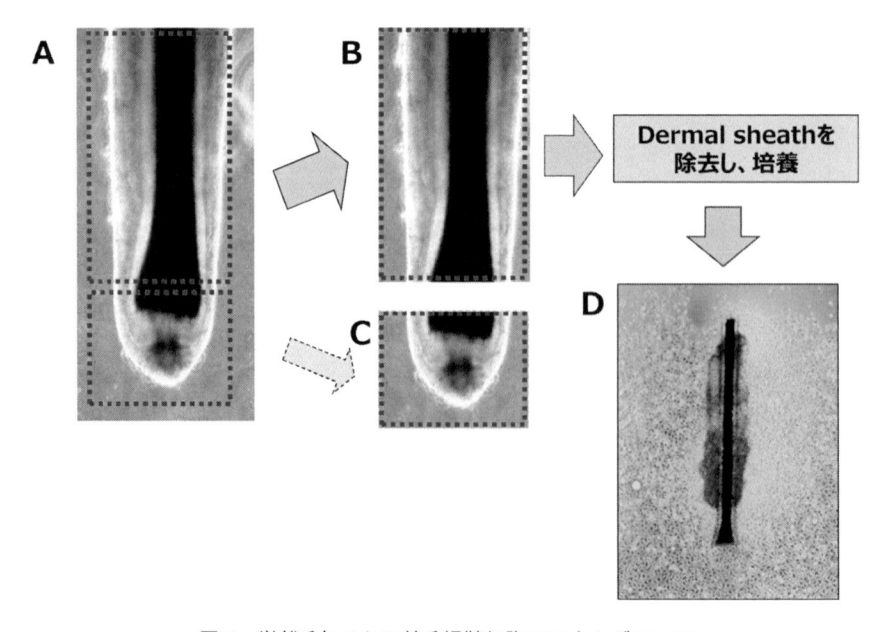

図 3　単離毛包からの外毛根鞘細胞のアウトグロース

⑥ Dermal sheath を除去するため，単離した毛包上部を 1,000 U/mL dispase と 0.2％コラゲナーゼを含む PBS（−）中で 37℃，30 分間処理する。

⑦ 処理後，注射針の先を使って dermal sheath を除去する。注射針は 1 mL シリンジに装着す

ると使いやすい。その後，外毛根鞘部分がむき出しになった毛包上部を0.05％トリプシンと0.5 mM EDTAを含むPBS（－）で37℃，5分間処理し，最終的に0.1％トリプシン阻害剤で反応を停止させる。

⑧ 処理した毛包上部をコラーゲンコーティングした培養皿（35 mm径）に移し静置培養する。培地はEpiLife-HKGSを使用する。培養皿1枚につき毛包5本程度培養する。培養中，毛包が培養皿から浮かないように注意する。

⑨ 培養後7～10日程度で図3Dのように毛包から外毛根鞘細胞のアウトグロースが観察される。この細胞をP0細胞（パッセージ・ゼロ）とする。

⑩ 70％コンフルエント程度まで細胞が増殖したらPBS（－）で細胞を洗い，0.05％トリプシンと0.5mM EDTAを含むPBS（－）で37℃，5分間処理する。その後，0.1％トリプシンインヒビターで反応を停止させ，遠心処理（800 xg-5分間）により細胞を回収する。

⑪ 細胞をEpiLife-HKGSに分散し，5,000 cells/cm^{2}の密度でコラーゲンコーティング培養皿（60 mm径）に播種する。細胞が80％コンフルエント程度になるまでほぼ2日おきに培地交換を行いながら培養を続け外毛根鞘細胞（P1）を得る。上皮系細胞はあまり継代培養を重ねない方が好ましいので，通常はP1細胞を凍結保存する。

⑫ 凍結保存するには，まずP1の外毛根鞘細胞を前述のトリプシン-EDTA処理で培養皿から剥離する。次回の培養に使用する培養皿に応じて$1×10^5～10^6$cells/mL程度にセルバンカーに分散して液体窒素中で保存する。

⑬ P1細胞数よりさらに増やしたい場合は，同じ処理を繰り返しP2の外毛根鞘細胞を得る。凍結保存も前述の方法で行う。

(2) **ヒト外毛根鞘細胞の増殖を指標とした育毛剤評価法（アラマーブルー法1）**

以下にコンフリーエキスの外毛根鞘細胞増殖性への影響を調べる実験例を示す。本実験は96ウェルプレート培養で調べる場合の実験例である。

① 凍結保存した外毛根鞘細胞を起こし，EpiLife-HKGSで前述の条件で培養する。培養後，細胞数を計測しEpiLife-HKGSで細胞分散液を調製する。使用する細胞はP2で凍結保存した細胞でも良い。

② 本細胞分散液を5,000 cells/ウェルずつコラーゲンタイプⅠ－コーティングの96ウェルプレートに播種し37℃，5％CO_2で2日間前培養する。この状態で試験に使用する外毛根鞘細胞はP2となる。なお，P2で凍結保存した細胞を使った場合はこの状態でP3となる。

③ PBS（－）で細胞を洗った後，コンフリーエキスを含むEpiLife基礎培地に培地交換する。コンフリーエキスはDMSOで乾燥残分が0.2％になるよう溶液を調製して，これをそれぞれ2 ppmになるようEpiLife基礎培地に溶解する。陰性対照としての培地は，被検試料添加に用いたものと等量のDMSOを添加したEpiLife基礎培地を用意する。各ウェルの培養液量は200 μLとする。

④ 培地交換3日後に，20 μLのアラマーブルーを各wellに加え，37℃，6時間反応させた後に，

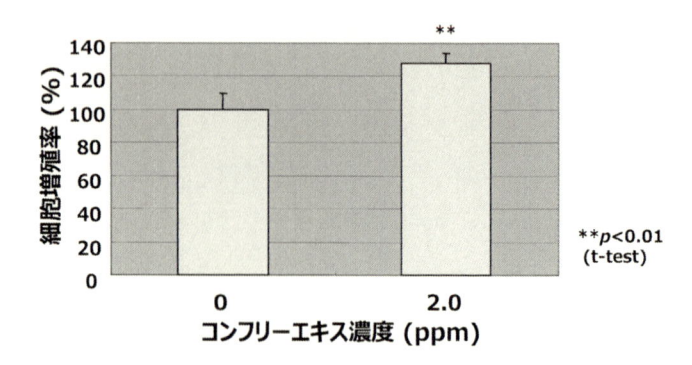

図4 外毛根鞘細胞の増殖に与えるコンフリーエキスの影響

マイクロプレートリーダーにて 570 nm および 600 nm の吸光度を測定する。
⑤ 吸光度の測定結果によりアラマーブルーの還元率を求める。還元率は，生細胞数と相関することから，各コントロール及びコンフリーエキス添加系での増殖率を比較する。図4に示したように，コンフリーエキス添加（2.0 ppm）によるヒト外毛根鞘細胞の有意な増殖が確認できる。なお，本実験の各水準は $n=8$ で実施している。

(3) ヒト外毛根鞘細胞の増殖を指標とした育毛剤評価法（アラマーブルー法2）

以下にソフォラエキスの外毛根鞘細胞増殖性への影響を 24 ウェルプレート培養で調べる実験例を示す。
① 凍結保存した外毛根鞘細胞を起こし，Keratinocyte-SFM（EGF&BPE 含有；Life Technologies）で前述の条件で培養する（なお本試験での培養は EpiLife-HKGS で行っても問題ない）。培養後，細胞数を計測し Keratinocyte-SFM で細胞分散液を調製する。使用する細胞は P2 で凍結保存した細胞でも良い。
② 本細胞分散液を 20,000 cells/ ウェルずつコラーゲンタイプⅠ－コーティングの24 ウェルプレートに播種し37℃，5%CO_2 で2日間前培養する。この状態で試験に使用する外毛根鞘細胞は P2 となる。なお，P2 で凍結保存した細胞を使った場合はこの状態で P3 となる。
③ PBS（－）で細胞を洗った後，ソフォラエキスを含む Keratinocyte-SFM 基礎培地（EGF&BPE 不含）に培地交換する。乾燥ソフォラエキスを DMSO に溶解し，Keratinocyte-SFM 基礎培地（EGF&BPE 不含）に添加し，ソフォラエキス乾燥残分最終濃度 0.1 ppm の培地を調製する。陰性対照としての培地は，被検試料添加に用いたものと等量の DMSO を添加した Keratinocyte-SFM 基礎培地（EGF&BPE 不含）を用意する。
④ 培地交換3日後に，100 μL のアラマーブルーを各ウェルに加え，37℃，6時間反応させた後に，反応液をマイクロプレートリーダーにて 570 nm および 600 nm の吸光度を測定する。
⑤ 吸光度の測定結果によりアラマーブルーの還元率を求める。還元率は，生細胞数と相関することから，各コントロール及びソフォラエキス添加系での増殖率を比較する。図5に示したよ

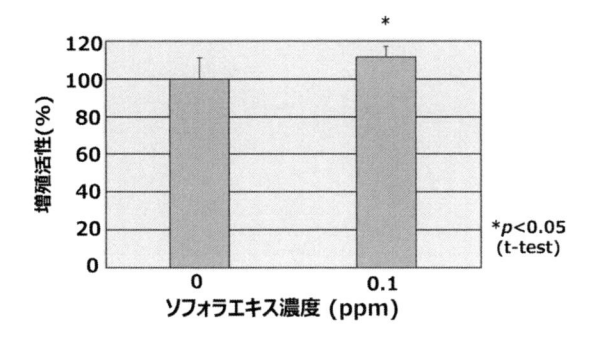

図5 外毛根鞘細胞の増殖に与えるソフォラエキスの影響

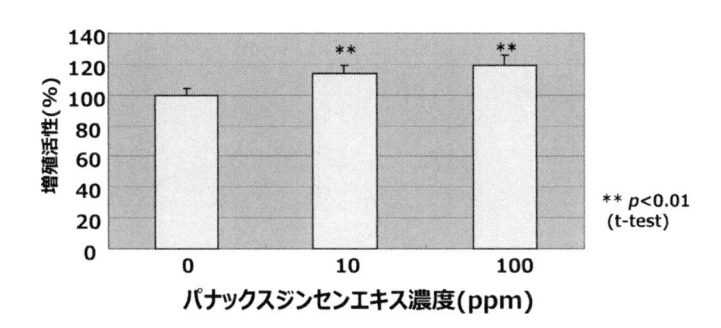

図6 外毛根鞘細胞の増殖に与えるパナックスジンセンエキスの影響

うに，ソフォラエキス添加（0.1 ppm）によるヒト外毛根鞘細胞の有意な増殖が確認できる。なお，本実験の各水準は $n=8$ で実施している。

(4) ヒト外毛根鞘細胞の増殖を指標とした育毛剤評価法（細胞計測法）

① 前項と同様にP1で凍結保存した外毛根鞘細胞を起こし，100 mm径コラーゲンコート培養皿を用い，EpiLife-HKGSで培養する。サブコンフルエント状態まで培養後，細胞数を計測しEpiLife-HKGSで細胞分散液を調製する。なお，使用する細胞はP2で凍結保存した細胞でも良い。

② 本細胞分散液を20,000 cellsずつコラーゲンタイプⅠ-コーティングされた24ウェルプレートに播種し37℃，5％CO_2で3日間前培養する。この状態で試験に使用した外毛根鞘細胞はP2扱いとなる。P2で凍結保存した細胞を使った場合はこの状態でP3となる。

③ 培養後PBS（-）で細胞を洗い，パナックスジンセンエキスを含むEpiLife基礎培地および陰性対照としてエキスを含まないEpiLife基礎培地を調製し培地交換する。パナックスジンセンエキスはDMSOで調製し，それぞれエキスの最終濃度が10 ppm，100 ppmになるようEpiLife基礎培地に溶解して用いる。

④ 3日間培養後に，培地を抜き取りPBS（-）で細胞を洗浄する。その後0.05％トリプシンと0.5 mM EDTAを含むPBS（-）で37℃，5分間処理する。0.1％トリプシンインヒビターで反応を停止させ，遠心処理（800 xg-5分間）により細胞を回収する。

⑤ 回収した細胞をEpilife-HKGSに分散し,血球計算盤で細胞数をカウントする。図6に示したように,10 ppmおよび100 ppmのパナックスジンセンエキス添加により,ヒト外毛根鞘細胞の増殖は有意に促進された。なお,本実験の各水準はn=6で実施している。

1.4 まとめ

　国内には医薬品,医薬部外品を含め様々な育毛剤が市販されており,今後もいっそう優れた育毛剤の開発が望まれている[8]。外毛根鞘細胞は現段階で毛包から単離培養できる唯一の毛包上皮系細胞であり,育毛剤開発そして毛髪科学基礎研究には欠かすことのできない細胞である。本項ではヒト外毛根鞘細胞の単離培養方法と本細胞を用いた増殖試験方法について解説した。本書の前シリーズにもあるように,ヒト外毛根鞘細胞は不死化も可能であり,これも非常に有用な細胞系であるが本書では割愛した[3]。またヒトの外毛根鞘細胞は抜き毛を使っても単離培養が可能であるが,アウトグロース効率がかなり悪い。頭皮検体を入手して調製するのが好ましいと思われる。本項で紹介したソフォラエキス(クジンエキス)は外毛根鞘細胞の増殖促進活性を示すが,最近本エキスがヒト試験で育毛に有効性を示すことが確認された。外毛根鞘細胞の増殖促進活性がヒトでの育毛活性に相関が高い可能性がある[9]。

　ヒト由来細胞の入手は容易ではないので,皮膚科医との連携が必要である。さらに,それに伴い試験・研究の科学的妥当性,ヘルシンキ宣言の趣旨にそった倫理的配慮が図られているかどうかを審査できる体制の構築が必須であり,試験実施前には通常の試験とは異なる意識が必要である。

文　献

1) Stenn and Paus, *Physiol. Rev.* **81**, 449-494 (2001)
2) 松崎貴,薬学雑誌,**128**, 11-20 (2008)
3) 岩渕徳郎,毛包上皮細胞増殖促進試験1. In:機能性化粧品素材開発のための実験法(芋川編),シーエムシー出版,p.265-270 (2007)
4) Hardy, *Trends Genet.* **8**, 55-61 (1992)
5) Oshima *et al. Cell* **104**, 233-245 (2001)
6) Itami *et al. Ann. N.Y. Acad. Sci.* **642**, 385-395 (1991)
7) Itami *et al. Br. J. Dermatol.* **132**, 527-532 (1995)
8) 岩渕徳郎,フレグランスジャーナル,**37**, 21-26 (2009)
9) Takahashi *et al. Clin. Exp. Dermatol.* (2015) (*in press*)

第2章 培養細胞を用いた実験法

2 ヒト毛乳頭細胞の単離・培養と育毛剤評価実験法

岩渕徳郎

2.1 試験の原理

　育毛剤の探索方法として，以前はマウスを用いた評価方法がしばしば用いられてきた。現在でも，育毛剤探索や毛髪科学の基礎研究において，マウスを用いている例がかなり多い。しかし，育毛剤はヒトの頭髪を対象としたものであり，その研究・評価にはヒト頭髪由来の材料を用いるのが最も有効であることは疑いのないことであろう。よって，本項ではヒト頭髪由来の毛乳頭細胞を用いた実験方法について解説する。

　毛乳頭は上皮系細胞である毛母細胞によって取り囲まれるように存在している間葉系細胞の集合体である（図1）。毛成長は毛母細胞の増殖・分化によって起こり，これを調節する司令塔が毛乳頭細胞と考えられている[1〜3]。すなわち上皮‐間葉相互作用によって毛周期が制御され，そ

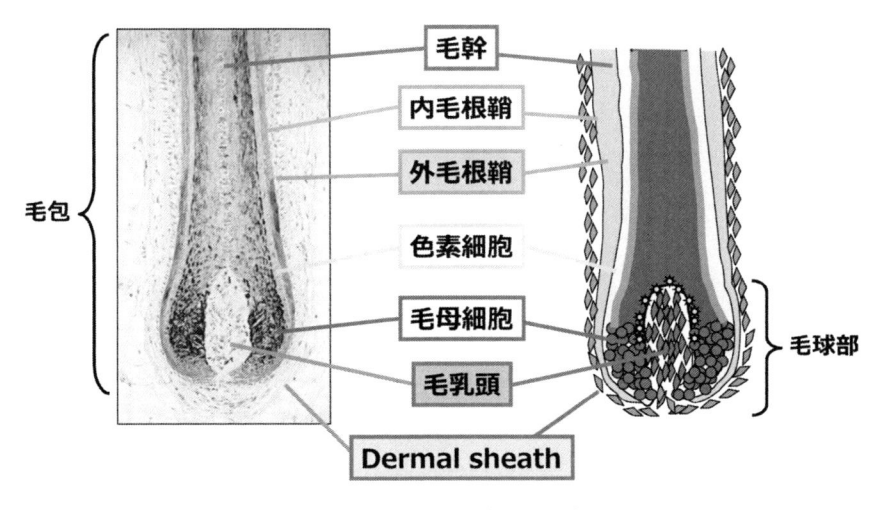

図1　毛包の構造（口絵参照）

の機構の中心に位置するのが毛乳頭細胞である。近年，上皮系細胞と間葉系細胞の両方が単離・培養できるようになり，上皮-間葉相互作用の一端を in vitro で解析していくことが可能となった。本項では毛包の間葉系細胞である毛乳頭細胞の単離・培養などの実験法について解説する。なお姉妹本にも類似の内容が記載されているので参照されたい[4]。

前述のように毛包は主に上皮系細胞と間葉系細胞から構成される（図1）。上皮系細胞は外毛根鞘（outer root sheath, ORS），内毛根鞘（inner root sheath, IRS），毛幹（hair shaft），毛母（matrix）の4種に大別され，間葉系細胞は毛乳頭細胞と結合組織性毛包（dermal sheath）の2種である。他に色素細胞が毛包には存在する。毛包の組織学的研究から，毛乳頭の大きさは毛周期を通じて変化すると考えられている。毛乳頭は休止期においては殆どその存在が認められないか痕跡様の構造が観察される程度であるが，成長期に入ると明らかに大きく成長する。また，太い毛の毛乳頭は大きいとされる[5~7]。よって，毛乳頭細胞の増殖性を上げることは，太いしっかりとした毛を作るという考え方が生まれてきた。

本項ではヒト毛包からの毛乳頭細胞の単離・培養方法，ならびに同細胞を用いた増殖試験方法について解説する。

2.2　試薬調製および使用器具

(1) 頭皮検体保存・輸送用培地，緩衝液

ダルベッコの改変MEM（DMEM；Life Technologies）を使用するが，DMEMに限定されるものではない。本実験中，緩衝液としてカルシウムおよびマグネシウムを含まないリン酸緩衝液PBS（-）（pH 7.2-7.5）を使用する。なお，培地のメーカーは特に限定されない。

(2) 毛乳頭細胞アウトグロース用および通常培養用培地

アウトグロース用として20%FBS-DMEMを，通常培養用として10%FBS-DMEMを使用する。薬剤評価実験に使用する基礎培地として無血清のDMEMを使用する。

(3) 細胞剥離処理液と反応停止液

細胞剥離用として0.25%トリプシンと1.0 mM EDTAを含むPBS（-）を，トリプシン反応停止用として，10%FBS-DMEMを使用する。トリプシン，EDTAはいずれも特にメーカーは問わない。

(4) 細胞凍結用保存液

セルバンカー（無血清；ダイヤトロン）を使用する。

(5) 細胞増殖測定用試薬

アラマーブルー（TREK diagnostic systems）を使用する。

(6) 毛包採取用器具類

27ゲージの注射針，1 mLディスポシリンジ，メスを使用する。

(7) **細胞アウトグロース用および培養用培養皿**

アウトグロース用としてコラーゲン（Type I）コーティングしたプラスティック培養皿を使用する。通常の培養ではコラーゲンコーティングされた培養皿を使用する必要はない。

2.3 試験操作

毛乳頭細胞の単離・培養は，Messenger らの方法を基本に，適宜改変して行った[8]。

(1) **ヒト毛乳頭細胞の単離・培養（初代培養）**

① インフォームドコンセントを得て外科手術の副産物として得られたヒト頭皮検体を使用する。検体採取後，速やかに DMEM に浸し冷蔵保温する。輸送等も冷蔵で行う。

② 得られた検体のサイズが大きい場合は，メスを使って作業しやすいサイズに適宜分割する。図 2A に頭皮検体の図を示した。図にあるように頭皮は上から表皮，真皮（白く見える），脂肪層（黄色部）の 3 層が見える。毛包を単離するには，図 2B に示したように，実体顕微鏡下でメスを用いて検体の真皮層（白色層）と脂肪層（黄色層）を分離する（赤点線）。図 2B の青色四角部分は実際に単離される毛包部分を示す。

③ 真皮層から切り離した脂肪層を上面から見た写真を図 2C に示した。真皮層の白色が残っているのが切り口の面，黒く見えるのが毛幹である。図 2D に赤丸で単離すべき毛包を示した。毛包は 2〜3 個が隣接して存在する。

④ 毛幹の黒色と真皮層の白色の間に見える半透明の領域が dermal sheath である。この半透明

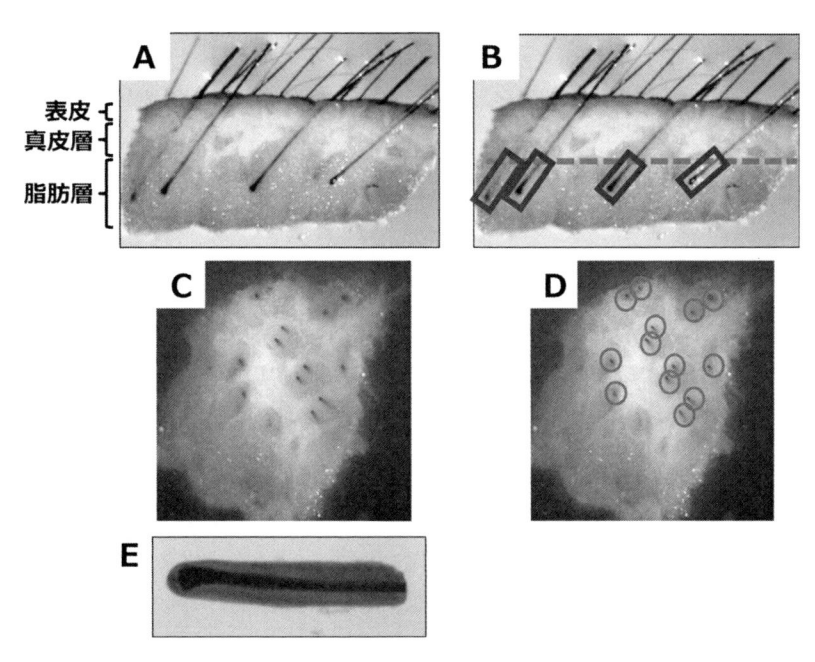

図 2 頭皮検体からの毛包の単離（口絵参照）

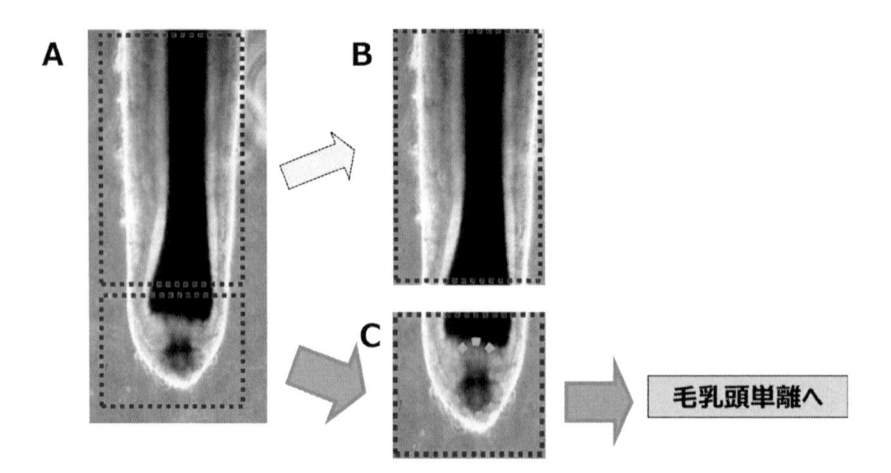

図3　単離毛包からの毛乳頭の単離

部のすぐ外側の部分をピンセットで上から押えるように押すと毛包部分（毛幹からdermal sheathより構成される。図1参照）が少し上に出てくる。それをピンセットで静かに挟んで，脂肪層から引き抜くように毛包を単離する。単離した毛包を図2Eに示した。この時，毛包をピンセットで強く挟みすぎないように注意する。

⑤　次に単離毛包（図2Eおよび図3A）の上部（図3B）と下部（毛球部，図3C）をメスで分割し，下部（図3C）だけを別の培養皿に移す。単離した毛包下部（図3Cおよび図4A）の模式図を図4Bに示した。毛包下部の底部を注射針の先端で押し，dermal steathを反転させることによって毛乳頭をむき出しにする（図4C）。次に，毛乳頭とdermal steathを注射針の先を使って切り離す（図4D）。切り離した毛乳頭をコラーゲン（type I）コートされた35 mm径の培養皿に乗せ，培養する。この時の培地は20%FBS-DMEMを使用する。培養後7〜10日すると図4Eのように毛乳頭の周囲に毛乳頭細胞がアウトグロースしてくる。なお，35 mm径の培養皿には3〜5個の毛乳頭をのせる。図4E左下の写真は培養皿に置かれた毛乳頭である。

⑥　その後，1週間に2回の割合で培養液を交換して培養を続ける。およそ2〜3週間経過するとアウトグロースした毛乳頭細胞が培養皿にサブコンフルエント状態まで増殖する。アウトグロースした毛乳頭細胞はPBS（−）で洗った後，0.25%トリプシンと1.0 mM EDTAを含むPBS（−）で37℃，5分間処理する。その後，10%FBS-DMEMで反応を停止し，遠心処理（800xg-5分間）により細胞を回収する。この細胞をP0細胞（パッセージ・ゼロ）とする。なお，P0の毛乳頭細胞はトリプシン処理だけでは剥離しにくい場合があるので，その時はスクレーパーで丁寧にかきとっても良い。

⑦　回収した毛乳頭細胞は10%FBS-DMEMに分散し，再び10%FBS-DMEMの入った培養皿で培養する。この時の培養皿はコラーゲン（type I）でコートされていなくても良い。この間，

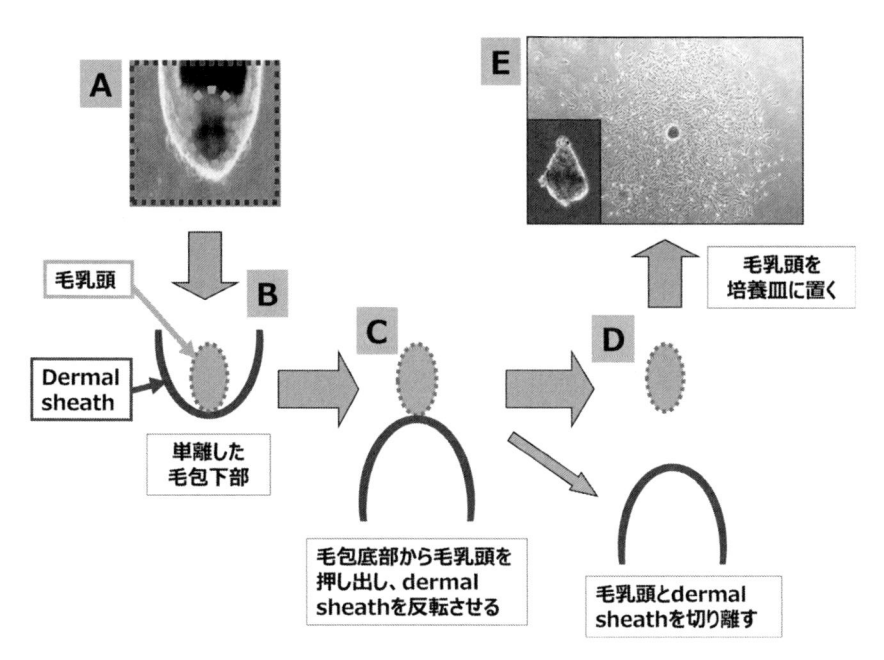

図4 単離毛包からの毛乳頭の単離・培養方法

2日間程度に1回ずつ培地を新しいものに交換する。そして，サブコンフルエント状態まで培養し，前段階と同じ条件で，PBS（−）洗浄，トリプシン処理，遠心回収を行い，P1の毛乳頭細胞を得る。毛乳頭細胞は継代4代目（P4）程度まで培養を繰り返しても良い。

⑧ P2からP4程度まで培養した毛乳頭細胞は，次回の培養に使用する培養皿に応じて1×10^5〜10^6cells／程度にセルバンカーに分散して液体窒素中で保存する。

(2) ヒト毛乳頭細胞の増殖を指標とした育毛剤評価法（アラマーブルー法）

① 前述の方法で調製した継代数3代目（P3）のヒト毛乳頭細胞を凍結状態から起こし，100mm径培養皿を用い，10%FBS-DMEMで培養する。サブコンフルエント状態まで培養後，細胞数を計測し10%FBS-DMEMで20,000 cells／mLの細胞密度の細胞分散液を調製する。

② この細胞懸濁液を200μLずつ，96ウエルのマイクロプレートに分注し（4,000 cells/well），37℃，5%CO_2で2日間培養する。これで実験に使用する細胞はP4となる。

③ 培養後，陰性対照のwellは培養液を無血清のDMEMに交換し，他のwellは被検試料であるクマノギクエキスを含む無血清のDMEMに交換する。そしてさらに3日間培養する。

④ 培地交換3日後に，各wellに20μLのアラマーブルーを加え，37℃，6時間反応させる。その後に，マイクロプレートリーダーで570nmと600nmの吸光度を測定する。

⑤ 吸光度の測定結果によりアラマーブルーの還元率を求める。還元率は，生細胞数と相関することから，各コントロール及びクマノギクエキス添加系での増殖率を比較する。図5に示したように，0.01〜1.0ppm（乾燥残分濃度）のクマノギクエキス添加によってヒト毛乳頭細胞は

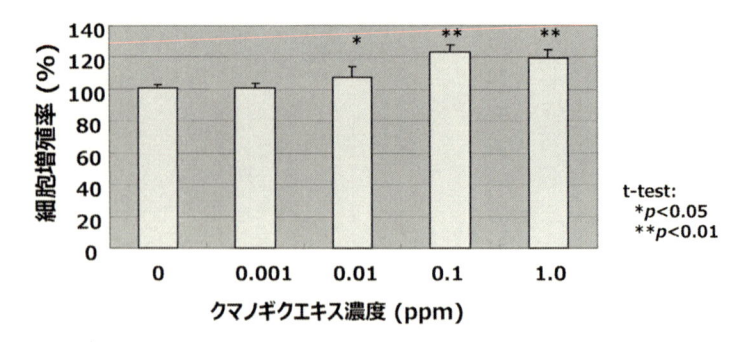

図5　毛乳頭細胞の増殖に与えるクマノギクエキスの影響

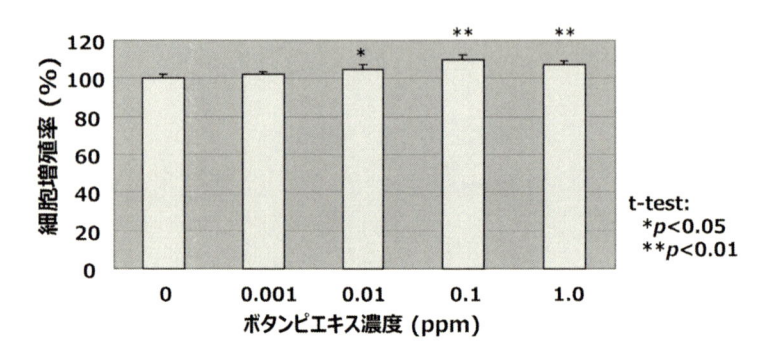

図6　毛乳頭細胞の増殖に与えるボタンピエキスの影響

有意に増殖が促進した。結果よりクマノギクエキスには毛乳頭細胞増殖効果があり，育毛に有効であることが期待される。

(3) **ヒト毛乳頭細胞の増殖を指標とした育毛剤評価法（細胞計測法）**

① 前項と同様にP3で凍結保存した毛乳頭細胞を起こし，100 mm径培養皿を用い，10％FBS-DMEMで培養する。サブコンフルエント状態まで培養後，細胞数を計測し10％FBS-DMEMで細胞分散液を調製する。使用する細胞はP3以下が好ましいが，それ以上継代を重ねた細胞でも実験は可能である。

② 本細胞分散液を20,000 cellsずつ24 wellプレートに播種し37℃，5％CO_2で2日間培養する。培地は10％FBS-DMEMを使用する。この状態で試験に使用した毛乳頭細胞はP4扱いとなる。

③ 培養後PBS（-）で細胞を洗い，ボタンピエキスを含む無血清のDMEMに培地を交換する。陰性対照としてボタンピエキスを含まない無血清のDMEMに培地交換する。ボタンピエキスはDMSOで調製し，それぞれボタンピエキスの最終乾燥残分濃度が適当な濃度になるよう無血清のDMEMに溶解して用いる。

④ 3日間培養後に，培地を抜き取りPBS（-）で細胞を洗浄する。その後，0.25％トリプシン

と 1.0 mM EDTA を含む PBS（－）で 37℃，5 分間処理する。その後，10％FBS-DMEM を加えて反応を停止し，遠心処理（800 xg-5 分間）により細胞を回収する。

⑤ 回収した細胞を無血清の DMEM に分散し，血球計算盤で細胞数をカウントする。図 6 に示したように，0.01～1.0 ppm（乾燥残分濃度）のボタンピエキス添加により，ヒト毛乳頭細胞の増殖は有意に促進された。

2.4 まとめ

　育毛剤として市販されている医薬品や医薬部外品の育毛剤には，毛乳頭細胞への作用に注目したものが多い[9]。今後も研究が進むにつれて，こうした観点の育毛剤は増えていくと思われる。毛乳頭細胞は毛周期の司令塔であり，毛包から単離培養できる最も一般的な毛包間葉系細胞であることから，育毛剤開発そして毛髪科学研究には極めて重要な研究材料である。本項ではヒト毛乳頭細胞の単離培養方法と本細胞を用いた増殖試験方法について解説した。本書の前シリーズにもあるように，ヒト毛乳頭細胞は不死化も可能であり，これも非常に有用な細胞系であるが，本書では割愛した[9]。また，本項では頭皮検体からの毛乳頭の採取を述べたが，ヒト頭皮検体を入手することは容易ではない。そこで，市販されている毛乳頭細胞があるので，これを使用するのも良いと思われる。また，毛乳頭が付着した状態の抜去毛も極一部得られるので，抜き毛を使うのも効率はかなり悪いが可能である。

　毛乳頭細胞の培養系には問題もある。それは，同細胞を単離して *in vitro* で培養すると，継代が重なるにつれて増殖性が極端に低下し，更に毛乳頭細胞の最も重要な形質の一つである毛包の誘導能がなくなってしまうことである。つまり，毛乳頭細胞は培養すると形質が変化してしまうのである。しかし，こうした問題点を認識して上で培養毛乳頭細胞の実験を行うことは，決して意味のないことではない。最近ではこのような課題を克服しようとする試みも報告され始めている[10]。

　ヒト由来細胞の入手は容易ではないので，皮膚科医との連携が必要である。さらに，それに伴い試験・研究の科学的妥当性，ヘルシンキ宣言の趣旨にそった倫理的配慮が図られているかどうかを審査できる体制の構築が必須であり，試験実施前には通常の試験とは異なる意識が必要である。

文　献
1) Stenn and Paus, *Physiol. Rev.* **81**, 449-494（2001）
2) 松崎貴, 薬学雑誌, **128**, 11-20（2008）
3) Hardy, *Trends Genet.* **8**, 55-61（1992）

4) 岩渕徳郎, 毛乳頭細胞増殖促進試験. In：機能性化粧品素材開発のための実験法（芋川編）, シーエムシー出版, p.278-282（2007）
5) Jahoda, *Development.* **115**, 1103-1109（1992）
6) Elliott *et al., J. Invest. Dermatol.* **113**, 873-877（1999）
7) Randall *et al., Br. J. Dermatol.* **134**, 437-444（1996）
8) Messenger *et al., Br. J. Dermatol.* **114**, 425-430（1986）
9) 岩渕徳郎, フレグランスジャーナル, **37**, 21-26（2009）
10) Osada *et al., Tissue Eng.* **13**, 975-982（2007）

第2章 培養細胞を用いた実験法

3 ヒト毛乳頭細胞および外毛根鞘細胞における遺伝子発現を指標とした実験法

岩渕徳郎

3.1 試験の原理

1980年代に入り，ヒトの毛乳頭細胞などの毛髪関連細胞の単離・培養技術が開発され，毛髪科学研究が *in vitro* でも可能な時代に入った[1]。さらに，1990年代後半から遺伝子改変動物技術が普及した結果，毛髪に関連する様々な重要遺伝子が報告されるようになった[2]。定量PCRなどの実験技術の発達も同時期に大いに進歩した。こうした科学的背景から，育毛剤の探索方法として最も広く用いられるようになった方法の一つが，毛髪の細胞を培養し，毛髪に重要な遺伝子の発現変化を評価する方法である。ここではヒトの毛乳頭細胞，ヒト外毛根鞘細胞の実験例について解説する。

毛乳頭細胞の実験例として紹介するFGF-7（KGF）は，成長期の毛乳頭細胞から産生され，毛母細胞などの毛包上皮系細胞に発現しているFGF受容体に作用する[3]。すなわち，本因子は毛成長促進因子として知られている[4,5]。ここでは育毛薬剤「アデノシン」をヒト毛乳頭細胞に添加した際の，同細胞でのFGF-7遺伝子の発現変動の解析例を紹介する。

外毛根鞘細胞の実験例として紹介するbFGF（FGF-2）は成長期の外毛根鞘細胞から産生され，毛包内で隣接して存在する色素細胞に作用する。その結果，色素細胞のメラノジェネシスは活性化され，メラニン合成が盛んになり，最終的には黒髪の維持に重要な役割を果たしている。ここでは，抗白髪薬剤「レイシエキス」をヒト外毛根鞘細胞に添加した際の，同細胞でのbFGF遺伝子の発現変動解析例を紹介する。

3.2 試薬調製および使用器具

ヒト毛乳頭細胞およびヒト外毛根鞘細胞の単離については前項を参考のこと。

① ヒト毛乳頭細胞の培養

表1 試験に使用したPCRプライマーの配列

遺伝子		Primer (5') ⇒ (3')	PCR productsSize (bp)
FGF-7	sense	CATGAACACCCGGAGCACTAC	251
	anti-sense	CACTGTGTTCGACAGAAGAGTCTTC	
bFGF	sense	CCAAGCGGCTGTACTGCAAA	292
	anti-sense	GCCACATACCAACTGGTGTAT	
G3PDH	sense	GAGTCAACGGATTTGGTCGT	200
	anti-sense	TGGGATTTCCATTGATGACA	

血清（FBS）を10%含有するDMEM（Life Technologies）を使用する。薬剤評価実験に使用する基礎培地としては，無血清のDMEMを使用する。培養皿は通常の細胞培養用を使用する。

② ヒト外毛根鞘細胞の培養

通常培養用としてKeratinocyte-SFM（EGF&BPE含有；Life Technologies）を使用する。薬剤評価実験に使用する基礎培地としてKeratinocyte-SFM（EGF&BPE不含）を使用する。培地は前項で用いたEpiLife（Life Technologies）など，上皮系細胞用培地であれば問題ない。培養皿はコラーゲンタイプⅠ-コーティングの細胞培養用を使用する。

③ mRNA調製として，MagNA Pure LC mRNAアイソレーションキットⅠ（ロッシュ・ダイアグノスティックス）を使用する。

④ cDNA調製の逆転写酵素としてSuperScript Ⅱ（インビトロジェン）を使用する。

⑤ 定量PCRにはLightCycler FastStart DNA master SYBR Green Ⅰ kit Ⅰ（ロッシュ・ダイアグノスティックス）を使用する。

⑥ 定量PCRの装置はLightCyclerロッシュ・ダイアグノスティックス）を使用する。

⑦ PCRプライマーは表1の配列を使用する。

⑧ レイシエキスは丸善製薬製のレイシ抽出液LAを使用する。

3.3 試験操作

(1) ヒト毛乳頭細胞でのFGF-7遺伝子の発現実験

① ヒト毛乳頭細胞を24ウェルプレートに$4.0×10^4$cells/ウェルで播種し，10%FBS-DMEMで3日間培養する。

② 培養後，アデノシン（0μM，10μM，100μM）を含む無血清のDMEMに培地交換する。

③ 3時間後，MagNA Pure LC mRNAアイソレーションキットⅠ付属の溶出バッファーで細胞を溶解し，mRNAを調製する。mRNAの溶出量は20μLとする。

④ 溶出したmRNA液のうち，7μLを使って逆転写を行う。逆転写反応には，SuperScript Ⅱを使用する。

⑤ 合成した cDNA（全量 100 μL）のうち，5 μL をテンプレートに定量 PCR を行う。定量 PCR は LightCycler で行い，蛍光プローブは同社製の SYBR Green I を使用する。

⑥ FGF-7 遺伝子の発現量は，測定サンプルと同時に解析している G3PDH 遺伝子の発現量を用いて校正比較し，アデノシンを含まない条件での FGF-7 遺伝子の発現量を「100」として比較する。結果を図1に示す。

(2) ヒト外毛根鞘細胞での bFGF 遺伝子の発現実験

① ヒト外毛根鞘細胞をコラーゲンタイプ I -コーティングの24ウェルプレートに 3.0×10⁴cells/ ウェルで播種し，Keratinocyte-SFM（EGF&BPE 含有）で3日間培養する。

② 培養後，乾燥残分 1.0 ppm のレイシエキスを含む Keratinocyte-SFM（EGF&BPE 不含）に培地交換する。

③ レイシエキス含有培地に交換直後，培養30分，2時間および4時間経過の時点で，MagNA Pure LC mRNA アイソレーションキット I 付属の溶出バッファーで細胞を溶解し，mRNA を調製する。mRNA の溶出量は 20 μL とする。

④ 溶出した mRNA 液のうち，7 μL を使って逆転写を行う。逆転写反応には，SuperScript II を使用する。

⑤ 合成した cDNA（全量 100 μL）のうち，5 μL をテンプレートに定量 PCR を行う。定量 PCR は LightCycler で行い，蛍光プローブは同社製の SYBR Green I を使用する。

⑥ bFGF 遺伝子の発現量は，測定サンプルと同時に解析している G3PDH 遺伝子の発現量を用いて校正比較し，レイシエキス添加時の bFGF 遺伝子の発現量を「100」として比較する。結果を図2に示す。

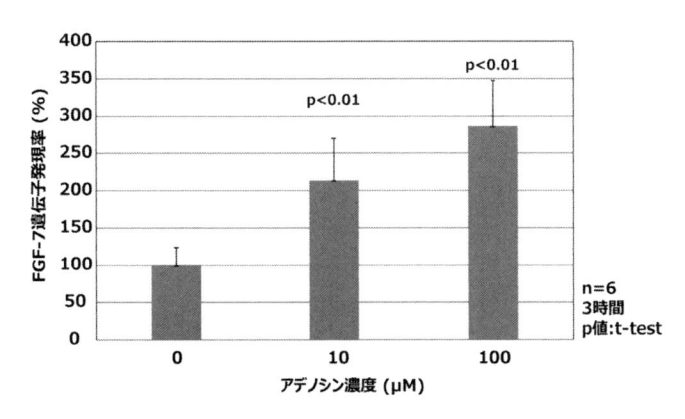

図1 アデノシン添加によるヒト毛乳頭細胞での FGF-7 遺伝子の発現量変化

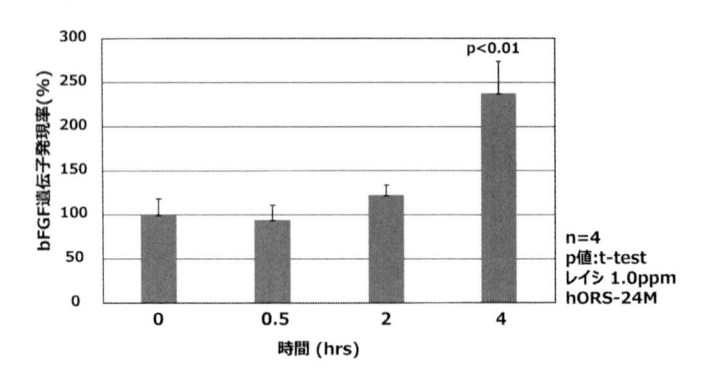

図2 レイシエキス添加によるヒト外毛根鞘細胞でのbFGF発現のタイムコース

3.4 まとめ

本項では薬剤濃度を変え，濃度依存的に標的遺伝子（FGF-7）の発現が亢進していく実験例と，薬剤濃度一定で，経時的に標的遺伝子（bFGF）の発現が亢進していく実験例を示した。ヒト毛乳頭細胞およびヒト外毛根鞘細胞で発現する重要な遺伝子は幾つか報告されており，今回示したような実験方法で，対象とする遺伝子の発現消長を検証することにより，評価したい薬剤の活性を推測できるものと思われる。

このような実験手法を応用することにより，複数種の細胞の混合培養系での遺伝子の動き，別項で解説する毛包器官培養系での遺伝子の動きを，それらの検証結果を踏まえて，評価したい薬剤のポテンシャルや作用機序の一端を類推できると思われる。

文　献

1) Messenger *et al., Br. J. Dermatol.* **114**, 425-430（1986）
2) Millar, *J. Invest. Dermatol.* **118**, 216-225（2002）
3) Danilenko *et al., Am. J. Pathol.* **147**, 145-154（1995）
4) Iwabuchi, and Goetinck, *Mech. Dev.* **123**, 831-841（2006）
5) Iino *et al., J. Invest. Dermatol.* **127**, 1318-1325（2007）

第2章 培養細胞を用いた実験法

4 ヒト毛乳頭細胞を用いた網羅的遺伝子発現解析

遠藤雄二郎

4.1 試験の原理

　遺伝子発現の解析法として多用されているRT-PCR法は，特定の注目遺伝子を評価する上では有用と言えるものの，解析対象が増えるほど手間やコストが莫大となる。それゆえ新規の機能探索を行う際など同時に多種の遺伝子発現変化を捉えるには不向きである。そこで簡便かつ網羅的に遺伝子発現変化を解析する方法として，DNAマイクロアレイを用いた手法について紹介する（図1）。DNAマイクロアレイとは，多数のDNA断片が樹脂などの基板上に高密度に固着化されたマイクロチップを用い，解析対象としたいmRNAから合成したcDNAとハイブリダイゼーションして検出することで，RNAの発現量を測定する方法である。アレイのプラットフォームには様々な種類があり，メーカーごとにチップへのDNA固着化法や検出方法，検出できる遺伝子数などが異なっている。また近年では本手法を用いて行われた実験について論文化する際に，世界最大の遺伝子発現データベースであるNCBIのGEO (Gene Expression Omnibus) に登録することを求められることが多く，製品のバージョンごとや目的に応じて検索することも可能である[1]。詳細については別途専門書を閲覧していただきたい。
　本項ではヒト毛乳頭細胞を用いて特定の被験物質を評価する方法について，細胞の培養から

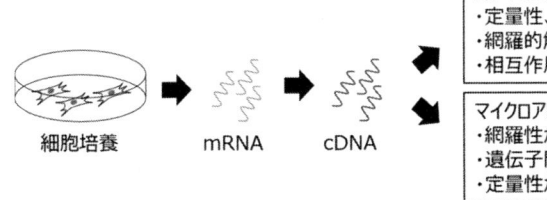

図1　RT-PCRとマイクロアレイ

RNA の抽出，アレイ解析まで一般的な手法を解説する．培養時間や培地条件については，実験の目的に応じてプロトコールの改変が可能である．

4.2 試薬調製および解析ツール

① 細胞培地：DMEM を基本培地とし，10% Fetal Bovine Serum と適量の抗生物質を加える．被験物質の評価時には無血清の基本培地を用いる．
② 緩衝液：カルシウム・マグネシウム不含 PBS
③ 細胞剥離液：0.25％トリプシン /1 mM EDTA 含有 PBS
④ RNA 抽出：RNeasy Mini Kit もしくは Micro Kit（QIAGEN）を細胞量によって使い分ける．細胞の溶解には Kit 中の RLT Buffer を用いるが，事前に 2-メルカプトエタノールを加えて調製しておく必要がある．
⑤ RNA の品質評価：吸光光度計として NanoDrop（Thermo Fisher Scientific）など，電気泳動装置としてバイオアナライザ（Agilent Technologies）や MultiNA（SHIMADZU）などを用いる．
⑥ アレイプラットフォーム：GeneChip Human Genome U133 Plus 2.0 Array（Affymetrix）などを目的に応じて選択する．
⑦ 発現データ解析：DAVID（NIAID, NIH），REACTOME，KEGG（Kanehisa Laboratories），Ingenuity Pathway Analysis（QIAGEN）など様々なデータベースを解析目的によって使い分ける．

4.3 細胞培養

細胞種：ヒト由来毛乳頭細胞
細胞培養条件：37℃，5%CO_2，95% air の CO_2 インキュベーターにて培養

4.4 試験操作

① 毛乳頭細胞を 90 mm Dish に播種し，DMEM で前培養する．
② サブコンフルエントまで培養を行い，PBS で洗浄後に細胞を剥離する．
③ DMEM で回収し，遠心して細胞を沈殿させる．
④ 上清を除いた後，数 mL 程度の DMEM で再懸濁して細胞数をカウントする．
⑤ DMEM を用い任意のサイズの培養プレートに細胞を 6.0×10^3cells/cm^2 ずつ再播種する．
⑥ 一晩培養を行い，細胞を接着させる．

⑦ 被験物質および溶媒コントロールを溶解した無血清DMEMに交換する。

⑧ 目的の時間が経過した後，培地を完全に除去する。

⑨ すぐに2-メルカプトエタノール添加済みRLT Bufferを加えて細胞を溶解し，回収する。

⑩ RNeasy Mini Kitのプロトコールに従い，RNAを抽出する。

⑪ 抽出したRNAを用い，吸光光度計でOD$_{230, 260, 280}$を測定する。また電気泳動によりリボソームRNA（28S, 18S）を検出する。一般的にOD$_{260}$/OD$_{280}$ならびにOD$_{260}$/OD$_{230}$比が1.6以上，28S/18S比が1.8以上程度であればRNA品質に問題はないと考えられる。参考として品質評価を行った結果を以下に示す（図2，図3，表1）。

⑫ GeneChipを用いてマイクロアレイ解析を行う。アレイ解析には専用の試薬や機器を必要とするが，プロバイダー

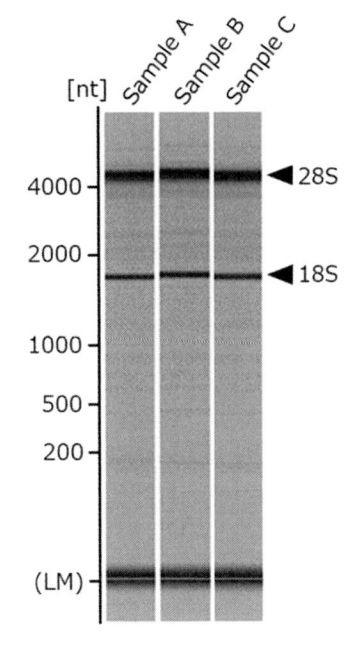

図2 RNAサンプルの電気泳動結果

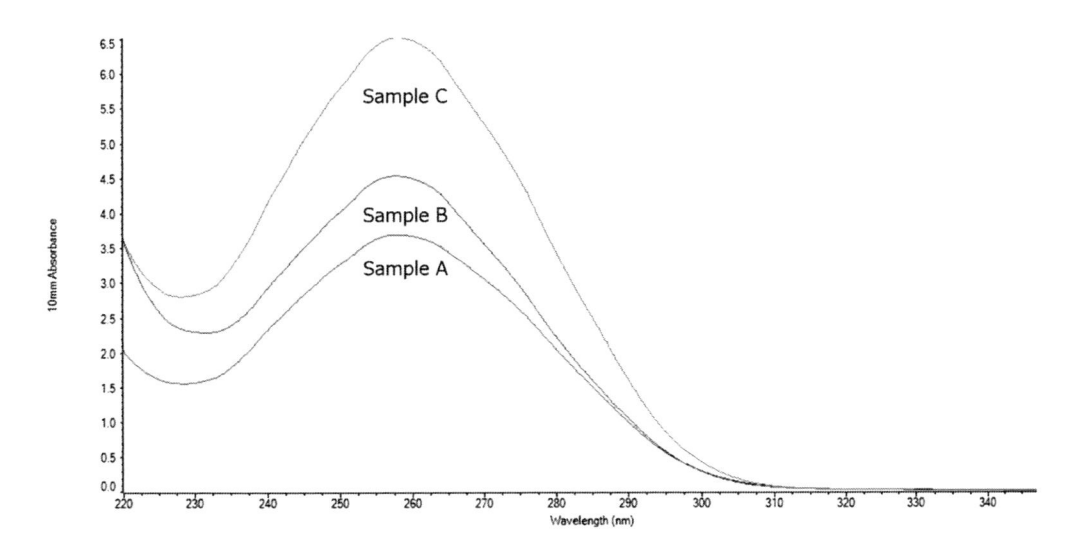

図3 RNAサンプルの吸光度測定結果

表1 RNAサンプルの品質評価結果

Sample	260/280	260/230	28S/18S rRNA比
A	1.80	2.36	3.30
B	2.02	1.96	3.01
C	1.88	2.31	3.41

各社が受託解析も行っている。
⑬ 得られた発現データを元に，内部標準での補正，発現量比較などを行う。発現量比較は一般的な計算ソフトを用いて行えるが，パスウェイ変化などを捉えるためには解析データベースを用いる。

文 献
1) 藤渕航，堀本勝久，マイクロアレイデータ統計解析プロトコール，p24，羊土社（2008）

第2章 培養細胞を用いた実験法

5 マウス SC-3 細胞株を用いた抗 Androgen 作用の評価法

木曽昭典

5.1 試験の原理

　男性ホルモン（Androgen）は皮脂腺における皮脂分泌量の増加に関与することが知られ，その代表的なものが Testosterone である。Testosterone から 5 alpha-reductase によって変換された Dihydrotestosterone（DHT）がより強力な作用を示すことが知られ，DHT や Testosterone は脂腺細胞内に存在する Androgen レセプターに結合して，その作用を発現する。Androgen の結合により活性化されたレセプターは転写エンハンサーとして作用し，mRNA の合成促進を介して脂腺細胞の分裂を促進する結果，最終的に皮脂分泌が増加する[1,2]。

　この試験では，Androgen 依存性マウス乳がん；シオノギ癌 115 から樹立された細胞株として知られ，無血清培養下で安定な Testosterone 依存性の増殖を示す SC-3 細胞を用いる[3~5]。

　試験原理としては，DHT 存在下で増殖する SC-3 細胞に Androgen レセプター拮抗作用を有する被験試料を共存させた場合，細胞増殖が阻害されることを利用するものであり，その作用の評価には MTT 還元法，すなわち生細胞数に比例してミトコンドリア内の酵素により，MTT がブルーホルマザンに還元されて生じる発色を測定する方法を用いる。

　DHT 存在下での細胞増殖作用を図 1 に示す。

　評価は被験試料無添加の対照と比較した Androgen レセプター拮抗率として算出し，positive control（Cyproterone acetate）や作用を有することが知られている物質との活性強度の比較によって行う[6,7]。

　Cyproterone acetate の Androgen レセプター拮抗作用を図 2 に示す。

　Androgen レセプター拮抗作用を表す拮抗率（％）は，次式に従い算出する。

　　　Androgen レセプター拮抗率（％）＝ $\{1 - (C - D)/(A - B)\} \times 100$

　　　　A：DHT 添加，被験試料無添加での 570-650 nm におけるブルーホルマザン生成量

B：DHT 無添加，被験試料無添加での 570-650 nm におけるブルーホルマザン生成量
C：DHT 添加，被験試料添加での 570-650 nm におけるブルーホルマザン生成量
D：DHT 無添加，被験試料添加での 570-650 nm におけるブルーホルマザン生成量

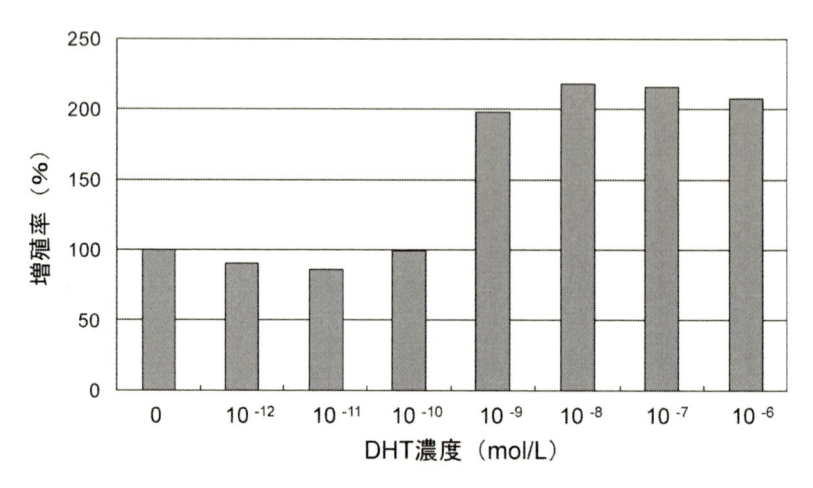

図1　SC-3 細胞に対する DHT の増殖作用

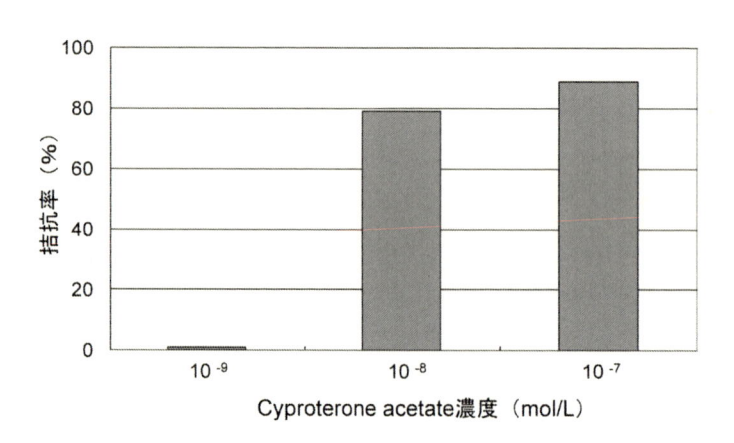

図2　Cyproterone acetate の Androgen レセプター拮抗作用

5.2　試薬調製

① Dextran coated charcoal（DCC）-fetal bovine serum（FBS）：FBS 500 mL に DCC 5 g を加え，37℃で 30 分間撹拌し，ろ過する。この操作を 3 回繰り返し，最後に無菌ろ過したものを用いる。

② 増殖用培地：イーグル MEM 培地「ニッスイ」① 9.4 g，NaHCO₃ 1.2 g，L-glutamine 0.292 g を秤量し，超純水に溶解後，DCC-FBS 20 mL 及び Testosterone を 10^{-8} mol/L となるように添加し，超純水で 1 L にメスアップする。これを無菌ろ過して用いる。

③ 播種用，MTT 用培地：イーグル MEM 培地「ニッスイ」① 9.4 g，NaHCO₃ 1.2 g，L-glutamine 0.292 g を秤量し，超純水に溶解後，DCC-FBS 20 mL を添加し，超純水で 1 L にメスアップする。これを無菌ろ過した後，DHT を 3×10^{-9} mol/L となるように添加して用いる。

④ 被験試料用培地：ハム F12 培地「ニッスイ」2.655 g，イーグル MEM 培地「ニッスイ」① 2.35 g，NaHCO₃ 0.6 g，L-glutamine 0.073 g，BSA（A-2135）2.5 g を秤量し，超純水に溶解後，DHT を 3×10^{-9} mol/L となるように添加し，超純水で 500 mL にメスアップする。これを無菌ろ過した後，DHT を 3×10^{-9} mol/L となるように添加して用いる。

⑤ MTT 溶液：MTT（3-(4,5-Dimethyl-2-thiazolyl)-2,5-diphenyl-2*H* tetrazolium bromide）4 mg を秤量し，MTT 用培地 10 mL に溶解して用いる。

⑥ 被験試料溶液：試料を秤量し，被験試料用培地に溶解した後，無菌ろ過し，被験試料溶液とする。

⑦ Phosphate buffered saline（PBS(−)）：Na₂HPO₄ 11.5 g，KH₂PO₄ 2.4 g，NaCl 78.9 g，KCl 2.0 g を秤量し，蒸留水に溶解後，pH 7.4 に調整して 10 L にメスアップする。

試薬類や器具の購入メーカーを表 1 に示す。

表 1　試薬・器具の購入メーカー

試薬・器具	メーカー
SC-3 細胞	大阪大学医学部 佐藤教授より供与
イーグル MEM 培地「ニッスイ」①	日水製薬
ハム F12 培地「ニッスイ」	
Dihydrotestosterone（DHT）	東京化成
Dextran coated charcoal（DCC）	SIGMA
Bovine serum albumin（BSA）（A-2135）	
Cyproterone acetate	
fetal bovine serum（FBS）	Hyclone
MTT, 2-propanol, Na₂HPO₄, KH₂PO₄, NaCl, KCl, NaHCO₃	和光純薬工業
0.25%-Trypsin / 1 mM-EDTA Solution	ナカライテスク
CO₂ インキュベーター	三洋電機
マイクロプレートリーダー	BIO-TEK

5.3 細胞培養

① 細胞種：SC-3 細胞（androgen-dependent mouse mammary tumor：Shionogi Carcinoma 115 よりクローニングされた細胞株）
② 細胞培養条件：37℃，5% CO_2，95% air 下の CO_2 インキュベーターにて培養する。

5.4 試験操作

① 凍結保存された SC-3 細胞（1×10^6 個）を 75 cm^2 培養フラスコに播種し，増殖用培地にて CO_2 インキュベーターで 1 週間前培養する。
② 前培養した 75 cm^2 培養フラスコ中の SC-3 細胞を PBS（－）で 3 倍希釈した 0.25%-Trypsin/1 mM-EDTA Solution 6 mL で処理して細胞を剥離し，遠心分離により細胞を集める。
③ 血球計算盤により，集めた細胞の数を測定し，播種用培地を用いて，1.0×10^4 個/100 μL/well の細胞密度にて 96 well microplate に播種し，24 時間培養する。
④ 培養液を捨て，それぞれ DHT 添加・被験試料無添加培地，DHT 無添加・被験試料無添加培地，DHT 添加・被験試料添加培地及び DHT 無添加・被験試料添加培地　100 μL/well に交換した後，さらに 48 時間培養を行う。
⑤ 培養終了後，96 well 中の培地を捨て，MTT 溶液 100 μL/well に交換し，2 時間培養する。
⑥ 培養後，MTT 溶液を捨て，2-propanol 200 μL/well を加え，細胞内に生成したブルーホルマザンを抽出し，570 nm の吸光度をマイクロプレートリーダーにて測定する。
⑦ 同時に，濁度として 650 nm の吸光度をマイクロプレートリーダーにて測定し，両者の差をもってブルーホルマザン生成量とする。

文　献

1) Itami S et al., *J. Invest. Dermatol.*, **94**, 150-152 (1990)
2) Hamada K et al., *J. Invest. Dermatol.*, **106**, 1017-1022 (1996)
3) Noguchi S et al., *Cancer Res.*, **47**, 263-268 (1987)
4) Tanaka A et al., *Anticancer Res.*, **10 (6)**, 1637-1641 (1990)
5) 中村信義ほか，ホルモンと臨床，**37**, 2, 101-106 (1989)
6) Nakamura N et al., *J. Steroid. Biochem.*, **33**, 1, 13-18 (1989)
7) 鳥居宏右ほか，日本香粧品科学会誌，**21 (2)**, 97-102 (1997)

第3章 培養器官を用いた実験法

1 毛包器官培養を用いた育毛剤評価実験法 1 （ヘマトキシリン-エオジン染色）

相馬 勤

1.1 試験の原理

　毛成長促進の育毛効果を評価する試験法の中で，*in vivo* の反応性を最も反映できる試験法であり，薬剤による毛成長および毛球部の形態変化を評価する[1,2]。ヒト頭皮の代わりに，マウス頬部の組織からヒゲ毛包のみを単離して使用することもできる[3]。ヒト組織を利用する場合には，倫理面および感染予防の対応を行うことが必須である。毛包器官培養を行う際に注意すべき点として，マイクロ剪刀やマイクロピンセットを使って，皮膚組織から毛包を損傷させることなく単離することが挙げられる。手技に十分慣れるまでは，細心の注意を払い毛包の単離を行う必要がある。増殖因子を加えて毛包器官培養を行うと，毛成長は *in vivo* と同等の1日当たり 0.3 mm の割合で約10日間まで維持される（図1）。一方，増殖因子を加えずに培養した場合には，数日のうちに成長速度が低下して1週間前後で毛成長が停止する。器官培養後の毛包をヘマトキシリン-エオジン染色した結果を図2に示す。増殖因子を加えずに培養した毛包では，毛球部が退行期と同じような形態に変化している。インシュリンのみを加えた場合の結果を図3に示す。インシュリンには毛成長を促進する効果があることがわかる。

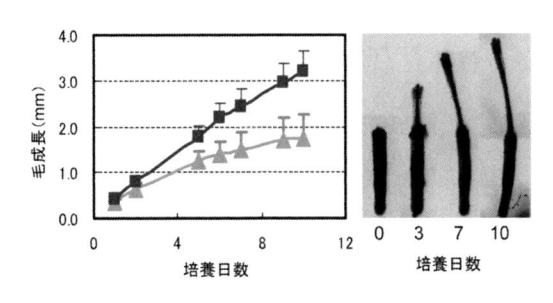

図1 毛包器官培養法における毛成長

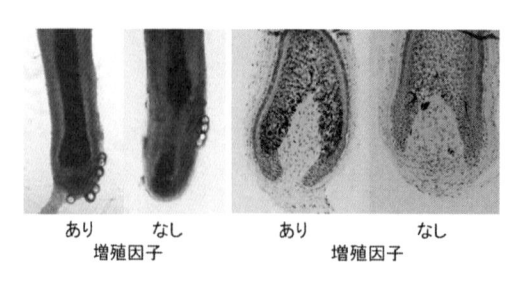

図2　器官培養したヒト毛包の毛球部の形態（口絵参照）
図左：顕微鏡写真，図右：HE 染色

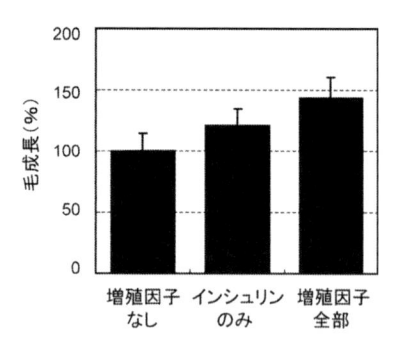

図3　インシュリンの毛成長促進効果

1.2　試薬調製

　ヒト毛包の場合，基礎培地は Philpott らが報告した William's 培地を使用するのが一般的である[1]。基礎培地に抗菌剤と増殖因子を加えた OCM(+) を使用して前培養を行い，薬剤評価の際は抗菌剤のみを加えた OCM(-) を使用する（表1）。

　ヘマトキシリン-エオジンで毛包組織を染色するには，毛包組織を固定する必要がある。固定液としては，4％パラホルムアルデヒド-リン酸緩衝液（PFA）(pH 7.4，使用直前に調製）あるいは市販の調製済み10％ホルマリン-リン酸緩衝液（ホルマリン）を使用する。毛包組織のパラフィンへの包埋は自動包埋装置を使用することができるが，毛包が包埋カセットから流れ出ないようバイオプシー・シートを使用するとよい。ミクロトームで薄切した後の毛包組織は，シランコートスライドガラスなどコート済みのスライドガラスに貼り付ける。染色用のヘマトキシリンやエオジンは調製済みの市販試薬を用いるのが簡便であり，試薬調製が不要なヘマトキシリン3Gやエオジン（いずれもサクラファインテックジャパン）などがあげられる。キシレン透徹後の封入には有機系封入剤を使用する。

表1　ヒト毛包器官培養の培地

	OCM(+)	OCM(-)
基礎培地	Williams' E	
抗菌剤	+	+
インシュリン（10 μg/ml）	+	−
ハイドロコルチゾン（10 ng/ml）	+	−
トランスフェリン（10 μg/ml）	+	−
亜セレン酸（10 ng/ml）	+	−

1.3 試験操作

① ヒト頭皮組織を PBS で洗浄
② 実体顕微鏡下で真皮層と脂肪層の境界部を切断して脂肪層を得る
③ マイクロ剪刀とマイクロピンセットを使い脂肪層から毛包を単離
④ OCM(+) 培地を 1 ml ずつ入れた 24 穴プレートに毛包を 1 本ずつ入れる
⑤ 汎用の CO_2 インキュベーターで一晩培養
⑥ 毛包を PBS などの緩衝液で洗浄
⑦ OCM(−) 培地に薬剤あるいは溶媒コントロールを加えた培地に置換
⑧ 倒立顕微鏡に接続したデジタルカメラで毛包の写真を経時的に撮影
⑨ 画像処理ソフトを用いて毛包の長さを算出
⑩ 培養が終了した時点で毛包を PBS などの緩衝液で洗浄
⑪ 毛包を固定液に浸漬（PFA（4％ パラホルムアルデヒド-リン酸緩衝液）は冷蔵庫で一晩，ホルマリン（10% ホルマリン-リン酸緩衝液）は室温で 3 日程度）
⑫ 固定した毛包をパラフィンに包埋（自動包埋装置など）
⑬ ミクロトームを用いて厚さ 3-5 μm の切片を作製
⑭ 切片をスライドガラスに貼り付けて一晩乾燥
⑮ スライド切片をキシレンで脱パラフィン，エタノール-イオン交換水で親水処理
⑯ ヘマトキシリン溶液中で 5 分間染色
⑰ 流水（できればぬるま湯が良い）で 15 分間洗浄
⑱ エオジン溶液中で 3 から 5 分間染色
⑲ エタノールで脱水処理した後にキシレンで透徹
⑳ 有機系封入剤を用いて封入
㉑ 顕微鏡による観察および撮影

文　献

1) M. P. Philpott et al., *J. Cell Sci.*, **97**, 463（1990）
2) T. Jindo et al., *J. Dermatol. Sci.*, **7**, S73（1994）
3) 宇塚誠ほか，日皮会誌，**104**, No.8, 979（1994）

第3章 培養器官を用いた実験法

2 毛包器官培養を用いた育毛剤評価実験法2（TUNEL染色法）

相馬　勤

2.1　試験の原理

　毛包器官培養を用いた育毛剤評価法では，基本的に毛成長および毛球部の形態変化を比較することが中心になる。TGF-β2は毛成長を抑制的に調節する因子として知られ，図1に示す通りTGF-β2を作用させると毛成長は抑制され（図1A），一方でその阻害因子を作用させると毛成長は高まる（図1BおよびC）[1]。これらの評価指標に加えて，アポトーシス細胞を特異的に染めるTUNEL染色（TdT-mediated dUTP-biotin Nick End Labeling）を行い，コントロールと比較することが行われる[2]。ヒト毛包が毛成長を停止して退行期に入ると，数多くの毛母細胞や外毛根鞘細胞がアポトーシスを起こすことが明らかにされている[3]。したがって，薬剤に毛成長を

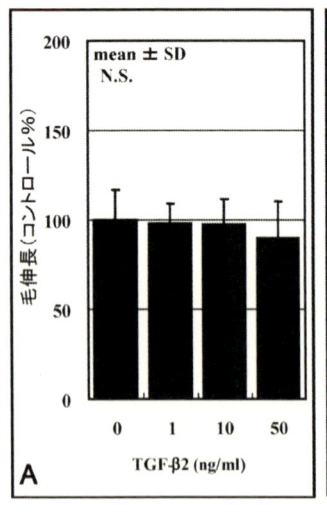

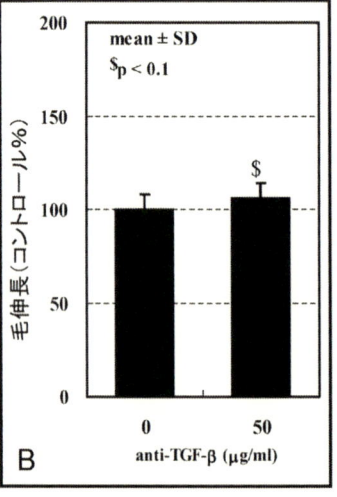

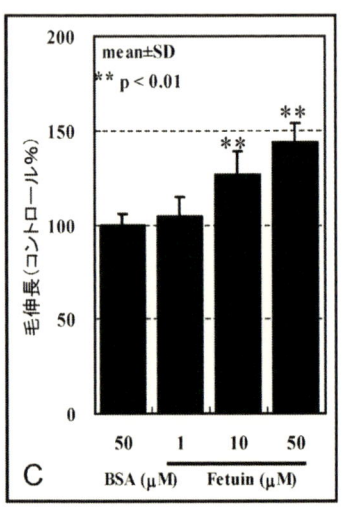

図1　TGF-β2と毛包器官培養での毛成長

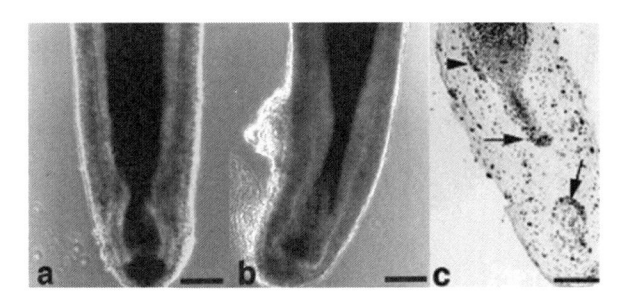

図2 TGF-β2によるアポトーシスの誘導（口絵参照）

高める効果があればアポトーシス細胞は減少することになり，毛包器官培養後にTUNEL染色によりアポトーシス細胞の比較を行うことで，薬剤の効果を確認できる。図2にTGF-β2を作用させた毛包をTUNEL染色した例を示す。TGF-β2で毛包の退行期様の形態変化が促進され（図2aおよびb），毛母細胞（矢印）や外毛根鞘細胞（矢尻）に多くのアポトーシス細胞が誘導されていることが確認できる（図2c）。さらに，Kloepperらの報告に従うことでアポトーシス細胞の定量的な比較も可能になった[4]。

2.2 試薬調製

　発色あるいは蛍光で検出するTUNEL染色のキットが，各メーカーから市販されているのでこれらを利用する。次の項に，例としてTrevigen社のキットを用いた場合の試験操作を示した。必要な試薬はキットに含まれており特に試薬を調製する必要はないが，毛包を固定してからTUNEL染色を行う場合には，必ず4% PFAを用いて4℃で2～4時間の固定処理を行う。中性ホルマリンなどで長時間の固定を行うと，ホルマリンの作用でアポトーシスを起こしていない細胞にDNA損傷が生じ，疑陽性のシグナルが大量に検出されることになる。固定した毛包は，本書第Ⅵ編第2章1節の試験と同様に直ちにパラフィンに包埋してミクロトームで切片を作製する。また，プロテアーゼによる組織切片の前処理も非常に重要な操作であり，キットのプロトコールに従ってもうまく行かない場合には，前処理の条件（酵素濃度，反応温度，処理時間）を検討する。ペルオキシダーゼ標識試薬を用いて明視野で観察する場合には，3,3'-Diaminobenzidine（DAB）や，青色に発色する3,3',5,5'-tetramethylbenzidine系の発色基質True Blueを使用するとよい。細胞核の対比染色には，DABの場合はヘマトキシン，True Blueの場合は赤色系のケルンエヒトロートが適している。染色・脱水後の封入には有機系封入剤を使用するが，True Blueの場合にはキシレン系の封入剤ではなく，必ずパーマウントなどトルエン系の封入剤を使用する。

2.3 試験操作

① 毛包器官培養を行った毛包を PBS(-) で洗浄
② 毛包を 4%PFA 固定液に浸漬して冷蔵庫で 2～4 時間固定
③ 固定した毛包をパラフィンに包埋後，ミクロトームで 3-5 μm の切片を作製
④ 切片をスライドガラスに貼り付けて一晩乾燥
⑤ 切片スライドをキシレンで脱パラフィン，エタノール-イオン交換水で親水処理
⑥ PBS(-) で洗浄
⑦ プロテイナーゼ K 反応液と室温で 30 分間反応
⑧ プロテイナーゼ K 停止液で 5 分間処理して酵素反応を停止
⑨ PBS(-) で洗浄後に TdT 反応液でリンス
⑩ TdT 反応液と 37℃で 1 時間反応
⑪ TdT 停止液で 5 分間処理して酵素反応を停止
⑫ PBST で 10 分間 2 回，PBS(-) で 10 分間 1 回洗浄
⑬ ペルオキシダーゼ標識ストレプトアビジン反応液と室温で 10 分間反応
⑭ PBST で 10 分間 2 回，PBS(-) で 10 分間 1 回洗浄
⑮ ペルオキシダーゼ発色基質と反応
⑯ 顕微鏡下で発色が十分であることを確認
⑰ イオン交換水で 2 回リンスしてから対比染色
⑱ 脱水・透徹後に有機系封入剤を用いて封入
⑲ 顕微鏡による観察および撮影

文献
1) T. Soma *et al., J. Invest. Dermatol.,* **118**, 993 (2002)
2) Y. Gavrieli *et al., J. Cell Biol.,* **119**, 493 (1992)
3) T. Soma *et al., J. Invest. Dermatol.,* **111**, 948 (1998)
4) J. E. Kloepper *et al., Exp. Dermatol., Epublication* (2009)

第3章 培養器官を用いた実験法

3 毛包器官培養を用いた育毛剤評価実験法 3 （BrdU 取り込みによる DNA 合成部位の測定）

相馬　勤

3.1 試験の原理

これまで述べてきた通り，毛包器官培養を用いた育毛剤評価法では，毛成長および毛球部の形態変化の比較を中心に，TUNEL 染色によるアポトーシス細胞の同定が行われる。成長期において毛母細胞の増殖と分化が盛んに起こることで毛成長は続くが，退行期になると TGF-β2 などの作用で毛母細胞の増殖が停止して毛成長は止まる[1]。このような現象は，毛包器官培養系においても再現される。つまり，図1に示す通り増殖因子の存在下において，チミジンのアナログである 5-bromo-2'-deoxy-uridine（BrdU）の取り込みにより DNA 合成部位の測定（＝細胞増殖）を調べると，毛母細胞（矢印）あるいは外毛根鞘細胞（矢尻）で BrdU の取り込みは維持され（図1A），増殖因子がないと BrdU の取り込みは失われる（図1B）。したがって，薬剤に毛成長を高める効果があれば，これら毛包上皮細胞での BrdU の取り込みが観察されることになり，毛包器官培養後に BrdU の取り込みを調べることで，薬剤の毛成長を高める効果の有無を調べることができる。最近，Kloepper らは BrdU 取り込みを必要としない，Ki67 による毛包器官培養における増殖細胞の同定と定量的な比較を報告している[2]。Ki67 は PCNA と比べて増殖している細胞に対する特性が高いため，BrdU の取り込みを反映すると考えられる。

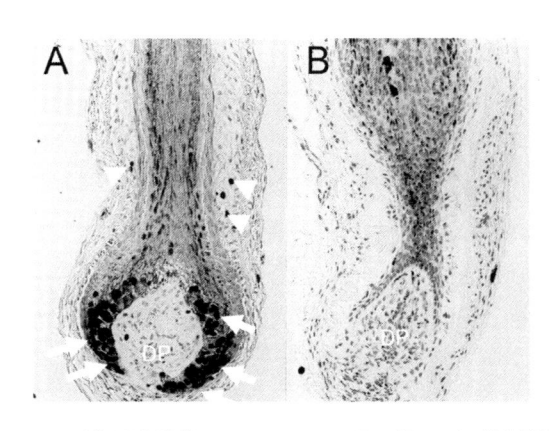

図1　毛包器官培養における BrdU の取り込み（口絵参照）

3.2 試薬調製

　BrdU の取り込みで細胞増殖を評価するためのキットが，いくつかのメーカーから市販されているのでこれらを利用するとよい。次の項には，GE ヘルスケア（旧アマシャム）の Cell Proliferation キットを用いた場合の試験操作を示した。必要な試薬はキットに含まれているため自前での試薬調製は必要ないが，組織の固定は必ずプロトコールに従う。可能な限り 4% PFA を用いて 4℃で 2～4 時間の固定を行い，10% 中性ホルマリン緩衝液を使用する場合は 12 時間以内とする。ホルマリンで長時間の固定を行うと組織に過剰な架橋が形成され，取り込ませた BrdU の検出が困難になる。BrdU 抗体の反応を行うためには，核内の DNA を一本鎖にする必要があり，ヌクレアーゼの存在下で抗 BrdU 抗体を反応させる。ペルオキシダーゼ標識試薬を用いた明視野での観察には，TUNEL 染色と同様に 3,3'-Diaminobenzidine（DAB）や，青色に発色する 3,3',5,5'-tetramethylbenzidine 系の発色基質 True Blue を使用するとよい。細胞核の対比染色も，DAB の場合はヘマトキシン，True Blue の場合は赤色系のケルンエヒトロートを使用する。また，True Blue の場合にはキシレン系の封入剤ではなく，パーマウントなどトルエン系の封入剤の使用が好ましい。

3.3 試験操作

① BrdU を添加した培地で 4～6 時間培養
② 器官培養後の毛包を PBS で洗浄
③ 毛包を 4%PFA 固定液に浸漬して冷蔵庫で 2～4 時間固定
④ 固定した毛包をパラフィンに包埋後，ミクロトームで 3-5μm の切片を作製
⑤ 切片をスライドガラスに貼り付けて一晩乾燥
⑥ 切片スライドをキシレンで脱パラフィン，エタノール-イオン交換水で親水処理
⑦ PBS(−) で洗浄
⑧ （オプション）ブロッキング試薬（または 10% 血清-PBS）で室温にて 10 分間処理
⑨ 抗マウスモノクロナール BrdU 抗体-ヌクレアーゼ混液と室温で 1 時間
⑩ PBS(−) で洗浄
⑪ ペルオキシダーゼ標識-抗 BrdU 抗体と室温で 30 分間反応
⑫ PBS(−) で洗浄
⑬ ペルオキシダーゼ発色基質と反応
⑭ 顕微鏡下で発色が十分であることを確認
⑮ イオン交換水で 2 回リンスしてから対比染色
⑯ 脱水・透徹後に有機系封入剤を用いて封入
⑰ 顕微鏡による観察および撮影

文　献

1) T. Soma *et al.*, *J. Invest. Dermatol.*, **111**, 948 (1998)
2) J. E. Kloepper *et al.*, *Exp. Dermatol.*, *Epublication* (2009)

第3章 培養器官を用いた実験法

4 毛包器官培養を用いた育毛剤評価実験法4（毛幹伸長の測定）

岩渕徳郎

4.1 試験の原理

毛包器官培養法は毛包器官ごと培養する方法で、最も in vivo に近い評価系で、ex vivo 試験とも呼ばれている。毛は上皮系細胞と間葉系細胞の相互作用の結果伸長していくが、本試験系はこの相互作用を in vitro で見ることができる有効な試験系である。前項までは培養による毛球部の形態変化などを中心に述べられてきたが、本項では毛幹の伸長速度の変化について主に解説する。評価したい薬剤を添加した場合と添加しない場合のこれら2つの項目の変化によって、その薬剤の育毛のポテンシャルが評価できるのである。

毛包器官培養にはヒト頭髪の毛包、ラットのヒゲ毛包、マウスのヒゲ毛包などを用いる方法が知られている[1〜5]。ラットおよびマウスのヒゲ毛包は形態学的に見てもかなりヒト頭髪毛包とは異なるが、試験法としては参考になるので、本項ではヒト毛包とマウス毛包の場合を解説する。

4.2 試薬調製および使用器具

① 使用する培地

ヒト毛包、マウスヒゲ毛包のいずれの場合も基礎培地として Williams'E（Life technologies）を用いる。ヒト毛包の場合は基礎培地にサプリメント（インシュリン 10μg/mL、ハイドロコルチゾン 10 ng/mL、トランスフェリン 10μg/mL、亜セレン酸 10 ng/mL）を添加したものを栄養培地として使用する。マウスヒゲ毛包の場合、栄養培地として5%の血清（FBS）を含有する Williams'E 培地（5%FBS-Williams'E）を使用する。

② 毛包の単離

ヒト毛包の単離は前項で述べているので参照されたい。マウスヒゲ毛包は、16週令のマウス（雌雄はどちらでも構わない）からヒゲ部のパットを採取し、70%エタノールに少し浸して殺菌

を行う。次にメスで各ヒゲ毛包を切り出してくる。単離したヒゲ毛包はその後の実験に使用する。マウスの系統は特に指定しないが，有色毛のマウスを用いた方が毛幹の長さを測定しやすく好ましい。

③ 培養皿

ヒト毛包の培養には，通常の細胞培養用 24 ウェルプレートを使用する（48 ウェルプレートでも可）。マウス毛包の培養には，通常の細胞培養用のセルカルチャーインサートマルチウェルプレートを使用する（6 ウェルプレートから 24 ウェルプレートまで可）。

④ 培養条件

ヒト毛包，マウスヒゲ毛包ともに通常は 37℃-5%CO_2 条件で培養する。

4.3 試験操作

(1) ヒト毛包の器官培養

単離毛包を 24 ウェルプレートの各ウェルに 1 本ずつ入れ，サプリメント含有の Williams'E 培地で 1 晩培養する。この時，毛包が培養皿の底から浮かないように注意する。翌日観察し，毛幹伸長が見られたものだけ採用して以降の試験に使用する。

毛幹伸長が見られた毛包を試験に必要な群数にわけ，被検物質を含有する Williams'E 基礎培地に交換し，さらに培養を続ける。以後，培養期間中 1-2 日毎に新鮮な培地に交換する。そして，定期的に毛幹伸長を顕微鏡のミクロメーターで測定する。培養日数は試験の度に異なるが，概ね 13-15 日以下である。それ以上になると前項でも記載の通り，毛球部の形態が退行期様に変化し毛幹が毛球部から抜け始めてくる。毛幹伸長のデータとして採用するのは，毛球部の形態が変化し始める前までの時期である。

試験結果の例を図1に示した。図1は経時での毛幹伸長の変化を示したものである。結果は

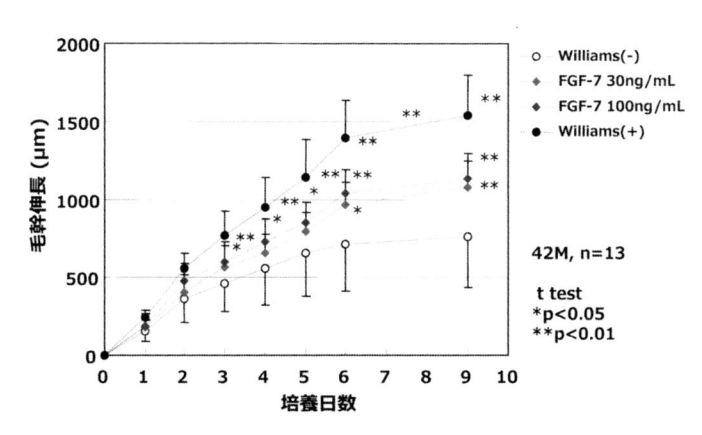

図1 ヒト毛包器官での毛幹伸長への FGF-7 の効果

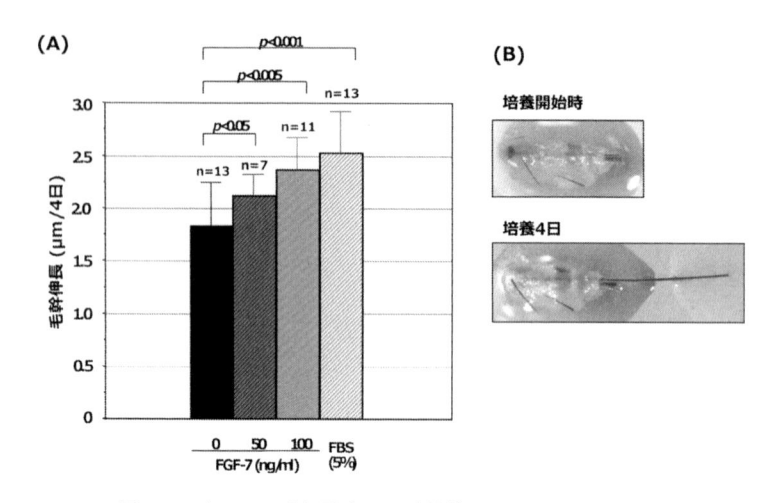

図2　マウスヒゲ毛包器官での毛幹伸長への FGF-7 の効果

FGF-7 がヒト毛包の毛幹伸長を有意に促進することを示している。

(2) マウスヒゲ毛包の器官培養

単離毛包を 5%FBS-Williams'E 培地を入れたマルチウェルプレートのセルカルチャーインサートの上に静置し，1晩培養する。翌日観察し，毛幹伸長が見られたものだけ採用して以降の試験に使用する。

毛幹伸長が見られた毛包を試験に必要な群数にわけ，被検物質を含有する Williams'E 基礎培地に交換し，さらに培養を続ける。以後，培養期間中 1-2 日毎に新鮮な培地に交換する。そして，定期的に毛幹伸長を顕微鏡のミクロメーターで測定する。培養日数は試験の度に異なるが，ヒトも毛包よりやや短く，概ね 10-12 日以下である。それ以上になると前項でも記載の通り，毛球部の形態が退行期様に変化し毛幹が毛球部から抜け始めてくる。毛幹伸長のデータとして採用するのは，毛球部の形態が変化し始める前までの時期である。

試験結果の例を図2に示した。図2（A）は培養 4 日後の毛幹伸長を示している。FGF-7 濃度依存的に毛幹伸長が促進されることが読み取れる。図2（B）は培養開始時と培養 4 日後の毛幹伸長の写真である。

4.4　まとめ

毛包器官培養法は育毛剤の評価系として，最も *in vivo* に近い方法として重要な位置を占めている。最終的に毛幹伸長を評価するのが大半だが，被検物質が毛乳頭細胞に作用して毛成長を促進する場合も，上皮系細胞に直接作用して毛幹伸長を促進する場合も，いずれの場合も本評価系は評価可能である。本項では毛幹伸長速度について主に解説した。このような実験を行う場合，

毛幹伸長は経時的に観察する必要がある。なぜなら，毛幹伸長速度が鈍ってきた頃の結果は退行期以降様の現象が見られるため，余計なファクターが入ってくる可能性が高いためである。毛包器官培養系では毛幹伸長のみならず遺伝子発現解析方法を組み合わせることによって，上皮−間葉相互作用に伴う様々な現象の解析が可能となってくる。

　ヒト毛包の入手は容易ではないので，皮膚科医との連携が必要である。さらに，それに伴い試験・研究の科学的妥当性，ヘルシンキ宣言の趣旨にそった倫理的配慮が図られているかどうかを審査できる体制の構築が必須である。マウス毛包を材料にした試験ではこのような必要はないが，動物実験に対する社会の認識の変化もあり，やはりこちらも安易に行える試験法ではない。

文　献

1) Philpott *et al.*, *J. Cell Sci.* **97**, 463-471（1999）
2) Iino *et al.*, *J. Invest. Dermatol.* **127**, 1318-1325（2007）
3) Robinson *et al.*, *J. Invest. Dermatol.* **117**, 596-604（2001）
4) Yano *et al.*, *J. Clin. Invest.* **107**, 409-417（2001）
5) Iwabuchi and Goetinck, *Mech. Dev.* **123**, 831-841（2006）

第4章 ヒトでの有効性試験法

1 フォトトリコグラム試験法

岩渕徳郎

1.1 試験の原理

フォトトリコグラム（PTG）試験法は育毛剤の有効性をヒト試験で検証する時に用い，薬剤の連用による毛髪径，毛髪密度，毛髪伸長速度，成長期毛率などへの影響を客観的な数値データとして示すことのできる方法である。原理は頭髪の一部を毛刈りし，当該部位の写真を撮影する。そして，得られた画像を使って様々な毛髪に関する項目を評価するのである。刈った毛を採取し，その毛を使って毛髪径を測定する場合もある。

PTG法は1960年代中ごろから1970年代初めにかけて開発された方法である[1～3]。その後，撮影機器や解析装置の進歩により，PTG法自体も進化を遂げたが，毛髪径は1本1本採取して測定するというのが主流であった[4,5]。1990年代に入りビデオマイクロスコープ（VMS）がPTGにも導入され，採取した毛髪を測定せず，画像上での解析が可能となり一気に作業性が向上した[6,7]。2000年代に入り，画像解析技術がPCソフトウエアの向上により飛躍的に進歩し，撮影画像を自動的に解析する新たなPTG法も開発された[8]。Ishinoらは高精度のビデオマイクロスコープを用いることにより，直径が10μm以下の細い毛でも観察できる新たなPTG法を開発した[9]。

本法の歴史を述べてきたが，育毛剤開発に本法を用いる場合の最大のポイントは，①作業の利便性と，②細い毛を観察できる解像度，の2点である。特に解像度は，検証したい育毛剤の評価結果に大きく影響するので，十分注意しないといけない。

1.2 使用機器および器具

① ビデオマイクロスコープ（VMS）タイプ VH-6300（キーエンス社）と30倍の対物レンズ。
② 画像解析ソフトウエア MacScope（三谷商事）。

③ 画像解析ソフトウエア WinRoof（三谷商事）。
④ Fuji ピクトログラフィー type 3000 printer（富士フイルム）。印刷物の解像度が高ければ，他のプリンターでも可。
⑤ 外科手術用の小型鋏，髪止め用のピン等，VMS 撮影時に使用する小物類。

1.3 試験操作

(1) **被験者の毛刈り**

被験者の被検部位を 7 mm×7 mm 程度の正方形に小型鋏を使って毛刈りする。その直後，VMS で毛刈り部位の画像を撮影する（図1および図2A）。画像は A3 サイズに印刷して，当該部位に何本の毛髪があったか実測する。また，MacScope および WinRoof を用いたピクセル数

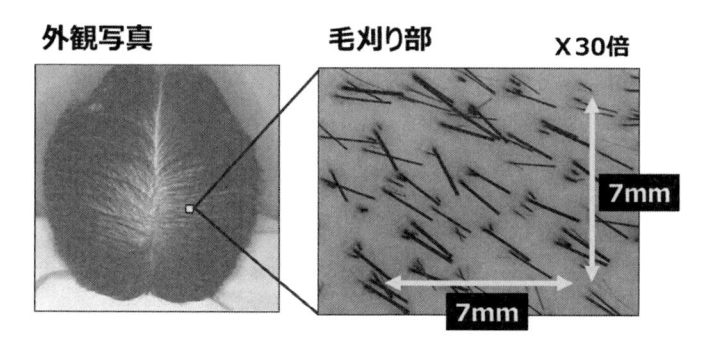

図1　PTG 写真

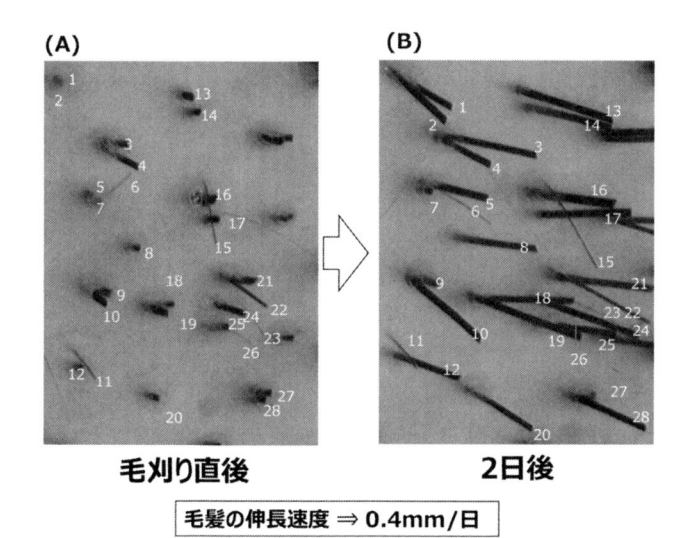

図2　毛刈り直後と2日後の PTG 写真

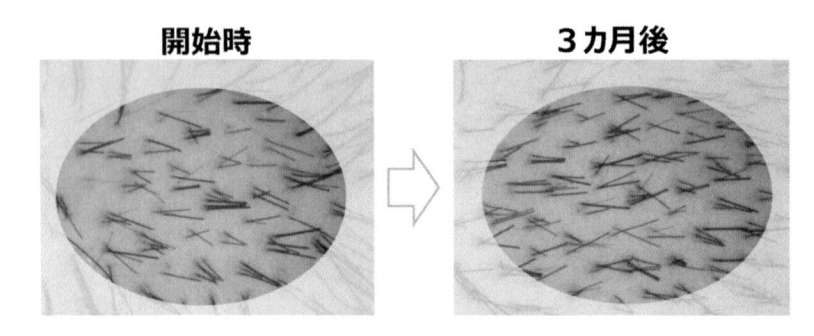

図3 試験開始時と3カ月後の写真

の計算から，得られた画像の実際のサイズを計算できるので，毛刈りした部位の面積を正確に算出できる。面積と毛髪本数がこの画像からわかるため，毛髪密度の算出が可能となる。

(2) 毛刈り後2日目の画像撮影

図2Bに示したように，毛刈り2日後に同一部位を探し，同じようにVMS画像を撮影する。撮影した画像は同一部位なので2日前に毛刈りした毛が2日間（48時間）でどの程度伸長したか，画像から解析することができる。即ち，毛の成長速度が計算できる。さらに，この部位の毛で伸長しない毛（休止期毛）の数も計測できるので，当該部位の成長期毛率も算出できる。画像解析には前述のMacScopeおよびWinRoofを用いる。

(3) 試験開始一定期間経過後の毛刈り部位の画像撮影

図3に，試験開始時と試験開始後3カ月の同一部位のPTG画像を示す。撮影方法は前述と同じであるが，同一部位を探すのに手間がかかるが，実施者ごとに様々な工夫がなされているようである。試験開始時と3カ月後の画像を比較解析することにより，被検薬剤の毛髪径，毛髪密度を解析できる。毛髪伸長速度，成長期毛率を解析するには，試験開始時および3カ月後，両方の時点の毛刈り時と2日後の画像が必要である。すなわち，試験開始時に2回，3カ月後に2回のVMS撮影が必要となる。

1.4 まとめ

PTG法は *in vivo* での育毛剤の有効性を定量的に検証するために有効な手法である。薄毛の改善には毛髪密度の増加または毛髪径の増大が欠かせないが，被検薬剤がどのような特性を持っているのかPTG法によって明らかにすることができる。例えば育毛の医薬部外品有効成分であるアデノシンは臨床試験で太毛化効果を有するが毛髪密度増大効果は見られないことが検証されている[10]。それとは反対に，毛髪径に影響を与えずに毛髪密度を増大させる薬剤があれば，それは成長期移行促進効果（発毛効果）があることになるだろう。育毛薬剤の最も求められる効果は薄毛外観の顕著な改善であるが，薄毛改善効果の理由を考える時，PTG法による解析データがと

ても有効となる。

　検証したい育毛剤をヒトに適用する試験は臨床試験になるので，安全性の確保や皮膚科学的見地からも十分な配慮が必要である。そのため，皮膚科医との連携が必要である。さらに，ヒトでの試験になるため，試験・研究の科学的妥当性，ヘルシンキ宣言の趣旨にそった倫理的配慮が図られているかどうかを審査できる体制の構築が必須である。薬剤適用を伴うPTG試験を実施する場合，試験実施前には通常の試験とは異なる高い意識が必要である。

文　献

1)　Barman *et al.*, *J. Invest. Dermatol.* **44**, 233-236（1965）
2)　Barman *et al.*, The normal trichogram of people over 50 years but apparently not bald. In: Advances in Biology of Skin. Vol. IX Hair Growth.（Montagna W, Dobson RL, eds）. Oxford: Pergamon Press, p.211-220（1967）
3)　Saitoh *et al.*, *J. Invest. Dermatol.* **54**, 65-81（1970）
4)　Rushton *et al.*, *Br. J. Dermatol.* **109**, 429-437（1983）
5)　Tsuji *et al.*, *J. Dermatol. Sci.* **7**（**Suppl**）, S136-141（1994）
6)　Hayashi *et al.*, *Br. J. Dermatol.* **125**, 123-129（1991）
7)　D'Amico *et al.*, *Eur. J. Dermatol.* **11**, 17-20（2001）
8)　Hoffmann, *Eur. J. Dermatol.* **11**, 362-368（2001）
9)　Ishino *et al.*, *Br. J. Dermatol.* **171**, 1052-159（2014）
10)　Watanabe *et al. Int. J. Cesmet.Sci.*（2015）［*in press*］

第Ⅶ編 動物代替法安全性実験法

第1章　皮膚腐食性試験法
第2章　皮膚一次刺激性試験法
第3章　眼刺激性実験法
第4章　光毒性試験実験法
第5章　皮膚アレルギー性実験法

第1章　皮膚腐食性試験法

1　再生表皮モデルを用いた皮膚腐食性試験法

栗原浩司

1.1　試験の原理

　皮膚腐食作用とは，試験試料の塗布により皮膚に生じる不可逆的な皮膚傷害のことである。試験法は，被験物質を皮膚モデルの角層側から所定の時間曝露後の細胞生存率をもとに皮膚腐食性を評価する方法である。

　曝露時間は，3分，1時間，4時間とし，皮膚腐食性評価基準は下記に示した通りである。

・皮膚腐食性判定基準（UN）

　　　生存率＜35％（3分曝露）の場合　　　　　　　　　　　　　　　　腐食性 class I
　　　生存率≧35％（3分曝露）かつ生存率＜35％（1時間曝露）の場合　　 腐食性 class II
　　　生存率≧35％（1時間曝露）かつ生存率＜35％（4時間曝露）の場合　 腐食性 class III
　　　生存率≧35％（4時間曝露）の場合　　　　　　　　　　　　　　　　腐食性なし

・皮膚腐食性判定基準（EU）

　　　生存率＜35％（3分曝露）の場合　　　　　　　　　　　　　　　　腐食性 class R35
　　　生存率≧35％（3分曝露）かつ生存率＜35％（4時間曝露）の場合　　 腐食性 class R34
　　　生存率≧35％（4時間曝露）の場合　　　　　　　　　　　　　　　　腐食性なし

＊国連で制定された腐食性の分類

　腐食性 Class I：3分間以内の暴露後，1時間以内の観察期間で反応が認められる場合＝R35

　腐食性 Class II：3分間から1時間までの暴露期間後，14日以内の観察期間に反応が認められる場合＝R34

　腐食性 Class III：1時間から4時間までの暴露後，14日以内の観察期間に反応が認められる場合＝R34

＊EUで制定された有害性化学物質のリスクの内容を表す分類番号

　R34：火傷を引き起こす。

R35：重度の火傷を引き起こす。

1.2　試薬調製

① アッセイ用培地：EPISKIN キット添付培地をそのまま使用する。
② 維持培地：EPISKIN キット添付培地をそのまま使用する。
③ MTT 溶液：30 mg の MTT[注] を秤量し，PBS(+) を 10 mL 添加してろ過し，3 mg/mL MTT solution を調製する。3 mg/mL MTT solution をアッセイ用培地で 10 倍希釈する。
　　注）3-(4,5-Dimethyl-2-thiazoll)2,5-diphenyl-2H-tetrazolium bromide
④ PBS(+)：8 g の NaCl, 1.15 g の Na_2HPO_4, 0.2 g の KCl, 0.2 g の KH_2PO_4 を精製水に溶かし，0.133 g の $CaCl_2 \cdot 2H_2O$ および 0.1 g の $MgCl_2 \cdot 6H_2O$ を最後に添加した後，1 L にメスアップし，フィルター滅菌する。
⑤ 酸性イソプロパノール：1.8 mL の 12N HCl を 500 mL のイソプロパノールに混合。4 ℃にて遮光保存。
⑥ 生理食塩水（陰性コントロール）：9 g の NaCl を 1 L の精製水に溶解する。
⑦ 陽性コントロール：氷酢酸

1.3　細胞培養

① 皮膚モデル：EPISKIN-SM™／再生表皮モデル（0.38 cm^2）
② 維持培地：EPISKIN キット添付培地をそのまま使用する。

1.4　試験操作

〈プレインキュベーション〉
① 12 well プレートを用意し，各 well に 2.2 mL の維持培地を添加する。
② ピンセットで EPISKIN を寒天培地から剥離し，モデルに付着した過剰な寒天培地をペーパータオルあるいは綿棒等で除去した後，あらかじめ維持培地を分注した 12 well プレートの各 well にモデルを移し替える。
③ 37 ℃にて 24 時間以上プレインキュベーションする。

〈4 時間処理〉
④ あらかじめ温めておいた維持培地を 2.2 mL ずつ 12 well プレートの各 well に分注し，プレインキュベーションした EPISKIN を移す。
⑤ 試験試料を皮膚モデルにマイクロピペットで 50 μL 添加する。

第1章 皮膚腐食性試験法

⑥ 固体試料は，あらかじめ可能な限り粉砕して秤量する。20 mg の試験試料を添加し，さらに生理食塩水 100 μL を添加し表皮との接触を良くする。

⑦ 陰性コントロールとして NaCl 溶液を 50 μL，皮膚モデル 3 well に添加する。

⑧ 陽性コントロールとして氷酢酸を 50 μL，皮膚モデル 3 well に添加する。

⑨ プレートのふたを閉め，室温（18～28 ℃）で，4 時間インキュベーションする。インキュベーション時間の許容誤差は ±5 分。

〈1 時間処理〉

⑩ あらかじめ温めておいた維持培地を 2.2 mL ずつ 12 well プレートの各 well に分注し，プレインキュベーションした EPISKIN を移す。

⑪ 試験試料を皮膚モデルにマイクロピペットで 50 μL 添加する。

⑫ 固体試料は，あらかじめ可能な限り粉砕して秤量する。20 mg の試験試料を添加し，さらに生理食塩水 100 μL を添加する。

⑬ プレートのふたを閉め，室温（18～28 ℃）で，1 時間インキュベーションする。インキュベーション時間の許容誤差は ±5 分。

〈3 分処理〉

⑭ MTT 溶液および洗浄用の PBS を準備する。

⑮ あらかじめ温めておいた維持培地を 2.2 mL ずつ 12 well プレートの各 well に分注し，プレインキュベーションした EPISKIN を移す。

⑯ 試験試料を皮膚モデルにマイクロピペットで 50 μL 添加する。各 well への試験試料の添加は 20 秒おきに行い，正確に 3 分インキュベーションする（一度に試験を実施する試験試料は 5～6 検体）。

⑰ 固体試料は，あらかじめ可能な限り粉砕して秤量する。20 mg の試験試料を添加し，さらに生理食塩水 100 μL を添加する。

〈MTT アッセイ〉

⑱ PBS(+) を用いて皮膚モデルの全ての試験試料を洗浄する。

⑲ あらかじめ維持培地を分注した各 well にモデルを移し替える。

⑳ 全ての皮膚モデルを洗浄するとき

・培地を除去する。

・表皮の表面に残った PBS はろ紙の上にモデルを置く，またはパスツールピペットで吸引する。パスツールピペットは皮膚の表面に触れないように注意する。

・2.2 mL の MTT 溶液（0.3 mg/mL）を各 well に添加する。

・プレートのふたを閉め，室温が 20～28 ℃の場合は室温で遮光し 3 時間（±5 分）インキュベーションする。室温が 20 ℃以下の場合はインキュベーター（CO_2 はあってもなくても可）を用いてインキュベーションする。

㉑ 所定時間曝露の試験試料を洗浄し，培地を 2.2 mL の MTT 溶液（0.3 mg/mL）と入れ替える。
㉒ 0.85 mL の酸性イソプロパノールをチューブに分注しラベルを付けておく。
㉓ 4 時間曝露の試験試料を洗浄し，培地を 2.2 mL の MTT 溶液（0.3 mg/mL）と入れ替える。

〈ホルマザンの抽出〉

MTT 溶液のインキュベーションが終了後，下記の通りホルマザンを抽出する。

㉔ ろ紙の上に皮膚モデルを置き，MTT 溶液を各 well から取り除く。
㉕ パンチを用いて皮膚モデルを打ち抜く。
㉖ 表皮とコラーゲンシートを分離し，両方を酸性イソプロパノールに入れる。
㉗ チューブのふたを閉め，ボルテックスミキサーで撹拌する。
㉘ 酸性イソプロパノールに表皮とコラーゲンシートが全て浸かっていることを確認する。
㉙ 遮光して，室温で一晩静置する。

〈吸光度測定〉

一晩抽出したホルマザンの測定を行う。

㉚ ボルテックスミキサーでチューブを撹拌する。
㉛ 1～2 分静置し，細胞の残留物が吸光度測定の妨げにならないようにする。
㉜ 各チューブから 96 well プレートに 200 μL ずつ抽出液を移す。
㉝ 545 nm と 595 nm で吸光度を測定する。ブランクとして酸性イソプロパノールを用いる。

〈生存率の算出および試験成立基準〉

生存率（%）＝100×（OD 試験試料／OD 陰性コントロール（4 時間曝露））

㉞ 3 well の陰性コントロールの平均値を算出し生存率 100 % とする。陰性コントロールの OD の許容最低値は 0.115（平均値±2 SD）。許容最高値は 0.4（28 ℃）。
㉟ 3 well の陽性コントロールの平均値を算出し，陰性コントロールの平均値を用いて生存率を算出する。陽性コントロールの生存率の許容範囲は 0～20 %。
㊱ 陽性コントロールと同様に各試験試料の生存率を算出する。
㊲ 陰性コントロールと陽性コントロールの試験成立条件は上記の通り。条件を外れた場合は再試験を実施する。

文 献

・OECD TG431（2004）

第2章 皮膚一次刺激性試験法

1 再生表皮モデルを用いた皮膚一次刺激性試験法

栗原浩司

1.1 試験の原理

化学物質により，皮膚に可逆的な炎症性変化が起こるかどうかを評価する試験。本試験法は，試験試料の細胞毒性および IL-1α 分泌量を指標として構成されている。

皮膚一次刺激性の判定基準は以下の通りである。

・皮膚一次刺激性判定基準

細胞生存率 ≦ 50 % の場合	刺激有り（R38）
細胞生存率 > 50 % の場合	刺激性なし
細胞生存率 > 50 % の場合，かつ IL-1α 分泌量 ≦ 50 pg/mL の場合	刺激性なし ）※
IL-1α 分泌量 > 50 pg/mL の場合	刺激有り（R38）

＊EU で制定された有害性化学物質のリスクの内容を表す分類番号
　R38：皮膚に刺激性がある。
※OECD TG439（2010）において IL-1α の測定は不要である。

1.2 試薬調製

① アッセイ用培地：EPISKIN キット添付培地をそのまま使用する。

② 維持培地（Maintenance medium）：EPISKIN キット添付培地をそのまま使用する。

③ MTT 溶液：30 mg の MTT[注] を秤量し，PBS(+) を 10 mL 添加してろ過し，3 mg/mL MTT solution を調製する。3 mg/mL MTT solution をアッセイ用培地で 10 倍希釈する。

　　注）3-(4,5-Dimethyl-2-thiazoll)2,5-diphenyl-2H-tetrazolium bromide

④ PBS(+)：8 g の NaCl，1.15 g の Na_2HPO_4，0.2 g の KCl，0.2 g の KH_2PO_4 を精製水に溶かし，0.133 g の $CaCl_2 \cdot 2H_2O$ および 0.1 g の $MgCl_2 \cdot 6H_2O$ を最後に添加した後，1 L にメスアップし，

フィルター滅菌する。
⑤ 酸性イソプロパノール：1.8 mL の 12N HCl を 500 mL のイソプロパノールに混合。4 ℃にて遮光保存。
⑥ 陽性コントロール（5 % SLS[注]）：500 mg の SLS を秤量し，滅菌精製水 10 mL を添加して混和する。

　　注）Sodium lauryl sulfate

1.3　細胞培養

① 皮膚モデル：EPISKIN-SM^{TM}／再生表皮モデル（0.38 cm^2）
② 維持培地：EPISKIN キット添付培地をそのまま使用する。

1.4　試験操作

試験には 4 日間を要し，12 well プレート　1 プレートで完結する。

〈1 日目〉
① 12 well プレートを用意し，一番左の列に well 当たり各 2 mL の維持培地を添加する。
② ピンセットで EPISKIN を寒天培地から剥離し，モデルに付着した過剰な寒天培地をペーパータオルあるいは綿棒等で除去した後，あらかじめ維持培地を分注した 12 well プレートの各 well にモデルを移し替える。
③ 37 ℃にて 24 時間以上プレインキュベーションする。

〈2 日目〉
④ 試験試料を準備する。固体および粗い粉体試料は，あらかじめ乳鉢で可能な限り粉砕して秤量する。
⑤ 2 番目の列に維持培地を 2 mL ずつ分注する。
⑥ 試験試料を下記に従って添加する。

・液体および低粘度試料：マイクロピペットで 10 μL を正確に分取し，モデルに添加した後にチップの先端で均一に広げる。
・固体および粉体試料：まず 5 μL の PBS(+) を添加してスパチュラあるいはチップの先端で均一に広げる。その上に秤量した 10 mg の試験試料を添加し，さらにスパチュラで均一に広げる。
・粘性試料：スパチュラの先端に 10 mg の試験試料を付着させる。そのまま，スパチュラを用いてモデル上で均一に広げる。
※試験試料の添加は 60 秒以上ずつ空けて行うと後で洗浄が容易。

第2章 皮膚一次刺激性試験法

⑦ 正確に15分インキュベーションする。インキュベーション時間の許容誤差は±30秒。

⑧ 25 mL の PBS(+) をオートピペッターで吸い上げ，1 mL ずつ吹き付けるようにして皮膚モデルを洗浄する。なお，固体・粉体試料などは，モデルを転倒させて過剰量の試験試料を除去してから洗浄する。

⑨ 綿棒で余剰の PBS(+) をふき取る。

⑩ あらかじめ維持培地を分注した各 well にモデルを移し替える（2列目）。
37℃にて42時間インキュベーションする。インキュベーションの許容誤差は±1時間。

〈4日目〉

⑪ インキュベーターから取り出してすぐに，15分程度ゆっくり振とうさせる。

⑫ 3番目の列に MTT 溶液を 2 mL ずつ分注する（3列目）。

⑬ 過剰な維持培地をペーパータオルで吸い取り，モデルを3列目に移し替える。

⑭ 37℃にて3時間インキュベーションする。インキュベーション許容誤差は±15分。

⑮ 1.5 mL のエッペンチューブを用意し，培養後の維持培地を 1 mL 採取して移し替える。IL-1α の定量に用いる。なお，すぐに IL-1α 量を測定しない場合は -20℃にて冷凍保存する。

⑯ 1.5 mL のエッペンチューブを用意し，酸性イソプロパノールを 500 μL ずつ分注する。

⑰ 専用のパンチでモデルをはずし，メンブランと表皮をピンセットで注意深くはがす。その際，はがれにくい場合は無理に行わなくても構わない。

⑱ あらかじめ用意した酸性イソプロパノール入りエッペンチューブにメンブランごと移す。

⑲ 時々ボルテックスしながら，室温で4時間ブルーホルマザンの抽出を行う。あるいは，4℃で静置し，48時間以上抽出を行う。抽出中はアルミホイル等で遮光する。

⑳ 96 well プレートを用意し，1つのモデルにつき 200 μL×2 well ずつ分注する。なお，一番左の列には，ブランクとして酸性イソプロパノールを 6 well 分注する。

㉑ 550 nm で吸光度を測定する。

㉒ IL-1α 量の測定には市販 ELISA キットを用いる（推奨キット：Human IL-1α Quantikine® Immunoassay（R&D systems））。

1.5 試験成立基準の判定基準

以下，得られた結果を基にした，試験成立の判断基準を表1に示した。

表1 試験成立の基準

	O.D. raw data (550 nm)	MTT viability (%)	S.D. of the % viability
陰性コントロール（PBS（+））	≧ 0.600	—	≦ 18.0
陽性コントロール（5％SDS 水溶液）	—	≦ 30％	≦ 18.0
試験試料	—	—	≦ 18.0

文 献

- —ECVAM Skin Irritation Validation Study— VALIDATION OF THE EPISKIN SKIN IRRITATION TEST^{-42} HOURS ASSAY FOR THE PREDICTION OF ACUTE SKIN IRRITATION OF CHEMICALS, ver. 1.6, (2005), http://ecvam.jrc.it/ft_doc/EPISKIN-SIT-SOP %2006-08-08.pdf
- Council Directive 67/548/EEC of 27 June 1967 on the approximation of laws, regulations and administrative provisions relating to the classification, packaging and labelling of dangerous substances.「危険な物質の分類，包装，表示に関する法律，規則，行政規定の近似化に係わる1967年6月27日付理事会指令」
- OECD TG439（2010）

第3章　眼刺激性実験法

1　SIRC-NRU 試験法

㈱ニコダームリサーチ

1.1　試験の原理

眼刺激性評価のための動物試験代替法眼刺激性試験法である。評価の原理は，ウサギ角膜細胞（SIRC）に対する試料の細胞毒性を指標として眼刺激性を評価する。眼刺激性は，同時に試験した3種類の標準物質（Polyoxyethylene Sorbitan Monolaurate（Tween 20），Sodium dodecyl sulfate（SDS），Triton X-100）の細胞毒性との相対比較により判定される。

1.2　試薬調製

① Neutral red 溶液：Neutral red solution（SIGMA，Ca.No. N2889）3.3 g を精製水1 L に混合後，培地にて100倍希釈する（最終濃度 33 mg/mL）。
② Neutral red 抽出液：メタノール 300 mL および 12 N 塩酸 8.33 mL（最終濃度 0.1 M）を精製水1 L に混合する。

1.3　細胞培養

① 細胞種：ウサギ角膜由来 SIRC 株（ヒューマンサイエンス研究資源バンク）
② 培　地：MEM 培地：10％仔牛血（FBS）および 2 mM L-glutamine を添加した Eagle's minimum essential medium（SIGMA，Ca.No. M4526）。

1.4　試験操作

① 維持培養された SIRC を，Phosphate buffer saline（Ca^{2+}，Mg^{2+} free，PBS(−)）にて洗浄後，

0.02 % Ethylenediaminetetraacetic acid（EDTA）含有 0.25 % Trypsin 溶液（SIGMA）を用いて培養シャーレより剥離する。

② 遠心分離後回収した細胞を，MEM 培地を用いて $1×10^5$ cells/mL に調製する。

③ 処理濃度の 2 倍濃度となる試料を含む培地 0.1 mL を調製し，96 穴マイクロプレートの各ウェルに添加する。試料の試験濃度は最大処理濃度が 1,000 mg/L となるように調製する。

④ このとき同時に 3 種類の標準物質（Tween 20, SDS, Triton X-100）についても実施する。

注）Tween 20＝1.25 mg/mL，SDS＝0.125 mg/mL，Triton X-100＝0.07 mg/mL を試験最高濃度と設定し，2 倍希釈にて 3 濃度設定すると細胞生存率 50 % 前後が得られる。

⑤ $1×10^5$ cells/mL に調製した SIRC を 0.1 mL ずつ，あらかじめ試料含有培地が添加されている各ウェルに添加する。

⑥ 室温で 20 分静置する。

⑦ 37 ℃，5 % CO_2 インキュベーターにて 3 日間培養する。

⑧ 培養上清を除去後，Neutral red 溶液を 0.1 mL/well 添加し，CO_2 インキュベーターにて 2 時間培養する。

⑨ Neutral red 溶液を除去後，PBS 0.15 mL/well にて 1 回洗浄する。

⑩ NR 抽出液を 0.1 mL/well 添加し，生細胞に取り込まれた Neutral red を抽出する。

⑪ 細胞溶解液の吸光度を 550 nm および 650 nm にて測定し，その差（Abs. 550 nm-Abs. 650 nm）をニュートラルレッド取り込みの吸光度とする。

⑫ 試料無処理細胞の吸光度を 100 とした場合の百分率で細胞生存率を求める。

⑬ さらに，50 % 細胞致死濃度 IC_{50} を算出し，表 1 の判定基準に沿って試験試料の眼刺激性を判定する。

表 1　判定基準

判定	判定基準
無刺激性	IC_{50} が Tween 20 より大きい値の物質
軽度刺激性	IC_{50} が Tween 20 より小さく，SDS より大きい値の物質
中程度刺激性	IC_{50} が SDS より小さく，Triton X-100 より大きい値の物質
強度刺激性	IC_{50} が Triton X-100 より小さい値の物質

文　献

1) 平成 10 年度厚生科学研究班が厚生省に提出したガイダンス案「代替法を用いて化粧品原料の眼刺激性を評価するにあたっての指針」

第3章 眼刺激性実験法

2 再生眼上皮モデルを用いた眼刺激性試験法

㈱ニコダームリサーチ

2.1 試験の原理

　角膜上皮再生モデルである SkinEthic™ HCE は，株化ヒト角膜上皮細胞を気—液界面下で培養することにより，3次元的に角膜上皮を形成したモデルであり，再生上皮はヒト角膜上皮組織と同様の構造を示す。本試験法は，SkinEthic™ HCE を用い COLIPA（The European Cosmetics Association）における化学物質の眼刺激性予測試験のプレバリデーションの試験方法[1]に準じて行う眼刺激性試験代替法である。試験法の原理は，角膜上皮モデルの生存率を指標として眼刺激性予測を行うことである。試験試料は角膜上皮モデルの上部から直接滴下するため，水溶性／油溶性，あるいは難溶性を問わず，原料から最終製品まで幅広い試料の評価が実施可能である。試験試料の眼刺激性は，試験試料を処理した後の細胞生存率を基準にして予測する。

2.2 試薬調製

① SDS（Sodium dodecyl sulfate）溶液：SDS 50 mg を精製水 10 mL にて溶解後，ろ過滅菌する（最終濃度 0.5 %）。
② MTT（3-(4,5-Dimethyl-2-thiazoll)2,5-diphenyl-2H-tetrazolium bromide）溶液：MTT 50 mg を PBS(−) 10 mL にて溶解後，ろ過滅菌する（最終濃度 5 mg/mL）。

2.3 細胞培養

① 細胞種：SkinEthic™ HCE
② 培地：SkinEthic Growth Medium

4　試験操作

〈1日目：前培養〉

① 6 well plate に SkinEthic Growth Medium を 1 mL/well 分注する。

② HCE モデルを輸送培地から取り出し，①の培地に静置する。

③ 37℃，5％ CO_2 インキュベーターにて 24 時間前培養する。

〈2日目：試料処理〉

① 24 well plate の左より 1 列目と 2 列目に SkinEthic Growth Medium を 0.3 mL/well 分注する。

② 1 列目に HCE モデルを移す。

③ モデル上部に試験試料（30 μL または 30 mg）を曝露し，1 時間静置する。

　注）陰性コントロールとして PBS(+)，刺激性コントロールとして 0.5％ SDS を用いる。

④ 試験試料を除去するためにモデルを PBS(+) 5 mL 用いて洗浄する。この操作を 3 回繰り返す。

　注）PBS(+) は直接モデル表面にかからないようにする。

⑤ 余分な PBS(+) を綿棒で除去したのち，モデルを 2 列目の培地に移す。

⑥ 37℃，5％ CO_2 インキュベーターにて 16 時間培養する。

〈3日目：MTT Assay〉

① 左より 3 列目に，SkinEthic Growth Medium にて 10 倍希釈した MTT sol.（最終濃度 0.5 mg/mL となるように MTF 溶液を SkinEthic Growth Medium にて希釈する）を 300 μL/well 分注する。

② 余分な培地をふき取ったモデルを移し，37℃，5％ CO_2 インキュベーターにて 3 時間培養する。

③ 24 well plate に，1 well 当たり 750 μL の isopropanol を分注する。

④ 余分な MTT sol. を拭き取り，③の isopropanol 中にモデルを移す。

⑤ さらに，isopropanol 750 μL をモデル上部より追加し，2 時間室温にてインキュベーションし，生成されたフォルマザンを抽出する。

　注）Isopropanol が蒸発しないよう，24 well plate 上部をパラフィルムで 3 重にシールする。

⑥ ピペット先端を用いて HCE モデルを突き破った後，よく混和する。

⑦ 96 well plate に 200 μL/well 分注する。各モデル抽出物ごとに n＝3 分注する。

⑧ マイクロプレートリーダーを用いて 550 nm の吸光度を測定する。

⑨ 試験試料を曝露した組織の細胞生存率（％）は，陰性コントロールを曝露した組織の吸光度を 100％ とした相対値とし，表 1 の判定基準により眼刺激性を判定する。

表1 判定基準

細胞生存率（％）	分類
≦ 50 %	刺激性
> 50 %	無刺激性

文 献

1) Alépée N., Cotovio J., Bessou-Touya S., Faller C., Pfannenbecker U., De Wever B., Van Goethem F., Le Varlet B., Marrec-Fairley M., de Brugerolle A., McNamee P., Colipa's industry pre-validation program using the reconstructed human corneal epithelium (skinethic™ hce) test method for predicting eye irritation for chemicals, WC7., proceeding (2009)

第3章 眼刺激性実験法

3 Short Time Exposure（STE）試験

髙橋 豊，齋藤和智

3.1 試験の原理と予測性

　STE 試験[1,2]は，SIRC 細胞を用いた眼刺激性試験代替法である。エンドポイントは MTT（テトラゾリウム塩化合物）の取り込み量を基にした細胞生存率である。すなわち，MTT が脱水素酵素の基質となる性質を利用し，細胞内に取り込まれた MTT がミトコンドリア内脱水素酵素により還元され，生成されたホルマザン量（青色）が生存細胞数に比例することを基本原理としている。

　STE 試験は，眼に異物が入った場合の暴露状況に近い短時間暴露で評価し，一定濃度での細胞生存率を刺激性有無の判断指標としている。すなわち異物が眼に入った場合，チカチカ，しみる，痛いといった刺激感あるいは物理的な刺激によって反射性の涙液が分泌され，希釈，排泄される。ヒトの場合 50 μL 点眼した場合の眼内からの排出時間は 1～2分[3]と短い時間で排出される。この短時間での主な接触部位は角膜上皮及び結膜上皮の最表面の細胞と考えることが出来る。実際の暴露状況を考えた場合，原料あるいは製品の暴露時間は短時間と予想されること，眼の刺激性は，最表面の細胞傷害から始まることが明らかであるため，STE 試験は短時間暴露の細胞毒性試験として設計した。

　STE 試験では，試験試料を 5% および 0.05% で細胞に 5 分間暴露した際の細胞生存率を元に眼刺激性を予測する。GHS（Globally harmonized system）区分[4]に関する STE 試験の最新の報告では，重篤な眼損傷性（Category 1）とそれ以外のカテゴリー（Category 2 および No Category: NC）との判別性能として 83%（104/125 物質），非刺激物（NC）と刺激物（Category 1 および 2）との判別性能として 85%（110/130 物質）と報告した[5]。後者の判別性能に関しては，①飽和蒸気圧が 6 KPa を超える揮発性物質，および②活性剤を除く固体物質を適用限界として除外することで，判別性能が 90%（92/102 物質）に，偽陰性率が 2%（1/54 物質）となることも示されている[5]。また STE 試験は，単一物質だけでなく混合物の眼刺激性評価にも適用可能である[6,7]。

このようにSTE試験は，①②に該当する適用限界を考慮することで，幅広い物質の眼刺激性を予測可能であり，世界標準の公的試験法として2015年7月OECD Test guideline 491として採用された。

3.2 試験方法

試験の概要を図1に示した。

3.3 試薬調製

(1) 試料溶媒の選択

① はじめに生理食塩水を溶媒とし，被験物質5%（w/w）液を調製し，溶解するかもしくは均一分散[注1, 注2]するか確認する。溶解するかもしくは均一分散する場合は，試料溶媒を生理食塩水とする。

② 生理食塩水に溶解もしくは均一分散しない場合，5%（w/w）DMSOを含む生理食塩水を溶媒として溶解性を確認する。溶解もしくは均一分散する場合は，5%DMSOを含む生理食塩水を試料溶媒とする。

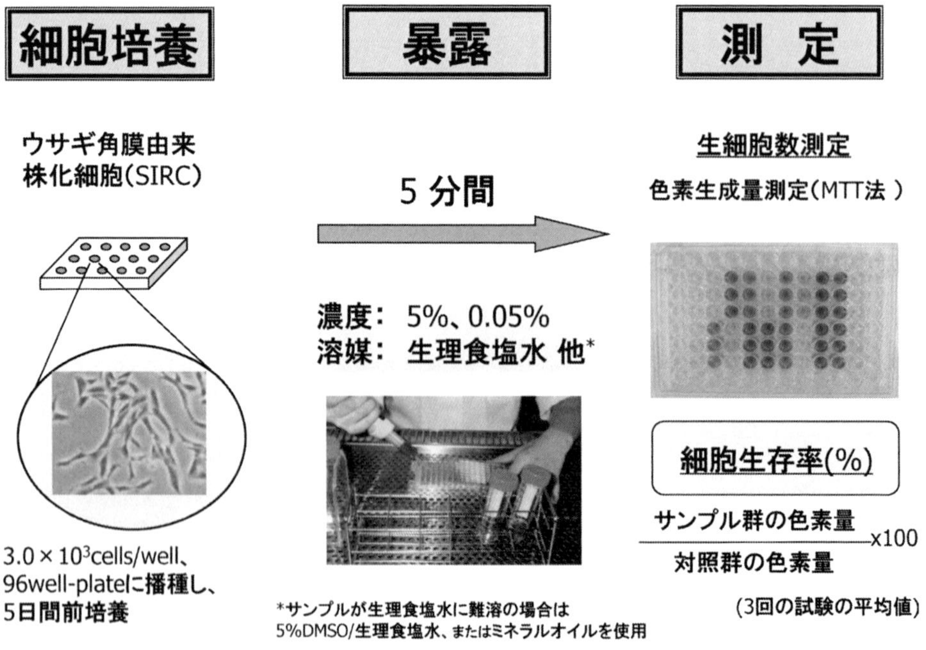

図1 STE試験概要

③ 5%（w/w）DMSO を含む生理食塩水に溶解もしくは均一分散しない場合，ミネラルオイルを溶媒として被験物質5%（w/w）液を調製し，溶解するかもしくは均一分散するか確認する。溶解するかもしくは均一分散する場合は，試料溶媒をミネラルオイルとする。ミネラルオイルに溶解もしくは均一分散しない場合は試験の実施を行わない。

注1）被験物質が液体中に均一に分散している。この状態が5分以上保たれていること。
注2）vortex, sonication あるいは適度に暖めることで溶解性が向上する。

(2) 試験試料の調製

① スクリュー管に被験物質を秤量し，前項で選択した溶媒を用いて5%（w/w）液を調製する。最高濃度5%（w/w）液から10倍希釈して0.5%（v/v）液を，さらに10倍希釈して0.05%（v/v）液を調製する。
② 溶媒対照は，使用した溶媒を用いる。
③ 陽性対照として，0.01%の Sodium lauryl sulfate（生理食塩水溶媒）を用いる。

3.4 細胞培養

(1) 細胞

① American Type Culture Collection（ATCC, USA）より購入した SIRC 細胞を用いる。細胞の使用は，培養を開始して3週間培養後～3ヶ月以内あるいは継代数25回までとする。
② 10%（v/v）ウシ胎仔血清（Fetal Bovine Serum, Invitrogen Corp., Carlsbad, CA USA），2 mM L-glutamine（Invitrogen Corp., Carlsbad, CA USA），50～100 unit/mL Penicillin（Invitrogen, Corp., Carlsbad, CA USA），50～100 μg/mL Streptomycin（Invitrogen Corp., Carlsbad, CA USA）を含有する EAGLE MEM 培地（Sigma-Aldrich, St Louis, MO, USA）で SIRC 細胞を培養フラスコ（Sumiron）にて培養（37℃, 5%CO_2）する。培養フラスコ内にコンフルエントとなった細胞をトリプシン・EDTA 液（Sigma-Aldrich, St Louis, MO, USA）を用いて単細胞化し，培養フラスコに継代あるいは96ウェルプレート（flat bottom, Corning）に播種する。

(2) 前培養

培地にて 3.0×10^4 cells/mL あるいは 1.5×10^4 cells/mL になるように細胞浮遊液を調製する。96ウェルプレートに 3.0×10^4 cells/mL を 200 μL ずつ播種する場合は4日間，1.5×10^4 cells/mL で播種する場合は5日間，前培養（37℃, 5%CO_2）する。

3.5 被験物質の暴露および細胞生存率の算出

① 前培養してコンフルエントとなった96ウェルプレートを用意する。
② プレートの培養液を除去し，新鮮な培養液（操作対照群），調製した試験試料液，各対照物質をそれぞれ200μL添加し，細胞に5分間暴露する。
③ 暴露終了後，試験試料を除去し，PBS（－）（Takara Bio Inc., Siga, Japan）で2回洗浄し，MTTテトラゾリウム塩溶液（Sigma-Aldrich, st Louis, MO, USA），MTT 0.5 mg/培地1 mL）を200μL添加，2時間反応させる。
④ 反応後，0.04 N HCl-isopropanol（Kanto Chemical Co., Inc., Tokyo, Japan）でMTTホルマザンを30分間抽出し，抽出液の570 nmにおける吸光度をプレートリーダーにより測定する。
⑤ 試験試料における吸光度について溶媒対照群（試験試料のかわりに各溶媒を暴露したもの）の吸光度に対する割合を，細胞生存率（％）として算出する。

$$細胞生存率(\%) = \frac{OD_{570試験サンプル} - OD_{570ブランク}}{OD_{570溶媒対照} - OD_{570ブランク}} \times 100$$

各試験試料について独立した3回の試験を実施し，その平均値を最終判定に用いる。

3.6 試験成立条件

・操作対照群のOD_{570}がブランク減算後0.3以上であること
・操作対照群に対する溶媒対照群の細胞生存率が80％以上であること
・陽性対照群（0.01％SLS）の細胞生存率が各施設の"平均値±2×（標準偏差）"の範囲内におさまること。（十分なデータがない場合には，21.1〜62.3％の範囲に収まること）
・独立した3回の実験の細胞生存率の標準偏差が15％を下回ること。仮に標準偏差が15％以上となった場合には，新たに独立した3回の実験を実施する。この際，古いデータは棄却する。

3.7 判定およびランク分類

GHSの眼刺激性区分に関しては，表1に基づき判定する。また，眼刺激性の3段階のランク分類も可能であり，構造類似物質および類似処方の眼刺激性の比較に用いられる（図2）。

① STE試験の5％条件において細胞生存率70％を越える場合はスコア0，細胞生存率が70％以下であればスコア1とする。
② STE試験の0.05％条件において細胞生存率

表1 STE試験を用いたGHS眼刺激区分の予測

細胞生存率		UN GHS 分類
At 5%	At 0.05%	
＞70％	＞70％	No Category
≦70％	＞70％	区分外
≦70％	≦70％	Category 1

5%条件と0.05%条件の細胞生存率を元にスコア化し判断

5%での生存率(%)	スコア	0.05%での生存率(%)	スコア
> 70	0	> 70	1
≤ 70	1	≤ 70	2

5% スコア + 0.05% スコア = STE ランク

1： 弱い刺激性
2： 中等度刺激性
3： 強度刺激性

図2　STE 試験を用いたランク分類

70%を越える場合はスコア1，細胞生存率が70%以下であればスコア2を付ける。
③　5%のスコアと0.05%のスコアを加算し，その値で化合物の眼に対する刺激性の強さを分類する。
④　ランク1は弱い刺激性，ランク2は中等度刺激性，ランク3は強度刺激性の分類とする。

文　献

1) Y. Takahashi, *et al.*, *Toxicology In Vitro*, **22**, 760-770（2008）
2) Y. Takahashi, *et al.*, *J, Toxicol. Sci.*, **34**, 6, 611-626（2009）
3) T. J. Mikkelson., *et al.*, *J, Pharmaceutical Sci.*, **62**, 10, 1648-1653（1973）
4) United Nations, Globally Harmonised System of Classification and Labelling of Chemicals（GHS）. United Nations Publications（2003）
5) ICCVAM（2013）. Short Time Exposure（STE）Test Method Summary Review Document, NIH. Available at:［http://ntp.niehs.nih.gov/iccvam/docs/ocutox_docs/STE-SRD-NICEATM-508.pdf］
6) Saito K, *et al.*, *Toxicology In Vitro*, **29**, 617-20（2015）
7) OECD Guidelines for the Testing of Chemicals 491：Short Time Exposure In Vitro Test Method for Identifying i）Chemicals Inducing Serious Eye Damage and ii）Chemicals Not Requiring Classification for Eye Irritation or Serious Eye Damage ［http://www.oecd-ilibrary.org/environment/oecd-guidelines-for-the-testing-of-chemicals-section-4-health-effects_20745788］

第4章　光毒性試験実験法

1 ｜ 3T3　NRUの光毒性試験法

㈱ニコダームリサーチ

1.1　試験の原理

　光毒性評価のための動物試験代替法光毒性試験法である。評価の原理は，マウスBALB/3T3 clone A31細胞に対する試料のUVA照射条件下における細胞毒性を指標として光毒性を評価する。本試験法は，OECD GUIDELINE FOR TESTING OF CHEMICALS 432（Adopted：13 April 2004）[1]に準拠している。

1.2　試薬調製

① Neutral red 溶液：Neutral red solution（SIGMA, Ca.No. N2889）を50 mgを精製水1 Lに混合後，培地にて100倍希釈する（最終濃度0.05 mg/mL）。
② Neutral red 抽出液：エタノール500 mLおよび酢酸10 mLを精製水1 Lに混合する。

1.3　細胞培養

① 細胞種：BALB/3T3 clone A31（医薬基盤研究所）。試験への使用は100代目以下と規定。
② 培地：10％仔牛血（FBS），100 IU penicillin, 0.1 mg/mL streptomycinおよび4 mM glutamine含有Doulbecco's modified Eagle's Medium（DMEM）

1.4　試験操作

① 維持培養されたBALB/3T3を，Phosphate buffer saline（Ca^{2+}, Mg^{2+} free, PBS(−)）にて洗浄後，0.02％ Ethylenediaminetetraacetic acid（EDTA）含有0.25％ Trypsin 溶液（SIGMA）

を用いて培養シャーレより剥離する。

② 遠心分離後回収した細胞を，DMEM培地を用いて $1×10^5$ cells/mL に調製し，0.1 mL を 96 穴マイクロプレートの各ウェルに添加する。この時試験試料につき，2枚プレートを準備する。

③ 37℃，5% CO_2 インキュベーターにて24時間培養する。

④ 0.15 mL Ca^{2+}，Mg^{2+} 含有ハンクス緩衝液（HBSS(+)）にて1回洗浄後，所定濃度の試料を含む 0.1 mL HBSS(+) にて交換し1時間37℃にて放置する。なお，試験検体の試験最高濃度は 1,000 μg/mL または 10 mM とする。

⑤ プレート1枚には 5 J/cm² UVA を照射し，もう1枚には遮光下同一条件にて放置する。

 注）照射機器：SOL500（Hönle 社製）H1 フィルター（320 nm cutoff）付
   紫外線強度計：Type No.370（Hönle 社製）
   照射強度：1.7 mW/cm² × 50 min = 5 J/cm²（約 60 cm distance）

⑥ 0.15 mL HBSS(+) にて2回洗浄する。

⑦ 0.1 mL DMEM 培地に交換する。

⑧ 37℃，5% CO_2 インキュベーターにて24時間培養する。

⑨ 培養上清を除去後，0.15 mL HBSS(+) にて1回洗浄する。

⑩ Neutral red 溶液を 0.1 mL/well 添加し，CO_2 インキュベーターにて3時間培養する。

⑪ Neutral red 溶液を除去後，0.15 mL HBSS(+) にて1回洗浄する。

⑫ Neutral red 抽出液を 0.1 mL/well 添加し，生細胞に取り込まれた Neutral red を抽出する。

⑬ 細胞溶解液の吸光度を 540 nm にて測定する。

⑭ Phototox Prediction software Version 2.0（ZEBET, Federal Institute for Risk Assessment (BfR), Berlin, Germany）を用いて Photo-Irritation-Factor（PIF）および Mean Photo Effect（MPE）を算出する。

 注）"Phototox Version 2.0" は OECD HP よりダウンロード可能。

⑮ 試験検体の光毒性の判定は，PIF あるいは MPE を用いて，下記の判定基準（表1）により光毒性の判定を行う。

$$\text{PIF} = TC_{50}(-UV) / TC_{50}(+UV) \tag{1}$$

 PIF：試験試料の非照射細胞（−UV）および照射細胞（+UV）それぞれの 50％細胞毒性濃度（TC_{50}）より算出する因子

$$\text{MPE} = \frac{\sum_{i=1}^{n} W_i PE_{ci}}{\sum_{i=1}^{n} W_i} \tag{2}$$

 MPE（Mean Photo Effect）：UV 非照射および UV 照射細胞それぞれの response curves より数学的分析に基づき算出される新規基準

表1 OECD GUIDELINE 432 の判定基準

	光毒性の判定
PIF < 2 or MPE<0.1	陰性
2 < PIF < 5 or 0.1 < MPE < 0.15	疑陽性
5 < PIF or 0.15 < MPE	陽性

文　献

1) OECD GUIDELINE FOR TESTING OF CHEMICALS 432（Adopted：13 April 2004）

第5章 皮膚アレルギー性実験法

1 タンパク結合性評価

橋本 悟

1.1 試験の原理

化学物質の皮膚接触による皮膚アレルギーは，化学物質が皮膚中のタンパクと結合しハプテン化され抗原性を獲得することで発現する。したがって，タンパクと被験化学物質の結合性の有無あるいはその強弱を測定することで，化学物質の皮膚アレルギー性を評価することができる[1~4]。本試験では，反応基質としてL-histidineを用い，それを被験化学物質と一定条件下で反応させた後のL-histidine残存量を高速液体クロマトグラフィー（HPLC）で測定し，L-histidineの被験化学物質に対する反応率（％）を算出する。この値を，陽性対照と陰性対照を用いて同様の操作を行って得たL-histidineの反応率（％）と比較することで，被験化学物質の皮膚アレルギー性を評価する。本方法は，LLNA法（Local Lymph Node Assay）で感作性の強弱を示すEC3値と良好な相関性を示し（$R^2=0.7964$），被験化学物質の皮膚アレルギー性の有無あるいはその強弱を推定することができる。

1.2 試薬調製

① L-histidine溶液：0.01 mol/L NaOH水溶液を用いて6.0 m mol/Lの溶液とする（pH：11-12）。
② 対照試料溶液：アセトニトリルを用いて2,4-dinitrochlorobenzene（陽性対照），1-ブタノール（陰性対照）またはグリセリン（陰性対照）のそれぞれ120.0 m mol/L溶液とする[1~4]。
③ 被験化学物質溶液：水溶性溶媒[注]（被験物質により適時選定）を用いて120.0 m mol/Lの溶液とする。

注）アセトニトリル，アセトン，イソプロパノール，テトラヒドロフラン等が適用できる。

1.3 試験操作

1.3.1 測定液の調製

L-histidine 溶液の 100.0 μL を対照試料溶液または被験化学物質溶液のそれぞれ 250.0 μL と混合し，25 ℃で 24 時間放置することで L-histidine を反応させる。反応後，混合液に精製水 650.0 μL を添加し測定液とする。

1.3.2 HPLC 分析および L-histidine の反応率（%）の算出

測定液の 40.0 μL を下記の HPLC 条件で分析し L-histidine に相当するピーク面積（A_{Test}）を測定する。別に，測定液中の被験化学物質溶液を，同量の精製水に変えて調製したブランク液につき，同様の HPLC 分析を行い L-histidine に相当するピーク面積（A_{Blank}）を測定する。次式により，L-histidine の反応率（%）を算出する。

$$反応率（\%）=(A_{Blank}-A_{Test})/A_{Blank}×100 \tag{1}$$

〈HPLC 分析条件〉

・カラム：CAPCELLPAK MG Ⅱ（5 μm, 4.6 mmφ × 250 mm，資生堂）
・カラム温度：40 ℃
・検出器：紫外可視分光光度計（検出波長：220 nm）
・移動相：A：0.1 % テトラヒドロフラン水溶液（v/v）
　　　　　B：0.085 % テトラヒドロフラン／アセトニトリル溶液（v/v）
・グラジエント条件：
　A：B＝85：15（0 分）→ 85：15（5 分）→ 0：100（6 分）→ 0：100（9 分）→ 85：15（10 分）→ 85：15（20 分）
・注入量：40 μL
・流量：1.0 mL/min

1.3.3 皮膚アレルギー性の予想

L-histidine の反応率（%）から，表を用いて被験化学物質の皮膚アレルギー性を推定する（表 1）。

表 1 L-histidine の反応率（%）と被験化学物質の皮膚アレルギー性の関係

L-histidine の反応率（%）	皮膚アレルギー性*
100–60	Extreme-Strong
60–10	Moderate
10–2	Weak
2–0	Non-Sensitizers

*L-histidine の反応率（%）と LLNA 法（Local Lymph Node Assay）の EC3 値との相関性（$R^2=0.7964$）から推定した。

文　献
1) Gerberick G. F. *et al.*, *J. Toxicol. Sci.*, **81**, 332 (2004)
2) Kato H. *et al.*, *J. Toxicol. Sci.*, **28**, 19 (2003)
3) Aptula A. O., *et al.*, *Toxicology in Vitro*, **20**, 239 (2006)
4) Gerberick G.F., *et al.*, *Toxicological Science*, **97**, 417 (2007)

第5章 皮膚アレルギー性実験法

2 ペプチド結合性評価（Direct Peptide Reactivity Assay：DPRA法）

藤代美有紀

2.1 試験の原理

　化学物質の皮膚接触による皮膚アレルギーは，化学物質が皮膚中のタンパクと結合しハプテン化され抗原性を獲得することで発現する。したがって，タンパクと被験化学物質の結合性の有無あるいはその強弱を測定することで，化学物質の皮膚アレルギー性を評価することができる[1~4]。
　DPRAでは，反応基質として合成ペプチドであるシステイン含有ペプチド（Ac-RFAACAA-COOH）とリジン含有ペプチド（Ac-RFAAKAA-COOH）を用い，それぞれを被験化学物質と一定条件下で反応させた後の未反応のペプチド量を高速液体クロマトグラフィー（以下，HPLC）で分離定量する。その結果を基に，化学物質の反応性を4段階（High, Moderate, Low, Minimal）に分類する。以下，詳細は，OECD Test Guideline 442Cを参照する[5]。

2.2 試薬調製

① システイン含有ペプチド溶液：システイン含有ペプチド（Ac-RFAACAA-COOH，純度：90-95％）を，リン酸緩衝液（pH 7.5）を用いて0.667 mMの濃度になるように溶解する。
② リジン含有ペプチド溶液：リジン含有ペプチド（Ac-RFAAKAA-COOH，純度：90-95％）を，酢酸アンモニウム緩衝液（pH 10.2）を用いて0.667 mMの濃度になるように溶解する。
③ 陽性対照溶液：シンナムアルデヒド（CAS No：104-55-2，純度≧95％）を，アセトニトリルを用いて100 mMの濃度となるように溶解する。
④ 被験化学物質溶液：下記のいずれかの溶媒を用いて100 mMの濃度となるように溶解する。
　溶媒：アセトニトリル，水，アセトニトリル：水（1：1），イソプロパノール，アセトン，アセトン：アセトニトリル（1：1）

2.3 試験操作

(1) 被験化学物質のペプチドとの反応

被験化学物質溶液とシステイン含有ペプチド溶液を 10:1 で混合する ($n=3$)。被験化学物質溶液とリジン含有ペプチド溶液を 50:1 で混合する ($n=3$)。混合後，各混合液を 24 ± 2 時間インキュベート（暗室，$25\pm2.5°C$）する。

(2) HPLC 分析およびペプチド減少率の算出

インキュベート後の混合液に含まれる，未反応のペプチド量を高速液体クロマトグラフィー（HPLC）で分離定量する。

未反応ペプチドのピーク面積から，以下の式によりペプチド減少率（Percent Peptide Depletion）を算出する。

$$ペプチド減少率 = \left\{1-\left(\frac{被験化学物質群のペプチドピーク面積}{コントロール群のペプチドピーク面積の平均値}\right)\right\} \times 100$$

HPLC 推奨分析条件

　　カラム：Zorbax SB-C18（$3.5\mu m$, $2.1\ mm \times 100\ mm$）等

　　温度：30℃

　　UV 検出波長：220 nm

　　流速：0.35 mL/分

　　移動相：移動相 A：0.1%（v/v）トリフルオロ酢酸水溶液

　　　　　　移動相 B：0.085%（v/v）トリフルオロ酢酸アセトニトリル溶液

(3) 皮膚アレルギー性の予測

被験化学物質の皮膚アレルギー性は，ペプチド減少率の平均値から表1のシステイン 1:10 およびリジン 1:50 の予測モデルに従って推定する。なお，リジン含有ペプチドと被験化学物質の溶出時間が重なった場合は，システイン含有ペプチドの結果から表2のシステイン 1:10 のみの予測モデルに従って推定することができる。

表1　システイン 1:10 およびリジン 1:50 の予測モデル

システインの減少率とリジンの減少率の平均値	反応性の分類	DPRA 予測
0% ≦ 減少率の平均値 ≦ 6.38%	No or Minimal	陰性
6.38% < 減少率の平均値 ≦ 22.62%	Low	陽性
22.62% < 減少率の平均値 ≦ 42.47%	Moderate	陽性
42.47% < 減少率の平均値 ≦ 100%	High	

表2 システイン1：10のみの予測モデル

システインの減少率	反応性の分類	DPRA 予測
0％≦減少率の平均値≦13.89％	No or Minimal	陰性
13.89％＜減少率の平均値≦23.09％	Low	陽性
23.09％＜減少率の平均値≦98.24％	Moderate	陽性
98.24％＜減少率の平均値≦100％	High	

文　献

1) Gerberick G. F., *et al.*, *J. Toxicol. Sci.*, **81**, 332（2004）
2) Kato H. *et al.*, *J. Toxicol. Sci.*, **28**, 19（2003）
3) Aptula A. O., *et al.*, *Toxicology in Vitro*, **20**, 239（2006）
4) Gerberick G. F., *et al.*, *Toxicological Science*, **97**, 417（2007）
5) OECD（2015）*In Chemico* Skin Sensitization: Direct Peptide Reactivity Assay（DPRA）. OECD Guideline for the Testing of Chemicals No. 442C.

第5章 皮膚アレルギー性実験法

3 THP-1細胞を用いた *in vitro* 皮膚アレルギー性試験法，human Cell Line Activation Test (h-CLAT)

坂口 斉

3.1 試験の原理

　動物を用いない皮膚アレルギー性評価法を確立するためには，皮膚アレルギー性のメカニズムを *in vitro* で再現することが重要である。本試験法のh-CLATは，皮膚アレルギー性の成立において重要な過程である「感作誘導過程」(図1) の「ランゲルハンス細胞 (Langerhans cell：LC) の活性化」に着目し，国内2社の共同により開発された試験法である[1~3]。

　h-CLATにおいては，表皮中のLCの数が非常に少なく高純度での精製が困難であり，また，精製後の性質も不安定なことから，LCの代替として，human monocytic leukemia cell lineのTHP-1細胞を用いている。また，皮膚アレルギー性物質によりLCの表面抗原であるCD86及びCD54の発現が亢進されることから，h-CLATにおいてはこの2つのマーカーをLCの活性化

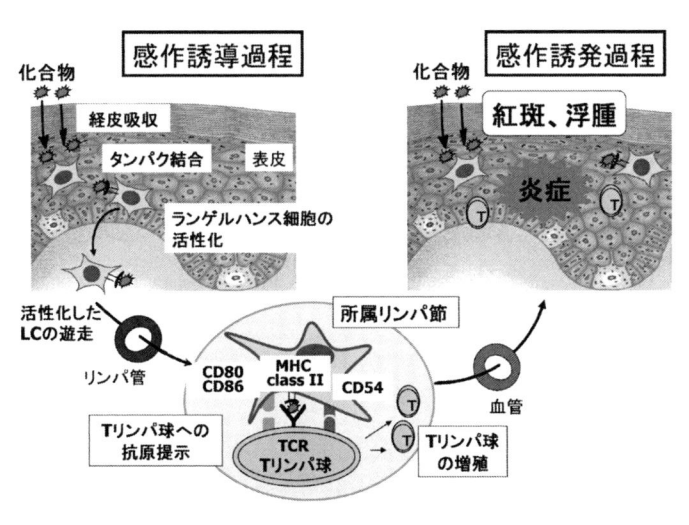

図1　皮膚アレルギー性の毒性発現メカニズム

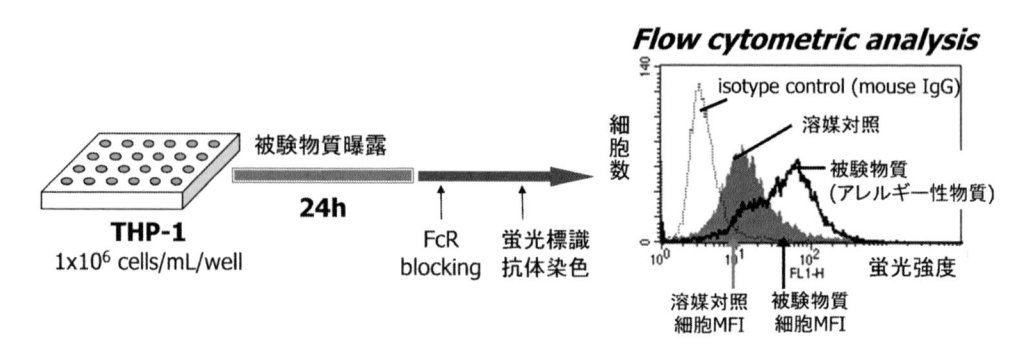

図2　h-CLAT の評価方法

の指標として用いている。すなわち，h-CLAT は，THP-1 細胞に被験物質を 24 時間曝露させた後に細胞表面の CD86 及び CD54 の発現変化をフローサイトメトリーで測定するという試験法である（図2）[4,5]。なお本試験法は，現在 OECD テストガイドライン化の審査が進められている[4]。

3.2　試薬調製

① 溶媒
　1) 水溶性物質の場合：生理食塩水（大塚製薬）
　2) 水不溶性物質の場合：DMSO（Aldrich, #154938-500 mL）
② Fc レセプターブロッキング試薬
　1) Globulins Cohn fraction II, III, Human：SIGMA, #G2388-10G
③ FITC 標識抗体
　1) 抗ヒト CD86 マウスモノクロナール抗体：BD-PharMingen, #555657（Clone：Fun-1）
　2) 抗ヒト CD54 マウスモノクロナール抗体：DAKO, #F7143（Clone：6.5B5）
　3) Isotype control マウス IgG：DAKO, #X0927
④ 死細胞染色試薬
　4) Propidium iodide（PI）：SIGMA, #P4170-25MG
⑤ フローサイトメトリー/ソフトウェア
　1) FACS CantoII / BD FACSDiva：Becton Dickinson
　2) FACS Verse / BD FACSuite：Becton Dickinson
　3) FACS Calibur / CellQuest：Becton Dickinson
　4) EPICS XL-MCL / System II：Beckman Coulter Co., Ltd.

3.3 細胞培養

① 細胞種：THP-1 cell line（American Type Culture Collection, Manassas, USA）
② 培養液組成：
  1) RPMI-1640：GIBCO, #22400-089（containing 25 mM HEPES buffer and L-glutamine）
  2) 10％ウシ胎児血清 Fetal bovine serum（FBS）（GIBCO, #10099141）
  3) 0.5 mM 2-メルカプトエタノール1（GIBCO, #21985-023）
  4) 1％ペニシリン-ストレプトマイシン（GIBCO, #15140-122）

3.4 試験操作

① 細胞の前培養条件

$0.1 \sim 0.2 \times 10^6$ cells/mL で48時間あるいは72時間で培養する。

② 試験濃度

PI を用いた細胞毒性試験により CV75（生存率が75％と推定される濃度）を決定する。試験濃度は，その CV75 基準に，公比1.2で8濃度である，$1.2 \times$ CV75, CV75, CV75/1.2, CV75/1.2^2, CV75/1.2^3, CV75/1.2^4, CV75/1.2^5, CV75/1.2^6 とする。

③ サンプル添加培養液の調製

水溶性物質は生理食塩水に溶解後，培養液に添加し，5,000 μg/mL を最高濃度として細胞に曝露する。水不溶性物質はまず DMSO に溶解後，培養液に添加し，1,000 μg/mL を最高濃度として細胞に曝露する。ここで，DMSO の最終濃度は0.2％とする。

④ 被験物質曝露

24穴プレートに細胞浮遊液と被験物質添加培養液を混合（1×10^6 cells/mL/well）し，37℃，5％ CO_2 の条件下で24時間培養する。

⑤ Fc レセプターブロッキング

被験物質曝露後，細胞を0.1％BSA 添加 PBS で2回洗浄し，4℃で15分間，Fc レセプターブロッキングを行う。

⑥ 抗体反応

各 well の細胞を3分割し（約 3×10^5 cells）し，それぞれを96-well plate に入れ，抗 CD86, CD54 およびアイソタイプコントロールにより，4℃で30分間，抗体反応を行う。

⑦ フローサイトメトリー測定

抗体反応後細胞を洗浄し，細胞表面抗原の発現量をフローサイトメトリーで測定する。PI（0.625 μg/mL）染色によって死細胞を分離し，全部で1万個の生細胞を測定する。細胞生存率が50％を下回った場合には解析に用いない。

⑧ 相対蛍光強度の算定

$$相対蛍光強度(\%) = \frac{被験物質処理細胞の MFI - 被験物質処理細胞での isotype control の MFI}{溶媒処理細胞の MFI - 溶媒処理細胞での isotype control の MFI} \times 100$$

MFI：Geometric Mean Fluorescence Intensity（平均蛍光強度）

⑨ 陽性判定基準

各試験濃度で3回実験を行い，3回の試験のうち2回以上で，少なくとも1濃度において CD86≧150 または CD54≧200 となった場合，陽性と判断する。

⑩ 試験成立基準

1) 溶媒対象における細胞生存率が90％以上
2) ポジティブコントロールの DNCB（4 μg/mL）の結果が CD86, CD54 どちらも陽性であり，細胞生存率が50％以上
3) 適用最高濃度における細胞生存率が90％未満（陰性の場合）
4) 8濃度のうち4濃度以上で細胞生存率が50％以上（そうでない場合濃度設定を見直す）

3.5　適用限界[4~6]

① LogKow が 3.5 より大きい化合物は溶解性の観点から偽陰性となる可能性がある。したがってそのような化合物が陰性となった場合，「評価不能」と判断する。

② 本試験条件下において THP-1 細胞の代謝活性は限定的であると考えられるため，プロハプテン（感作能獲得に代謝が必要な物質）やプレハプテン（感作能獲得に自動酸化が必要な物質）は陰性になるかもしれない。

③ 多くの蛍光物質は本試験法で評価可能であるが，FITC と同じ波長域で強い蛍光を発する物質は干渉のため，FITC で標識した抗体を用いる評価を正しく行えない可能性がある。

文　献

1) T. Ashikaga *et al.*, Development of an in vitro skin sensitization test using human cell lines: the human Cell Line Activation Test (h-CLAT). I. Optimization of the h-CLAT protocol. *Toxicology in Vitro*, **20**, 767-73 (2006)
2) H. Sakaguchi *et al.*, Development of an in vitro skin sensitization test using human cell lines; human Cell Line Activation Test (h-CLAT). II. An inter-laboratory study of the h-CLAT. *Toxicology in Vitro*, **20**, 774-84 (2006)
3) T. Ashikaga *et al.*, A comparative evaluation of in vitro skin sensitisation tests: the human cell-line activation test (h-CLAT) versus the local lymph node assay (LLNA). *Alternatives to Lab Animals*, **38**, 275-284 (2010)

4) OECD GUIDELINE FOR THE TESTING OF CHEMICALS (DRAFT PROPOSAL FOR A NEW TEST GUIDELINE) *In Vitro* Skin Sensitisation: human Cell Line Activation Test (h-CLAT), Available at: http://www.oecd.org/chemicalsafety/testing/Draft-new-Test-Guideline-Skin-Sensitisation-h-CLAT-July-2014.pdf

5) EURL ECVAM DATABASE SERVICE ON ALTERNATIVE METHODS TO ANIMAL EXPERIMENTAION, human Cell Line Activation Test (h-CLAT), Protocol no. 158, Available at: http://ecvam-dbalm.jrc.ec.europa.eu/beta/index.cfm/methodsAndProtocols/index

6) O. Takenouchi *et al.*, Predictive performance of the human Cell Line Activation Test (h-CLAT) for lipophilic chemicals with high octanol-water partition coefficients. *The Journal of toxicological Sciences*, **38**, 599-609 (2013)

化粧品技術者のための素材開発実験プロトコール集

2015 年 10 月 26 日　第 1 刷発行

監　　　修	正木　仁，岩渕徳郎，平尾哲二　　　(S0803)
発 行 者	辻　賢司
発 行 所	株式会社シーエムシー出版
	東京都千代田区神田錦町 1-17-1
	電話 03(3293)7066
	大阪市中央区内平野町 1-3-12
	電話 06(4794)8234
	http://www.cmcbooks.co.jp/
編集担当	深澤郁恵／町田　博

〔印刷　倉敷印刷株式会社〕　Ⓒ H. Masaki, T. Iwabuchi, T. Hirao, 2015

落丁・乱丁本はお取替えいたします。

本書の内容の一部あるいは全部を無断で複写(コピー)することは，法律で認められた場合を除き，著作者および出版社の権利の侵害になります。

ISBN978-4-7813-1089-3　C3047　¥30000E